梦想的装扮：时尚与现代性

Adorned in Dreams: Fashion and Modernity

[英] 伊丽莎白 · 威尔逊（Elizabeth Wilson） 著

孟 雅 刘 锐 唐浩然 译

重庆大学出版社

Acknowledgements

致谢

这本书的新修订版本能够出版，我必须感谢过去 18 年里给了我无数激励与灵感的服饰研究者群体，感谢卡洛琳·埃文斯为我阅读新材料提供的帮助，感谢我的编辑菲利帕·布鲁斯特。

Foreword

序

时尚就像摄影，两者都游走在艺术与非艺术之间，被工业化地生产，又深深烙刻着个性；两者都暧昧地悬置在过去与当下之间：摄影凝固了此时此刻的灵魂，时尚则将瞬间冻结为唯一存在的永恒姿态。然而没有什么比保存在旧照片中的不朽瞬间更深刻地证明了无常。在那些旧照片里，我们穿着昨日的衣裳。它们并非停住了时间，而是将我们在历史中定位。18 世纪的诗人约翰·克莱尔（John Clare）曾写道，“当下就是过去”，而时尚的“当下”正是形成中的怀旧。

服装是物质世界中最复杂的事物之一，因为它如此紧密地贴合着人类的身体和生命周期。它是物品，也是形象。准确地说，由于与我们身体和自身的密切关系，它比大多数物品和商品更精确恰当地传达着信息，因此我们要谈论的（然而只是宽泛地）既是服装的“语言”，也是服装的“心理”。

《梦想的装扮》探究了服饰的多面生态和模糊地带。这是一部开拓性的作品；它出现在 30 年前就已经开始的服饰研究勃兴的早期阶段，但它的议题仍旧中肯，因为它以横贯服饰讨论与研究的方式，展开了一个力图超越差异的场域。这本书连接了这些讨论的过去与现在，就像一些更早的关于时尚的书籍一样，它出自一个原始意义上的业余爱好者，一个痴人，甚至可以说是时尚瘾君子（即便如此也从不会是受害者）。

与普遍看法相反，人们对时尚和人外貌的强烈兴趣并非出于虚荣，而很可能是一种补偿形式，是羞怯与自疑的结果，因为时尚的服饰或动人心魄的外貌提供了对抗世界的盔甲。服饰的性诱惑力是最核心的，但除了吸引，服饰也常用来惊吓、欺骗和逃避。的确，服饰如此千变万化，其本质几乎是不可捉摸的。好莱坞女星穿着“清凉”的礼服在奥斯卡颁奖礼上争奇斗艳，德国画家珍妮·玛门（Jeanne Mammen）却用服饰让自己消失在魏玛时期的柏林：“裹在一件小小的、毫无特色的旧雨衣中，一头短发上罩着贝雷帽，一手拿着画笔，一手夹着香烟……玛门享受着被无视的自由。”[1]

《梦想的装扮》既是辩论又是探索。从这个意义上讲，它根植于其首次出版的时代，20 世纪 80 年代。20 世纪 80 年代伊始，女人

---

1 Lütgens, Annelie (1997), 'The Conspiracy of Women: Images of City Life in the Work of Jeanne Mammen', in Von Ankum, Katharina (ed.), *Women in the Metropolis: Gender and Modernity in Weimar Culture*, Berkeley: University of California Press, pp. 91–92.（为方便读者查阅更多相关资料，本书附上了英文原版注释，格式同原版）

们穿着长长的裙子和笨重的上衣，而到了 1985 年，裙子已经短到了大腿，上衣变得更加修身，在反色情人士和探索“快感与危险”[1]交互的人群之间，女权主义出现了分歧。因此《梦想的装扮》诞生在这样一个时刻——现在已经过去很久了——那时女权主义的争论仍激烈地集中在对“时尚是反女权主义的”这一观点的质疑上。总之，正如澳大利亚的女权主义者梅根·莫里斯（Meaghan Morris）所指出的那样，20 世纪 70 年代的激进分子远非忽视了日常生活的细节，而是被它们迷住了：

> 最近我们听说了不少浅薄的沉迷风格的后现代言论；但是……我们毕竟是安装了无情的监视系统，观察着风格的方方面面——服装、饮食、性行为、家务、“角色扮演”、内衣、阅读……室内装潢、幽默——这个监视系统几乎是全方位的，以至于以个人政治的名义，日常生活变成了一个纯粹的符号性的场所。[2]

《梦想的装扮》也挑战了珍妮弗·克拉克（Jennifer Craik）所说的“拒绝派”[3]，即认为男性在时尚之外。克拉克指出，集体性的拒绝与历史上工业化社会中男权统治采取的特定形式有关，以至于多年来，服装史

1　这是学者和女权主义者 IX+ 会议“迈向性政治”的非官方名称，1982 年 4 月在纽约巴纳德学院举行。会议充满争议，论争主要发生在（非常简化地说）清教徒和享乐主义者之间。见 Vance, Carole 等 (1983), *Pleasure and Danger: Exploring Female Sexuality*, London: Routledge, 其中收录了许多会议上的报告。

2　Morris, Meaghan (1988), ‘Politics Now: (Anxieties of a Petty Bourgeois Intellectual)’, in Morris, Meaghan, *The Pirate's Fiancée: Feminism: Reading: Postmodernism*, London: Verso, p. 179.

3　Craik, Jennifer (1994), *The Face of Fashion: Cultural Studies in Fashion*, London: Routledge, p. 176.

学家，甚至像詹姆斯·拉韦尔 (James Laver) 这样杰出的人，都把时尚视为纯粹的女性领域。

20 世纪 80 年代见证了理解文化和文化现象的新方式的发展。从强调依靠艺术家的才华生产美的欣赏模式，转移到强调幽微的阶级、种族、性别创伤："当一篇文章分析画中女人的形象，而不是绘画手法的优劣时，或是当一个画廊的讲解员不再关注圣母玛利亚长袍上的光辉，而是教会在反宗教改革中对宗教艺术的利用时，新的艺术史正褪去它的阴影。"[1] 同时，文化研究也将重点转移到了受众，用户群体和个人对文化产品的理解不再是被动地接受，而是主动地重新认识甚至"颠覆"它们原本的意图。举个例子，一个十几岁的小阿飞就把她奶奶的束身衣变成了一份愤怒的声明。先前被鄙视为女性专有快感的东西——读低俗的言情小说，看肥皂剧，观赏电影中的"女性情节剧"——如今也被重新评价。女性快感在文化层面和性层面都得到了更多重视。因此，尽管像阅读简·奥斯汀的《曼斯菲尔德庄园》这样传统的、不假思索的乐趣（这种乐趣忽视了身为特权阶级的主角创造财富时，奴隶种植园扮演的邪恶角色）会受到挑战，但当鼓励受众在"垃圾"大众文化中狂欢时，这种获得乐趣和欣赏的模式却意外地得到了恢复。

不难看出时尚在这中间如何扮演了至关重要的角色，因为它站在女性与性感、文化与社会的尖端，造成的结果之一就是时尚研究的爆

1 Breward, Christopher (1998), 'Cultures, Identities, Histories: Fashioning a Cultural Approach to Dress', in *Fashion Theory*, Methodology Special Issue, Vol 2, issue 4, December, p. 302, 引用了 Rees, A and Borzello, F (1986), *The New Art History*, London: Camden Press.

发。过去10年里，这一领域已经出现了许多严肃的出版物，其中最重要的可能是《时尚理论》（*Fashion Theory*）这本学术杂志，它是纽约时装技术学院瓦莱丽·斯蒂尔（Valerie Steele）和冰山出版社凯瑟琳·厄尔（Kathryn Earle）的成果，这本杂志为新研究的出版提供了急需的平台。

另一方面，也很容易看到后现代主义的批评家已经满怀疑虑地观察到了这些发展。大众文化研究太容易变成只认可市场，变成一种平民主义，为从“老大哥”到艾烈希壶再到《哈利·波特》的每一波最新潮流喝彩。因为若不这样做，就有被嘲“精英主义”的罪过。卢埃林·内格林（Llewellyn Negrin）已经强有力地指出了这些问题，她提醒我们尽管在化装舞会和游戏中运用时尚与风格可能在某种程度上是一种解放，但利用服装解放仍有严格的限制。相反，“把自身作为形象的看法需要被审视。我们应该认识到，在后现代时代，自我身份已经等同于一个人的表现风格，而其他人不加批判地接受这一点”[1]。

卢埃林·内格林认为《梦想的装扮》是一个“后现代”文本，但我反对这种观点——当然也反对认为我是一个“后现代”作者。可讽刺的是，我本应招致这种标签，因为我向来坚持贝多芬远胜于披头士。（尽管这种比较不完全恰当）一些文化理论家提出，如果狄更斯和莎士比亚活在今天，他们也会写肥皂剧，这观点实在没什么用。在某一层面——比如形式层面它也许是对的（谁知道呢），但在另一层面却完全相反，因为我不相信三百年后还会有人研究电视剧《伦敦东区》（*East*

1　Negrin, Llewellyn (1999), ‘The Self as Image: A Critical Appraisal of Postmodern Theories of Fashion’, *Theory Culture and Society*, Vol 16, no. 3, June, p. 112.

Enders）和《朱门恩怨》（*Dallas*）的文本。语言和视觉的美与创造力根本不在那儿。我的论证并不是“时尚因其是后现代文化体制的一部分才重要，在这种文化体制中所有的文化价值都是相对的（它们不是），传统的审美层级仅仅是势利和渴望有所区分的产物”[1]。我想论证的是一个简单而显而易见的人类学观点，那就是穿着在所有文化中都占据着中心地位，包括西欧和北美的文化。

《梦想的装扮》作为一个修正者被接受，在这个意义上它挑战了女权主义者对时尚无感以及社会学家对生活的表象抱有敌意的陈词滥调。而鼓吹服饰表现了赋权的可能性，则并不意味着赞同其背后的生产体系——伴随服饰生产数百年的血汗工厂和剥削环境——也不意味着否认当代文化在很多方面都是粗俗浅薄的。如今时尚成为创造名人崇拜的一部分，这即便不是有害的，也至少是没什么好处的。有一天，英国《卫报》（当然是在专题版，不是新闻版）用一整面报纸刊登了足球运动员大卫·贝克汉姆的形象，他为出席女演员莉兹·赫利儿子的洗礼仪式，将自己的脚指甲涂成了粉色。我们必须承认可以有太多的好事了：确实是好事，毕竟如果一个异性恋球员、上千万年轻人的偶像，都不怕尝试做出女性化的一面，那么对类似名人事件的报道，又如何与对战争、饥荒、政客的虚荣愚蠢、公司资本主义的罪行的报道相提并论呢？

1　见 Wilson, Elizabeth (2000), *Bohemians: The Glamorous Outcasts*, London: I.B.Tauris 的第 15 章，以及 Wilson, Elizabeth (2000), *The Contradictions of Culture: Cities, Culture, Women*, London: Sage 引言部分对这一话题的讨论。另见 Anderson, Perry (1998), *The Origins of Postmodernity*, London: Verso. 然而，一位时尚理论家同事向我指出，小报标题有时会产生喜剧效果，比如在马岛战争期间，《太阳报》的著名标题“挺你的军政府去吧”(Stick it up your Junta)，不过它的观点遭到了强烈谴责。

新的终章讨论了这类问题，并将其作为对 1985 年以来时尚界种种变化的评价的一部分，以及对时尚研究的发展的评估的一部分。然而《梦想的装扮》的基本前提是：服饰（在西方社会服饰就是指时尚服饰——风格千变万化）是核心，是关键的象征体系；着装作为物品，与我们的身体如此亲密，也表达着我们的灵魂。

“你口袋中只有一个半便士时，也许会觉得世界无望，但当你穿上新衣服，你就可以站在街角，幻想着自己是克拉克·盖博或葛丽泰·嘉宝。”

——乔治·奥威尔《通往威根码头之路》

“装饰……就像把人格的光辉聚集在焦点上，让一个人的‘所有’变成可见的‘所在’。也就是说，并不是‘尽管’装饰是非必要的，而是‘因为’它是……然而这种对人格的强调，正是通过非人格化的方法达成的……（因为）风格总是普遍的东西。它把个人生活和活动的内容带入一种被许多人分享并对许多人开放的形式。”

——乔治·西梅尔《装饰》

1 Introduction

引言

“在我们的国家”，爱丽丝说……“如果你跑得非常快，一般会到达别的地方……”

“慢吞吞的国家。”红皇后说。“现在，在我们这儿，你看到了，要用尽全力地跑，才能留在原地。”

—— 刘易斯·卡罗尔《爱丽丝镜中奇遇记》

服饰博物馆的确有些诡异之处。落满灰尘的寂静笼罩着玻璃柜中的旧礼服。在水中昏暗的光线下（为了保护易碎品），废弃的走廊鬼气森森。生人伴随着不断攀升的恐惧感，穿过一个死亡的世界。这些古老的遗物会不会像埃及金字塔里的东西那样，为那些接触它们的人带去噩运呢？看见本应尘封在过去的东西是危险的。当我们凝视着那些与入土许久的人有着亲密关系的衣服时，会有不可思议之感。衣服大量参与了我们的存在和行为，以至于它们冻结在文化陵墓的陈列中时，就暗示着一些神秘的、不祥的、充满威胁性的东西——身体的衰退和生命的消逝。

这些衣服凝结着旧日时光的记忆。它们曾栖息在嘈杂的街道、拥挤的剧场、金光闪闪的社交聚会中。而如今，它们就像被遗忘的灵魂，凄楚地等待着音乐再次响起。或者它们也许是沉默的病人，怀揣着对生者的报复之心。

查尔斯·狄更斯发现被丢弃的衣服有一种特殊的状态。他把伦敦蒙默思街的二手服装市场描述为“时尚的墓地”。但是衣服并不像它们的主人那样会死亡：

> 我们喜欢漫步在这些曾煊赫一时的弃物丛中，沉浸于它们引起的种种遐想；一会儿是一件亡人的外套，一会儿是一条丢弃的裤子，一会儿又是一件花哨的马甲，加诸在我们自己想象出的事物上……我们继续这样猜测着，直到整排的外套开始滑下衣架，扣上扣子，主动地环上穿戴者的腰；一列列的裤子也跳下来去找他们；马甲几乎是急不可耐地让自己被穿上；半亩地的鞋子都沿着街道重重地走起来，发出的声音几乎把我们从自在的遐想中惊醒。[1]

“衣服有自己的生命”，这种令人不安却又说不清道不明的感觉来

1 Dickens, Charles (1976), ‘Meditations in Monmouth Street’, in *Selected Short Fiction*, Harmondsworth: Penguin, pp. 106–107. (Originally published in 1836)

自哪里呢？没被穿着的衣服，不论是在二手店里，玻璃柜中，还是就像情侣脱下的衣服那样散落在地板上，都像蛇蜕一般让人不舒服。也好比一个孕妇看着为还没出生的孩子准备的小裙子挂在那里，反而会觉得那像一个幽灵。

衣服的一部分特殊之处在于连接着生理的身体与社会的存在，连接着公共领域与私人领域。这使得它成为一个不稳定的场域，因为它迫使我们意识到，人类的身体不仅仅是生物意义上的实体，还是文化的有机体，被文化所塑造，其自身的边界也是模糊的：

> 我们是否能够假定，人类身体的限制和边界都是明显的？身体的范围是止步于皮肤，还是应该包括毛发、指甲？……身体的代谢物呢？当然装饰身体的艺术如文身、疤痕、颅骨正畸和人体彩绘也要考虑到……没记错的话，急着把身体装饰和服饰严格区分开也没什么必要。[1]

难怪我们盯着宫廷戏服的裙撑时会觉得不对劲。

衣服标示出不清晰的边界，而不清晰的边界使我们不安。许多不同的文化都创造出了一套象征体系和仪式，用以加固边界，从而保证纯洁性。在文化之间的空白处，污染可能乘虚而入。许多社会仪式都用于吸纳和剥离，旨在避免文化从一处或一类里转移时遭到亵渎。[2]

---

1 Polhemus, Ted (ed.) (1978), 'Introduction', *Social Aspects of the Body*, Harmondsworth: Penguin, p. 28.

2 Douglas, Mary (1966), *Purity and Danger*, Harmondsworth: Penguin.

改变身体的普遍愿望：人体彩绘或文身 [约翰・怀特（John White，1585—1593 年)，水彩，《佛罗里达的女人》]

——经大英博物馆许可使用

如果说身体上的孔窍是其自身的模糊之处，那么作为身体的延伸、却又并非身体一部分的服饰，就不仅连接了身体和社会，更清晰地区分了它们，成为“我”与“非我”的边界。

在所有的社会中，身体都是“被着装”的，服装和饰品无论在哪里都有着象征性、社交性和审美的功能。衣服总是有着“难以言表的意义”。[1] 最早的“服装”形式似乎就是装饰，比如人体彩绘、小饰品、疤痕、文身，面具，以及围在脖子和腰上的带子。其中许多都改变和重塑了身体，或至少是修饰了身体。不仅是女人，男人和儿童的身体也同样被装饰——就好像超越身体的限制是人类的普遍愿望。

之后着装才大体上具有了社会的、审美的和心理的功能；更确切地说，它将这三者缠结在一起，并且能够同时表达出来，古今皆然。正如在西方众所周知的那样，附加在服装上的东西就是时尚。中世纪末期，商业资本主义的早期阶段，欧洲城市的勃兴见证了时装的诞生。与以往的服装相比，它们有了本质上的革新和不同。

时尚是那些不断地快速变换风格的服饰。“变化”在某种意义上就是时尚的代名词。在现代西方社会，没有一件衣服外在于时尚；时尚定义了所有与服饰相关的行为——甚至制服都由巴黎的裁缝来设计；甚至修女也把裙子剪短了；甚至穷人都很少衣衫褴褛——他们穿在二手店和旧货市场买来的过时便宜货。但服饰在不同的群体中仍有着细节上的差异——同样是中年妇女，英格兰的、美国中西部的、意大利南部的和芬兰的看起来就不完全相同，她们的打扮在巴黎或东京也不

1 Carlyle, Thomas (1931), *Sartor Resartus*, London: Curwen Press. (Originally published in 1831)

太可能算入时。不过这种差异并不像她们感觉的那么大，毕竟怎么打扮还是时尚说了算。在南法的朋克二手市场，很可能会看到时髦的年轻游客和老农民都在买40年代的印花“奶奶裙”；对年轻人来说它们代表着复古法式随性风，而对老太太们来说却是依然适合她们的风格。但奶奶裙本身只是蹩脚且不无夸张地复制了香奈儿（Chanel）或吕西安·勒隆（Lucien Lelong）30年代晚期的裙装设计。他们使这种裙子作为时装重获新生，而不再只是一种传统的农妇穿着。

即便是那些坚决不赶时髦的人，他们穿的衣服也明显在回应和对抗正当流行的东西。不赶时髦并不意味着逃离时尚议题，也跳不出时尚的范式。哪怕是不能再过时的衣服，也有可能在某个时刻突然被翻牌，一反常态地风靡开来。哈罗德·麦克米伦，20世纪50年代晚期至60年代早期在任的英国首相，常常穿一种没有廓形的针织开衫——那是他英国绅士镇定性格的一部分。但这种开衫（雷克斯·哈里森在电影《窈窕淑女》中扮演的希金斯教授也穿，并且可能更有影响力）却在某一季变成了每个年轻女孩儿都要有一件的抢手货。鉴于麦克米伦本人也可能在半有意地用开衫塑造他的公众形象，它向时装的转变就成为一种双重模仿。

这是时尚矛盾性的一个例子，它的风格总是摇摆不定。而它的变化不仅与以往的潮流相矛盾，甚至也可能与自身相矛盾。一个19世纪的漂亮姑娘也许会穿着带有军装风纽扣的夹克衫，好似要削弱裙子的女性气质；在20世纪60年代，年轻女孩儿把大腿露到胯，却像维多利亚时期的女孩儿一般用中分的刘海儿遮着脸。通常这些矛盾看起来没什么意义。时尚的不断变化只产生了盲从，正如前所未见的恶行也能被说成无可指摘的良好举止一样。打扮入时既是出挑也是从众，既追求独特，又紧跟潮流。从历史的角度看，时尚的风格表现出一种夸张的相对主义。有些年代可以袒胸露乳，有些却连穿 V 领都是胆大包天。某段时期富人穿的都是绣金线、缀珍珠的衣服，某段时期却又偏爱米色羊绒衫和灰色西服。某个时代男人可以留着长卷发、穿着高跟鞋，涂脂抹粉招摇过市，另一个时代这样做却会人人喊打，遭到唾弃。

然而尽管看起来不可理喻，时尚还是起到了团结社会和规范集体的作用，偏离社会的着装总是令人感到惊讶和不适。塞维尼夫人（Madame de Sévigné）在书信里描述了 17 世纪路易十四时期法国宫廷的生活，其中曾写到一场半夜突发的火灾有趣的一面：

> 我们的样子活像一幅肖像画！吉托穿着睡衣和马裤，吉托夫人光着腿，一只拖鞋不知哪里去了。沃维诺夫人只穿着衬裙。佣人们和左邻右舍还戴着睡帽。只有大使先生穿着长袍，戴着假发，完美地保持了尊贵皇室的风度。可他的秘书却真是个奇观。瞧瞧这位大力神一般的胸脯！真是另有一番风流。它整个儿地袒露着，又白又胖，肉乎乎的，因为衬衫不见了，本应束着衬衫的抽绳在慌乱中弄丢了。[1]

只有在这种非常情境下，乱穿衣才是可原谅的。穿衣的道德根深蒂固地烙印在我们的社会意识中，甚至反映到了语言上：

1 Sévigné , Madame de (1982), *Selected Letters*, Harmondsworth: Penguin, p. 74.

与时俱进

当 19 世纪 80 年代更舒适实用的服装取代了 70 年代的丑衣服时，这变化多么令人喜闻乐见！

当 19 世纪 90 年代的艺术创新接替了 80 年代的糟糕服装时，人们多么舒心！

当 20 世纪的漂亮衣服打败了 19 世纪 90 年代的难看服装时，人们多么欣慰！

当 20 世纪初的丑陋装束消失，20 世纪 10 年代的魅力款式出现时，人们多么愉快！

当 20 世纪 20 年代迷人的设计把 10 年代那些不忍直视的服饰赶下台时，我们都欢呼雀跃！

今天简洁大方的服装什么时候会让位于真正让人眼前一亮的东西呢？

时尚即变化："与时俱进"［弗格斯 (Fougasse)，1926 年］

——经《笨拙》版权方许可使用

> 称赞衣服时，很难不用到诸如"对""好""得体""无可挑剔"这类讨论行为的词，而说到道德缺陷，我们也会非常自然地使用形容服饰的词描述行为，如"烂""糙""俗""邋遢""低劣""敷衍"等。[1]

我们穿着不得体时的不安，或者别人穿着不得体时我们感到的冒犯，无疑与我们的衣服和身体之间的亲密对话有关。"衬裙露出来了"的说法（现在人们几乎不穿衬裙，至少年轻姑娘不穿，这个俗语本身也不常用了）不仅用于形容缝纫上的马虎之处，更暴露了一些更加暧昧和麻烦的东西；它提醒我们衣服和妆容之下的裸体某种程度上是未完成的、不稳定的、破绽百出的。

但同时，常规着装的限制就像我们一直试图冲破的障碍、跨越的边界。它是防御也是进攻，是盾牌也是利剑。

到了 20 世纪，穿衣规范很大程度上与曾维持它的行为规范无关了。尽管仍存在争议，它也不可能再像以前那样中规中矩。时尚风格的变化的确保留了一种强制性和看似非理性的特质，但它同时也被解放出来，变成一种实验性的美学工具和表达异议、反抗和改革的政治手段。这是有可能的，因为 20 世纪的时尚已经开始大批量生产，但仍没有丢掉它对新颖和与众不同的执念，依然独特而不断变化。

时尚风格的大批量生产——这个说法本身就非常矛盾——把时尚的政治和时尚艺术连接了起来，使其不仅关乎于在高雅和先锋之间循

1 Bell, Quentin (1947), *On Human Finery*, London: The Hogarth Press, p. 14.

环的风格演化，也关系到大众文化和大众口味。

因此，如果时尚评论家们仍然觉得可以大量依靠社会心理，把时尚主要作为一种行为来探讨，就要忽略掉 20 世纪的重要性了。一个研究穿衣心理的人也许会采访不同的个人以了解他们对衣服的感受，也可能去观察不同社会群体的穿衣行为，这会变成对西方时尚的人类学或种族学考察，好像现在与“传统”或“古代”社会的穿衣行为没什么两样似的。这样的情形常常发生，但它忽略了至关重要的时尚的历史学维度——就像我们谈论安东尼奥尼的电影时要使用古希腊悲剧的那套话语，它们都表现了永恒的“人类精神”。把时尚局限在心理学方面也排除了，至少是最小化了时尚的关键美学元素。大体上说，时尚风格的变化与心理怪癖的关系，远不如与审美演变的关系紧密。

这并不是说服装的行为学视角没有意义，只是这本书希望在一定程度上纠正这种方法，它不可避免地夸大了服装尤其是时装的无意、非理性和看似荒谬的方面。服装的确能够“言说”，它泄露了个体和群体的无意识，因此它的确有着道德的维度。不过，《梦想的装扮》把它看作一种文化现象，一种表达社会流传的思想、欲望和信仰的美学媒介。毕竟，时尚是“一种视觉艺术形式，一种以本身为媒介的形象创造”[1]。与其他审美活动一样，时尚也可以看作是意识形态的，具有想象性地解决难以解决的社会矛盾的功能。[2] 而且它实际上已经是一个资本主义的世俗性与基督教禁欲主义交锋的舞台，在这里上演的时尚节目试图

1 Hollander, Anne (1975), *Seeing Through Clothes*, New York: Avon Books.

2 Jameson, Fredric (1981), *The Political Unconscious: Narrative as Socially Symbolic Act*, London: Methuen, p. 79.

在倾向鄙视和贬低感官享受的文化中，张扬身体和身体美。

其实时尚就起源于这一矛盾的第一个坩埚：早期资本主义城市。时尚“勾连起了美丽，成功和城市”[1]。它一直是城市的，后来变成大都市的，现在还是国际化的，将所有国家和地区的差异熔为一炉，凝成光滑通透的玻璃。时尚的城市性将强烈的情绪收起，掩藏在面具之后；时尚人士的举手投足一定要波澜不惊——有范儿。但时尚也并不是消灭情绪，而只是将其转移到审美领域。它可以看作是将欲望与抱负从视觉上理性化的方式。时尚一定程度上具有内在的讽刺性和悖反；新时尚总是从推翻旧事物、颠覆原本的美丑观念开始的，而这因此会削弱时尚自身的主张：“穿什么”的最终答案就是“新的”。但时尚的相对主义并不像乍一看那样毫无意义，它是人类社会非自然性的表现——这在城市生活中变得非常明显，也体现出习俗和道德规范的随意性；敢于穿得丑同时也可能是一种超越人身体的脆弱和羞耻的努力，巴黎时尚设计师让 - 保罗·高缇耶（Jean-Paul Gaultier）就认识到了这一点，他说：“那些犯了错误或者穿得很糟糕的人才是真正的造型师。我的《你好像吃太多了》作品集就来自于那些你犯了些小错误或者有点小尴尬的时刻。”（《哈珀斯与女王》，1984 年 9 月）

在现代城市，追求新颖与不同就像是曾经流行的事物的不和谐音。而不和谐音正是 20 世纪时尚的关键。碰撞的活力、求变的渴望和对城市社会尤其是现代工业都市逐渐增强的感知，都在装饰着“现代性”，时尚的夸张和歇斯底里正体现了这一点。但在过去，时尚是表演的领

1 Moretti, Franco (1983), ‘Homo Palpitans: Balzac’s Novels and Urban Personality’, *Signs Taken for Wonders*, London: Verso, p. 113.

域，出自世俗现代性、享乐主义与压抑个性、要求统一之间的紧张关系。同时的“后现代主义”时代，与其说它表达了一种被主流文化排斥在外的色情，倒不如说它以其怪诞的方式质疑对魅力的迫切追求，质疑主流风格中明显的性元素。

时尚模仿自身。为了将短暂的流行推至狂热，它终究嘲弄了主流文化的道德标榜，从而导致主流文化一边谴责它表面上的轻浮，一边因为时尚戳破了整个道德的气球而隐隐作痛，并试图转移这一戳的真正严肃性及其对伪善的揭露。因而，人们只看到了时尚的表面价值，把它当作无关紧要的东西不予理会。

关于时尚的文章，除了纯粹描述性的，都发现很难搞懂这种难以捉摸的双重主张，在时尚意义之镜中的追溯无穷无尽。它们对时尚的解释有时是从过于简化的社会史角度，有时又是从心理学角度或者经济学角度。对一种理论偏向的依赖很容易导致结论简单化，无法让人满意。

那么我们该如何去解释像时尚这样具有双面性的现象呢？时尚可能的确“像所有的文化现象，尤其是象征和神话类那样，拒绝囿于一种‘意义’。它们一直在逃离理性分析的条条框框：它们有着千变万化的特性，不愿接受向非象征性的最终转化，也就是不愿变成冷冰冰、没有情感共鸣、完全明确、一劳永逸的术语”[1]。这就说明，当我们还在寻求超越艺术史专家的纯描述话语时，如果单一社会学解释的道德主义刻板且不够用，需要避免，那么我们就要对时尚进行多样化的解读。

1　Martin, Bernice (1981), *A Sociology of Contemporary Cultural Change*, Oxford: Basil Blackwell, p. 28.

尽管同时从许多不同的视角看时尚可能会导致斜视、散光或近视，我们还是必须要试试。

我们可以只把时尚作为彼此不同、相互独立的“话语”的一种，或者说时尚本身只是后现代主义文化一系列话语中的一员。这样一个多元论者的立场属于很典型的后现代主义或后结构主义（这也是如今在先锋派和前“左派”知识分子中占主导地位的趋势）：它摒弃了一切“高层理论”和“深度模型”，代之以“实践、话语和文本游戏……或多种层面”的多样性。[1] 这样的观点有着民粹和民主色彩，即没有一种实践或活动比任何其他实践或活动更有价值；对每一个分子般彼此无关的艺术品、表演或经验的享乐主义享受取代了道德和审美判断。这种极端的异化“遮蔽”了现代生活，抽干了所有意义。一切都变成了游戏；一切都不再严肃。而时尚确实很好地表达了这种支离破碎的感受——它对表面、新体验和为时尚而追求时尚的痴迷，与这种后现代主义美学高度一致。

然而，时尚显然也挖掘了深层情感的无意识来源，而且无论如何，它不仅仅是表面现象。实际上，时尚与弗洛伊德对潜意识的看法并非全无相似之处。这样可以平静地包容相互排斥的观点；在其中时间被排除在外，强烈的情绪被转化为具体的形象，通过化为象征形式，矛盾也神奇地解决了。

此外，从精神分析的角度来看，我们可以把西方世界的时装看作一种手段，借此黏合起一个总是支离破碎的自我，捏成一个完整身份。

1 Jameson, Fredric (1984), ‘Postmodernism, or the Cultural Logic of Late Capitalism’, *New Left Review*, no. 146, July/August.

时尚道出了 19、20 世纪大都市发展过程中每个阶段的群体与个体间的张力。不太准确地说，工业时代常常被称为“大众”的时代。现代性造成了破碎和错位。它创造出“极权主义”社会的想象图景，那里的居民身穿制服，仿佛一模一样的僵尸。失去个性的恐惧在我们的文化中萦绕不去。在这个意义上，“Chic”（随性的时髦）就只不过是奢华、望而生畏、反人类、刻板的制服。不过现代性也以一种新的方式塑造个体——又一个时尚表达的悖论。现代的个人主义是一种被夸大却又脆弱不堪的自我意识——一种不成熟的痛苦状态。

我们把个体的现代感知看作一种创伤，也悖论性地使我们害怕无法维持对自我的自主；这种恐惧使“大众”的概念变成了毁灭自我的威胁。我们的穿着打扮稳固了个体身份，因此能够缓解这种恐惧。通过把我们和我们的社会群体联系起来，着装也许弥合了“大众”的孤独。

这样，时尚就成了现代世界、视觉世界和大众社交的必需品，一种文化有机体的连接组织。尽管许多人将时尚视为一种束缚，一种惩罚性的、强制性的表达个性的错误方式，这种个性通过其特有的姿态（模仿他人）抵消了自身，但时尚这一矛盾的最终反转在于，它往往成功地表达了个性。

正是现代的、大众生产的时尚创造了这种可能性。起初，时尚几乎是富人的特权，但从工业时代起，时尚服饰的大众生产使大多数人能够利用时尚进行自我增值和自我表达，尽管悖论的是，这是以世界范围内对女工的剥削为代价。时尚本身已经变得更加民主，至少就风格而言，因为服装质量和原料的差别仍然强烈地标示着阶级差异。

大众时尚变成了一种大众审美，常常能够成功地帮助一个人表达和定义自己的个性。时尚的现代主义美学也可以用来表达群体，尤其是近些年的非主流文化团体。整个工业时代，都有政治异见者创造特殊的着装形式以示反抗。如今，社会反叛者们也利用时尚书写他们的先锋宣言。

时装总被认为是对女性的限制，将她们禁锢在被观看或性财产的地位。但它也是女性表达自我的方式之一，女权主义诋毁起时尚来，就跟大多其他理论一样，过于简单化，又有说教色彩。

在早些时期和现在，时尚都是女权主义者话题的来源。女权主义是性别理论的一种，几乎在所有已知的社会中，性别差异赋予女性的都是从属地位。在女权主义看来，时装和打扮都惯被看作从属性的表现；时尚和化妆品显然固化了这种被压迫地位。但是，男性也和“时尚的受害者”女性一样深涉时尚，不仅如此，我们也必须认识到，如果将时尚当作女权主义的道德问题来讨论，就会遗漏它丰富的文化和政治意义。我相信，如果时尚最重要的不是压迫女性，那么女性的政治从属地位并不是一个恰当的研究出发点。

不过就算时尚能够作为解放的途径，它也仍然是暧昧的。时尚这个资本主义之子，也和资本主义一样，有着两副面孔。

时尚的发展、服饰风格的变化，都与欧洲的“文明进程”有关。没有“原始”或“野蛮”的国度，也就无所谓“文明”的概念，并且：

正是在文明的意识、对自身行为和科技艺术成就的优越感开始在整个西方世界蔓延的时候，文明进程的基本阶段就结束了。[1]

时尚作为“文明进程”的表现之一，自然也逃不脱这种精英主义话语。近年来，资本主义已经成为全球性的、帝国主义的和种族主义的，而时尚工业在经济层面一直是剥削的重要工具。我将在第四章阐述时尚工业的经济内涵，并说明它剥削发展中国家工人，尤其是女工的方式。

然而，帝国主义不仅是经济意义上的，也是文化意义上的，时尚与大众消费交织在一起，也牵涉其中。西方时装在所谓的第三世界大部分地区已经泛滥成灾。在一些习惯穿着传统服装的社会，男人，至少是公众视野中的男人，也都穿着西式服装——即使他们的传统服装也许更适应当地的气候。女人更有可能坚持穿传统服装，以此来表示什么是自己真正的文化，反对帝国主义的文化殖民。但如果男性通过穿西式服装象征性地“加入”现代化，而女性继续遵循传统，那么就传达出一种矛盾的信息，即女性被排斥在一个新世界之外，无论这个新世界多么丑陋。女性也因此被排除在现代化本身之外。

另一方面，在第三世界的社会主义国家，西方时尚同时代表着诱惑和新殖民主义的威胁。在上海的小餐馆里，年轻姑娘穿着紧身裙高跟鞋跳探戈就是堕落，就是资本主义的“精神污染”（不过在对“文化大革命”不断反思的同时，中国人已经能够穿着和大量生产西式服装了）。

时尚看起来可能像是相对的、徒劳的风格“意义”生产。但它的暧昧性是一以贯之的。它和资本主义同声同气。

1　Elias, Norbert (1978), *The Civilizing Process: The History of Manners*, Vol. I, translated by Edmund Jephcott, Oxford: Basil Blackwell, p. 50.

资本主义残害、杀戮、掠夺、浪费，也创造了伟大的财富、美丽，以及对难以企及的生活与机遇的渴望。它生产商品，也生产梦想和想象。时尚是资本主义经济的一部分，也是资本主义梦想世界的一部分。

我们因此对时尚又爱又恨，就像对资本主义又爱又恨一样。一些人报以愤怒或绝望，那些不知悔悟的少数人则彻底陷入享乐。至少在西方，大多数人既享受着资本主义的好处，又忍受着它的不足和剥削，更典型的反应要么是彻头彻尾的犬儒主义，要么是矛盾和嘲讽。就服饰来说，我们生活在三重意义之中：一重是资本主义本身，既堆金砌玉又藏污纳垢，既产能丰富又挥霍无度；一重是我们的身份，包括自我与身体的关系、自我与世界的关系；一重是艺术的用途与意义。

要表达这些复杂的意义，时尚是最容易、最灵活的方法之一。时尚就是现代主义的讽刺。

2 THE HISTORY OF FASHION

时尚的历史

时尚的一时兴起影响的只是小部分人。1700年以前，还不能说时尚有多大的影响力。而在那之后，这个词生命力迸发，以新的内涵传播到世界各地：跟上时代。

——费尔南·布罗代尔《文明与资本主义：日常生活的结构》

尽管斯特拉·玛丽·牛顿[1]（Stella Mary Newton）指出，在中国和日本的宫廷中，就算服装的款式没有改变，也一定存在着色彩、装饰和其他细节上的"时尚"，但大多服装史学家还是认为，在商业资本

1 Newton, Stella Mary (1976), 'Couture and Society', *Times Literary Supplement*, 12 November.

主义兴起和城市壮大起来之前，几乎不存在我们所理解的那种时尚。认为古希腊和古罗马的服饰一成不变的这种观点，来自一种相当过时的看法——古代世界及其文化大体上是和谐稳定的。这种把古代世界理想化的维多利亚式论调已经被更多维、更具相对性的观点所取代，但却可能仍然留存在服装史研究中。

但是，到了 14 世纪，随着贸易扩大、城市发展、王室贵族的关系日益复杂，西欧各种各样的传统服饰和迅速变化的时装之间出现了明显的区别。这一重要转变与缝纫和制衣的发展有关。

在距今四万年的旧石器时代遗址中，曾发现过有针鼻的针，那些远古人类可能有一定的缝纫技术，用来把动物皮毛制成可以蔽体的服装，就像爱斯基摩人现在仍在做的一样。所以说，缝纫是一项非常古老的发明。但在古典时期，裁缝仅在戴克里先（Diocletian）（公元 285—303 年）的法令中才第一次被提到。

整个古典时期，缝制的衣服都被看作原始人的标志，希腊人和罗马人都穿整块布料扎起的服装。实际上，服装最基本的区别并不像我们今天认为的那样在男女之间，而在于是围裹式的还是缝制的。[1]

罗马帝国时期，尽管服装本身没有什么变化，发型、假发和化妆品方面却有过许多不同的流行。斯特拉・牛顿依然认为时尚存在于一些细节中，比如腰带的位置，但事实证明，与缝制服装相比，托加袍（toga）和其他围裹式服装并不容易变化。

罗马人对长筒袜闻所未闻，直到它从北方部落中流传过来。尽管

1 Hiler, Hilaire (1929), *From Nudity to Raiment*, London: Foyles.

它出身为人不齿，但却因为保暖而变得流行。在公元 397 年，还有禁止穿长筒袜的法令。[1]

戴克里先大帝还把几乎完全东方式的等级制度和富丽堂皇引入了宫廷：

> 从奥古斯都时代到戴克里先时代，罗马王子们都能熟练地与公民交谈，受到他们与元老院和地方官员相同的敬意。主要的不同在于王室或军人穿紫色长袍，元老们衣服宽大，骑士的衣服偏窄，有同样颜色高贵的条纹。戴克里先的自尊，或者更确切地说，是他的政令，使得那个狡猾的王子介绍了波斯宫廷的庄严堂皇……戴克里先及其继任者的华丽长袍用丝绸和金线织就；甚至他们的鞋子上也气人地镶着最珍贵的宝石。而由于实行了新的习俗和礼仪，接触这些尊贵的人变得日益困难。[2]

公元 476 年之后，定都罗马的西罗马帝国沦落为“原始人”，而定都君士坦丁堡的东罗马帝国，或称拜占庭帝国，甚至受到更多东方的影响。在其辉煌的顶点，公元 6 世纪，查士丁尼（Justinian）统治下的宫廷等级已经十分森严。皇帝同时也是主教，他的衣服也是祭袍。

这种充满仪式感的氛围延续了几百年，宫廷的生活就是一种“一成不变的仪式和缓慢的游行……宫中的礼仪生活以芭蕾舞剧一般的形

1 Von Boehn, Max (1932), *Modes and Manners, Vol. I: From the Decline of the Ancient World to the Renaissance*, London: Harrap, p. 168.

2 Gibbon, Edward (1952), *The Portable Gibbon: The Decline and Fall of the Roman Empire*, Harmondsworth: Penguin, pp. 204–205.

15 世纪上半叶的着装：夸张、无性别

——经大英博物馆许可使用

式进行。”[1] 表演仪式的每个舞者都穿着不同的衣服：

> 保民官和牧师们穿着蓝白相间的短袖外衣，系着金色的腰带，脚踝上套着脚环……（第二支）舞蹈也是根据上述仪式完成的……只是保民官和牧师换成了红绿相间的开衩短袖外衣，仍系着金腰带。[2]

在这个时代，基督教已经变成了罗马帝国的官方宗教。但另一方面，早期的基督徒是一个受迫害的穷人教派，在斯多葛学派的影响下，他们对艺术不感兴趣，也受犹太教影响禁止偶像崇拜。他们曾坚信基督不日即将再临，一切红尘俗事都无关紧要。

事实上，拜占庭宫廷并不典型。大多服装史学家都认为，公元 5 到 11 世纪之间，在欧洲的大部分地方，基督教的苦行主义仍在影响着人们穿衣的方式。男女都穿宽松的长袍，风格简单而缺乏变化。社会很大程度还在温饱线上，在许多方面，财富与阶级的差异并不明显。服装在富人和穷人之间、统治阶级和被统治阶级之间的区别仅仅在于，劳动者比他们的主人更常穿羊毛制品，不穿丝绸，使用更粗糙的布料，装饰也更少。

但到了 12 世纪，女装开始通过在侧面系带来修身，到了 14 世纪，“一种我们已经可以称之为‘时尚’的东西出现了”[3]。人们穿马裤和长

---

1 Runciman, Steven (1975), *Byzantine Style and Civilization*, Harmondsworth: Penguin, p. 121.

2 同上，p. 123。

3 Laver, James (1969a), *A Concise History of Costume*, London: Thames and Hudson, p. 62.

筒袜已经有一段时间，贵族穿的马裤比较贴身，平民的更宽松些；有些长筒袜不带脚筒，也是用布做的。

14 世纪出现了比以往任何时期都复杂得多的男女发型。男式紧身上衣又短又贴身，上流社会的男女也穿一种扣子在胸前的长款束腰外衣 cotehardie。同时，人们再一次穿起了长袍，只是宽大得夸张，袖子变得要么特别紧要么特别松，下摆被剪裁成奇异的形状。帽子和头饰一时间冒出最丰富更新最快的款式——角状、尖塔状、无檐帽、土耳其毡帽。鞋子则变得异常尖长。[1]

16 世纪，服装类书籍变得流行。这些书描绘出不同地区的时尚变奏，无疑推进了时尚的发展进程。直到 15、16 世纪，穿着过时才开始成为令人羞耻的事，那些经济能力足够的人会仅仅因为衣服过时而丢弃它们。这就导致地位较低的阶层试图穿着时髦，却不得不继续穿着在富人中早已不再流行的款式。这种阶级时滞效应持续了几百年，直到第二次世界大战后才完全消失。

贵族们显示出对时尚服装的浓厚兴趣最早是在 14 世纪的勃艮第公国，当时勃艮第处于从佛兰德到地中海的贸易走廊的中心。贸易的增长是时尚兴起的主要原因之一，欧洲许多地理上的贸易中心都有时尚的发展。随着经济力量的变化，不同时期占主导的地区不同。[2] 布料在中世纪社会是财富的象征，非常昂贵。因此在这个时期，人们第一次（或者看起来如此）在衣服穿坏之前就丢弃，就代表着一种新的消费水平。

1　同 30 页注释 3。

2　Mukerji, Chandra (1983), *From Graven Images: Patterns of Modern Materialism*, New York: Columbia University Press, ch. 5. 感谢 Hilda Scott 让我注意到了这本书。

不管这种看法是否正确，古希腊罗马服饰的和谐稳定与中世纪晚期怪异时尚之间的差异，常常被认为源于基督教及其对身体态度发生的改变。我们能够感受到希腊人和罗马人接受并赞美身体，他们的服装也反映了这一点。在艺术品中，赤裸的身体显得光彩夺目，即使穿上衣服，也只是盖上垂坠的布料，紧贴四肢、勾勒出轮廓。

克里特文明是个例外。壁画和雕塑中的男女都腰肢纤细，他们从小就系金属腰带以达到这样的效果。这种着装可能是受了非洲文明的影响，更类似于拉长耳朵和脖子的装饰，而不是束腹。但另一方面，"克里特王室只是看起来像埃尔泰的时尚版面，因为描绘他们的壁画在 20 世纪 30 年代被重修过"[1]。一直以来，我们对过去的时尚或着装的理解，都像对过去的理解一样，被我们的思维定式和意识形态过滤过。

基督教无疑引发了一种新的对身体的负罪感，犹太教文化也让性充满了罪恶感。但文艺复兴早期的社会十分矛盾，宗教文化同时也追求世俗的成功、充实的财富和奢华的生活，从这里开始，欧洲时尚的世俗性和禁欲主义之间的张力就清晰可辨，一面表达性的罪恶，一面又颠覆它。时尚道出了以财富地位自傲的罪恶、贪欲与虚荣的罪恶，遭到牧师、哲学家和讽刺作家的纷纷谴责。他们的谩骂唤起了一种悔罪苦行的道德观——尽管他们对当时时尚的描述往往如此生动准确，人们一定在某种程度上其实很享受它。

但时装甚至在展示性感时也遮遮掩掩，以一种矛盾的方式将人们的注意力吸引到身体上。身体的某些部位，尤其是女性的腿，一直以

1　感谢 Tony Halliday 的建议。我对克里特人服装的了解来自 Laver, James，出处同 30 页注释 3。

来总是被遮盖的；其他部位则一时被掩藏，一时又大胆地暴露。男性时尚中的遮阴布可能是最惊人的暴露癖时尚，本意是遮住因紧身短上衣露出的生殖器，却背道而驰地将更多的注意力吸引到了那里。在哥特时期，化妆已经成为一种习惯，远离古典对称理想的审美风格占据了主导地位。佛兰德的画家们赞美女性瘦削的肩膀、隆起的腹部和长长的脸，而女性则剃掉或剪掉自己发际线上的碎发，以获得时尚的蛋圆形前额（但直到 18 世纪，服装的性别差异才开始成为首要考虑的点）。

14 世纪贸易的增长和资本主义萌芽对服装的影响之一，就是创造出了时尚的概念——一种不断变化的风格。早期资本主义的发展得益于贸易的扩张、城市的勃兴、封建等级社会的瓦解和资产阶级的壮大。这些因素同样影响了时尚的发展，反过来时尚对它们来说也不可或缺。

贸易扩张的一部分就是布料和羊毛贸易的扩张，因此布料和服装的生产有着直接的经济意义。同时中产阶级的兴起对时尚的发展也至关重要，至少直到法国大革命（1789 年）爆发，服饰一直都是宫廷事务，从 14 世纪到 18 世纪最后 25 年的工业革命初期，资本主义剧烈变化的时候，服饰风格很大程度上都由上流社会所支配。但在工业革命期间，服饰成了争取权利与自由的场域。

劳苦大众穿最便宜的衣服：斜纹蓝布工装，褐色或黑色的粗布衣裳，或者就是未染色的毛料衣服。不同社会阶层、不同职业的人，服装各有特色。中世纪行会的工艺大师们穿着特殊的制服，或者至少都有兜帽。到了中世纪晚期，商人衣着奢华，模仿绅士的时尚，也穿戴据说地主和骑士才能穿的皮草、丝绸和珠宝。再后来，知识分子的服饰固化，从普通时装中分化出来；16 世纪，神职人员和医生仍然穿中世纪式样的长袍，而着装讲究的人已经抛弃了这种打扮，更爱穿短外套、修身上衣和长筒袜。社会下层的工人、摊贩、工匠都穿着与职业相称的衣服。比如，18 世纪的挤奶女工会穿着特别宽大的白色围裙，戴围裹式的头巾；磨坊工、糕点师和厨师都穿白衣服，因为可能沾上面粉。很难说特定着装到底是为了实用，还是仅仅用来区分一种小贩和另一种小贩。17、18 世纪的女小贩，比如挤奶女工，穿的衣服的确会在细节上有区别，但工作服似乎往往并不那么实用，甚至不便于工作，而且越来越多的工人试图赶时髦，至少偶尔如此。比如不少农民即使在大太阳下劳作，也不会摘下假发。[1]

前工业时代有大量的用人，男性居多，18 世纪他们可能仍是英国最大的社会经济群体。更早的时候，富有的地主可能有一千多名家仆，他们通常穿着与雇主家风格一致的华丽制服。他们也可能像工匠和学徒一样，能拿到被雇主淘汰但仍完好的时髦衣服，因此他们能够穿着光鲜地招摇过市，让那些道学家和保守派惊掉下巴。上层社会的用人，尤其是女性，也会赶时髦，只是衣料比雇主的略差一点。16 世纪，据说红衣主教沃尔西（Cardinal Wolsey）的厨师长穿得和大臣一样奢侈。丹尼尔·笛福（Daniel Defoe）在 1725 年也抱怨过，说当一个乡下姑娘在大户人家找到工作的时候：

“她整洁的皮鞋现在换成了系带高跟鞋；尼龙袜变成了精纺花

1 Cunnington, Phillis and Lucas, Catherine (1967), *Occupational Costume in England from the Eleventh Century to 1914*, London: Adam and Charles Black.

街头小贩各不相同的着装：卖饼干的姑娘、卖刀具和写作材料的小贩
——经曼塞尔收藏机构许可使用

边丝袜……她一定会有裙撑……单薄可怜的混纺衬裙也换成了一条四五码宽的好丝绸。”[1]

在许多欧洲国家，农民一直穿着特定的衣服。但他们也常常追求时尚，现在所谓的“民族服装”在许多情况下是对农民服饰风格的改良，以象征 19 世纪民族国家形成时新的国民身份。因此，这些服装中一些看起来最“真实”的部分可能恰恰反映了历史的重写，一种服装的谎言。

14 到 16 世纪通过了比以往任何时候都要多的禁奢令。作为对经济和社会变革的反应，这些法令试图用法律手段限制人们的穿着，在几乎所有的西欧国家和地区刮起了一阵飓风。[2]

这一现象的出现可能有三个原因。统治阶级试图维持服装所隐含的阶级差别，但实际上，随着城市资产阶级的崛起，这种差别已开始瓦解。在死气沉沉的中世纪，“每种服装都在一定程度上揭示了穿着者的地位和处境”，[3] 但这种旧秩序正在被现代阶级社会所取代，在这里决定一个人身份地位的不再是血缘，而是财富。

其次，挥霍是不道德的。这种观点与重商主义者的经济主张有关。他们坚信资产和金钱是等同的，政府应该设法吸引尽可能多的贵金属。这种贸易顺差就要求必须限制其他商品的进口，尤其是奢侈品。他们认为，鼓励国内生产和囤积黄金要更好。这就意味着禁奢令是用来调整贸易、发展特殊经济政策的。在英国，这样的法律在伊丽莎白一世

1 同 34 页注释 1，p.204。

2 Von Boehn, Max, 出处同 28 页注释 1。

3 Cunnington, Phillis and Lucas, Catherine, 出处同 34 页注释 1。

时期（1558—1603 年）达到了顶峰，但詹姆斯一世 1603 年继位后就马上废除了它们。尽管这些法律对社会各阶层的合法着装作出了细致入微的规定（不能穿什么更甚），它们在任何国家和任何时候都没有得到执行。而到了 17 世纪，经济学家们也开始认识到，高消费实际上可能促进经济扩张，而囤积财富则并不可取。[1]

也许令人惊讶的是，即使是共和时期（1649—1660 年）的英国清教徒也没有颁布进一步的禁奢令。虽然在 16 世纪，这些法律的增加与欧洲大陆的改革以及国家权力的增长有关，但英国清教主义毕竟在一定程度上表达了对个人自由的信仰。诗人约翰·弥尔顿（John Milton），一位清教自由主义者，就曾说为服装立法就像试图规范音乐和舞蹈一样荒谬。

时尚也是一种城市现象，在文艺复兴时期的意大利城邦，时尚的发展尤其好。19 世纪意大利文艺复兴史学家雅各布·伯克哈特（Jacob Burckhardt）将城市生活的自由与个人主义的发展联系起来，而时尚正是个人的表达：

随着出身的差异不再给人带来任何特权，个人就不得不充分利用自己的能力，而社会也不得不发掘出自身的价值和魅力。个人的举止，以及更高形式的社会交往，都变成了慎重的艺术追求。甚至

1 Baldwin, Frances Elizabeth (1926), *Sumptuary Legislation and Personal Regulation in England*, Baltimore: John Hopkins Press.

"男性大弃权"；女装的现代化；晨衣；英国，1807 年
——经维多利亚与阿尔伯特博物馆许可使用

不苟言笑的人……也认为漂亮得体的服装是完美之人的基本要素。[1]

随着工业革命的到来，世界第一次被机器主宰，资本主义提升到了一个新的高度。工业资本主义创造了巨大而动荡的新型城市中心，具有新的特征。城市一直都是能在一定程度上隐藏个人出身的地方，在这里，个人能力说了算，而不是地位或财富；但这种新出现的巨大工业炼狱与文艺复兴时期的城市大不相同，在这里，异乡人可能真的会迷失自我，或者在汹涌人潮中找到新的身份。工业主义塑造出的城市景观似乎是地狱般的，烟尘和废气从工厂涌出，人们生活在脏乱之中；又好像是有魔力的，如同水晶宫、埃菲尔铁塔、帝国大厦等梦幻的建筑，无视重力和物质基础，成为名副其实的制造中产阶级的空中楼阁。前工业秩序那样的稳定节奏不再存在。一切坚固的东西都烟消云散了。

为了连接这些挤挤攘攘的新城市，新的快捷交通和通信出现了。铁路、电话、电影院和大量发行的报纸杂志加剧了现代生活匆忙的节奏。资本主义的发动机将一切都卷入了它的涡轮："持续的生产革命，不断的社会关系纷扰，永恒的不确定性和动荡，都使这个时代与以往大不相同。"[2]

这些新型城市的空间结构使个体的现代性体验更加突出，地理意义和社会意义上都是如此；巨大的财富和极度的贫困如同在跳贴面舞，一个人从一类经验到另一类经验的速度，令新一代的公民又恐惧又着

---

1 Burckhardt, Jacob (1955), *The Civilisation of the Renaissance in Italy*, London: Phaidon Press, pp. 223–224. (Originally published in 1860)

2 Quoted in Berman, Marshall (1983), *All That is Solid Melts into Air: The Experience of Modernity*, London: Verso.

迷，他们注定要处于无休止的过度兴奋和过度刺激之中。尼采也曾谈到现代性的“热带节奏”导致了身份碎片化：“‘现代人永远不可能真正衣着得体’，因为现代社会中没有任何一个社会角色能够完美适应。”[1]

这就意味着时尚变得比在前工业城市中时更重要。它的形象传播本身就是大众传播的一种。社会角色成倍增长。社会生活具有了特殊的意义，与私人生活的界限更加分明。因为工业社会加剧、甚至创造了公共领域和私人领域的划分。这也波及到了时尚。在家和在公共场合的穿着差异越来越大，这正传达出了私密的室内空间与繁华的街道之间的区别。

18 世纪的服饰就已经有了 19 世纪工业社会服饰巨变的苗头。这一变化首先发生在英国，工业革命开始的地方。拥有土地的贵族和乡绅已经成为了实际上的乡村资本家，他们的工作服也就变成了 19 世纪的制服。日常骑马服，也就是运动服，毛纺素色，逐渐演变成了现代都市人的日常服装，完全取代了织锦、蕾丝花边和天鹅绒，这些东西一度是城里时尚人士的必备之物。詹姆斯·拉韦尔（James Laver）认为，这只是所有现代男装都起源于运动装的重要例子之一。[2] 可以肯定的是，工业革命、革命政治理想和浪漫主义信条的重叠，导致了男装的根本变化。这被称为“男性大弃权”[3]，许多时尚史学家都认同，从这时起，男人放弃了所有对美的追求，只留下了女人还继续把服装作为

1　同 39 页注释 2。

2　Laver, James (1969b), *Modesty in Dress: An Inquiry into the Fundamentals of Fashion*, London: Heinemann, p. 44.

3　Flugel, J. C. (1930), *The Psychology of Clothes*, London: Hogarth Press.

维多利亚时代早期的女装风格，孩子不再穿得和大人完全一样

——经维多利亚与阿尔伯特博物馆许可使用

一种展示。这种时尚史的陈词滥调掩盖了更复杂的现实。

新的男性时尚比起装饰、色彩和款式，更追求剪裁和合身，放弃了化妆和花花公子的女人气。但 19 世纪公子哥儿的紧身七分裤却十分性感。他们全新的、不加修饰的男子气概也是如此。整个 19 世纪和 20 世纪的各种男性时尚，如大胡子、爱德华七世风或者克拉克・盖博（Clark Gable）和加里・格兰特（Cary Grant）20 世纪 30 年代光滑的休闲西装，都与退出时尚的说法大相径庭，它们只是用比旧社会大臣穿丝裹缎更间接、更微妙、更复杂的方式去表现魅力。

由于棉纺织物的普及，女性时装也开始简化，不再穿夸张的裙撑，也像男性一样渐渐不再戴假发。在巴黎，这些英国妇女的服饰融合了传统服饰的影响，被认为象征着简朴和共和主义的革命美德，由此诞生了女性特有的帝国或摄政时期风格。几百年来，紧身胸衣第一次被抛弃，女性也会偶尔露腿。

但同时男女之间社会经济角色的差异也变得更大，到了 19 世纪早期，女性的社会角色不断受限，服装开始以更明显的方式区分性别，时尚不再像 17 世纪的贵族宫廷那样，仅仅是女性美的一个架子。更微妙的事情发生了：女性和服装一起创造出了女性气质。维多利亚时代早期，芭蕾舞演员那种柔弱的外表成为一种女性时尚；她们将头发一丝不苟地中分、盘起，露出圣母像一般的椭圆脸庞；长裙设计成落肩、收腰;整个造型温顺得仿佛微微发颤。这种两性差异既与性别有关，也与情欲有关。

毕竟，直到 18 世纪，同性恋才开始被视为一种固有的心理特征，一种“主体身份”及性实践。早些时候，同性恋被认为是罪恶的，但鉴于人性堕落的原罪，同性恋在每个人身上或许都是潜在的。而现在不仅仅是做坏事的问题，而是一直“做”同性恋的问题。尽管鸡奸行为令人厌恶，但在某些方面，这种新出现的性别身份比以往的恶行承受着更多的污名。[1]所以也难怪用男性化的着装来证明自己不是娘娘腔变得很重要。着装上越来越多的性别陈规实际上是为了抵御新的恐惧。

资产阶级的优势意味着专业、节俭和理性理想的胜利；穿黑色职业装的人，体现出的道德观与文艺复兴时代佛罗伦萨城中过分打扮的大臣或衣着奢华的商人都不同。但是，城市居民有两种，因为无产阶级也登上了历史舞台。对他们来说，现代都市服装的意义在于象征他们进入了时尚和消费品的世界。尽管 20 世纪这两种人经常被混为一谈，统称为“民主公民”，但直到 20 世纪 20 年代，工人的服装才成为一种时尚规范。

工业大生产改变了服装制造和城市生活。在时装领域，就像其他艺术和工艺的分支一样，独特性和大规模生产共同发展。

赛维尼夫人在她给朗勒亲王（Monsieur Langlée）的信中提到过一个凡尔赛路易十四宫廷中的裁缝，罗丝 · 伯汀（Rose Bertin）。她是新女装裁缝之一，通常被看作 19 世纪女装设计的先驱。在 18 世纪晚期，年复一年，女装的设计也并未产生大的变化；时尚的差异是由装饰和细节的选择造成的。罗丝·伯汀不仅为玛丽·安托瓦内特（Marie Antoinette）设计服装，还为她的着装提供建议；她也制作时尚娃娃，穿着微缩版的时装。这些娃娃被送到欧洲的各大宫廷，以传达最新的

1　See Bray, Alan (1983), *Homosexuality in Renaissance England*, London: Gay Men's Press; and Weeks, Jeffrey (1977), *Coming Out*, London: Quartet.

时尚信息。但它们不久后就让位于大量生产的钢版画，而后者加速了时尚的传播。

第一个真正现代意义上的服装设计师是查尔斯·弗雷德里克·沃斯（Charles Frederick Worth），一个英国人，19 世纪 50 年代，由于为波林·梅特涅（Pauline Mettemich）公主及其好友尤金尼亚（Eugénie）皇后设计服装而在法国拿破仑三世宫廷中名利双收。正是从这时候开始，时尚女性的穿着被看作设计师的单独创造——也正是这时候，服装工业和大量生产的时尚开始出现。这就要求必须把独特的服装与拙劣的模仿明确区分开来，服装设计师必须成为艺术家。

第二帝国时期（1852—1870 年）的巴黎几乎成了时尚之都，并将宫廷裁缝或无名女裁缝变成了公众认可的名人；沃斯晚年开始穿得像伦勃朗一样，头戴天鹅绒贝雷帽，身披华丽的斗篷，打着飘逸的领带，这在浪漫主义者和波西米亚人中是艺术家的象征。第二帝国的社会是一个扩张主义者和提包客的社会，在这个社会里，暴发户、旧贵族、冒险家和资本家都追求出人头地，贵族不再是无法撼动的统治阶级。因此，尽管沃斯的成功多亏了尤金尼亚皇后的赞助，她也无法像玛丽·安托瓦内特那样引领时尚。是他，而不是她成为了时尚的权威。这位时装设计师独自凌驾于宫廷派系和阶级斗争之上；因为他是艺术家，有灵感，他创造的时装被画家和后来的摄影师们记录下来，成为一个时代的标志和象征。

同样，穿他设计的衣服、追求时尚的女性，不是社会领袖，而是女演员或妓女。这些 19 世纪中期巴黎的交际花，没有名字，没有家庭，没有阶级。她们来处成谜，所有的成功完全依赖于外貌和个性。因此

衬裙的变迁——大风中被吹起的衬裙

——经《笨拙》杂志许可使用

她们穿着最出格的衣服，制造轰动；的确，为自己做广告符合她们的利益。然后，一旦确立了自己的地位，她们华丽的服装就说明了供养她们的男人有多富有。[1]

在这个弱肉强食的社会，美丽成了社交通行证：

> 服装的问题……对于那些想要看起来拥有自己没有的东西的人来说有着极高的重要性，因为这通常是以后得到它的最好方法。[2]

---

1 Delbourg-Delphis, Marylène (1981), *Le Chic et le Look: Histoire de la Mode Féminine et des Moeurs de 1850 à nos Jours*, Paris: Hachette.

2 Quoted in Moers, Ellen (1960), *The Dandy: Brummell to Beerbohm*, London: Seeker and Warburg.

外套和裙子：现代女性出街装束，1910年

——经维多利亚与阿尔伯特博物馆许可使用

英式散步装
——经维多利亚与阿尔伯特博物馆许可使用

保罗·波烈（Paul Poiret）设计的革命性的和服式外套 [来自 1908 年保罗·艾里布（Paul Iribe）描述保罗·波烈的设计插图]

1908 年保罗・波烈设计的摄政时期风格的服装
——经布莱顿皇家行宫美术博物馆许可使用

20 世纪的服装延续了浪漫主义运动的遗风：
1805 年与 1908 年女装的相似性

外表取代实在，任何想要跻身上流社会的人都可以做到，只要他们看上去像是他们的一员。

时髦女性过度装饰的衬裙更是为这种展示“锦上添花”。这些摇晃、抖动的铃铛创造出了看似端庄实则相反的假象，穿着这样的裙子行走，当风吹起裙角，铃铛也会撩人地甩向一边，露出脚踝、双腿和衬裤。而它们又装饰着过往年代的花纹，这种混乱也是社会混乱状态的写照，在这个社会中，资产阶级道德给年轻资本主义的贪婪和动物性披上了一层外衣。这些矫揉造作的工艺，就像那个时代的画一样，自相矛盾地试图重塑自然，正如沃斯的顾客之一、一位时尚小说家的妻子奥克塔夫·弗伊莱夫人（Octave Feuillet）对她定制服装的描述：

> 他决定做一件紫丁香色的绸衣，覆上如云的薄纱，色彩如山谷中丛生的百合。白色薄纱像雾一般笼罩着淡紫色的云朵和印花，最后，一条飘逸的饰带令人想到维纳斯马车上的缰绳。[1]

从 19 世纪 30 年代到 20 世纪，中产阶级女性的服装都落后于男性，没有完全适应都市生活，甚至当她们地位下降，囿于了无生气的中产家庭时也是如此。早期的男性街头时尚吸纳了富家公子偏爱的持重深色和干净亚麻白。他们穿着这种“制服”参加晚间活动，女眷则穿得光彩照人。基于这种差异，工业革命后的时尚渐渐完全成了女人的话题，看起来就像女人们仍然活在旧时代一样。不过尽管如此，事情还是渐渐不同了。

1 Saunders, Edith (1954), *The Age of Worth*, London: Longmans, p. 75.

起初，中产阶级的妇女出门要披着斗篷、戴着面纱。一个女人在街上走是很不体面的，必须由长辈或男仆陪着。但在城市中也有女性劳动者。19 世纪 60 年代，纽约的女性就已经在穿“第五大道出街装”了，这种服装是在狩猎夹克的基础上改制的。几年后，类似男式的套装——“黑色夹克、配套的短裙和素色衬衫”也出现了。[1] 又过了十年，雷德芬（Redferns），一个专门研究女性骑马习惯的英国制衣行，为英法上流社会的女性设计出了类似的服装。到了 20 世纪，“新女性”可以独自上街，外表上仍然穿着严肃的套装、鱼尾裙、男性化的帽子和西装，但当她们提起裙子上台阶或穿过街道时，就能瞥见精致的荷叶边和褶边衬裙，发出那个时代特有的沙沙声，这种撩人的声音据说能让男人瞬间心跳加速。

为了跟上现代生活的步伐，时尚加速发展。一方面，它适应并表达了中产阶级那种分得事无巨细的生活。有晨袍、茶服、晚礼服、散步装、旅行服、去乡村穿的衣服、做不同运动穿的衣服、正式丧服、副丧服、半丧服；服装不再反映明确的阶级或地位，而是社交时段、场合或个人的状态。服装不再是财富的华丽包装，而是作为一种通用社会规范的标志，但同时也矛盾地根据穿着者的品味和性格而个性化。

另一方面，随着许多级别标志的消失，制服诞生了。这是第一种大规模生产的服装。仆从的制服曾是制服的一种，但 19 世纪的制服有了新的意义。它是机器时代生活分工、归类和标准化程度提高的一部分：

1 Banner, Lois (1983), *American Beauty*, New York: Alfred A. Knopf.

法国大革命以来，一张大范围的控制网将中产阶级的生活更加紧密地网罗其中。大城市房屋的编号记录下了逐步标准化的过程。1805 年，拿破仑政府规定巴黎必须这样做。这种简单粗暴的措施无疑在无产阶级阶级中遭到了抵制……当然，从长远来看，这种抵制无济于事，无法对抗各种各样的登记网不留痕迹地抹去大城市中的大量人口。[1]

制服就是这种官僚做法的另一种体现。它们象征着现代国家进入了个人生活。（现代）制服最早在欧洲陆军中发展起来，是仆从制服的延伸。18 世纪英国的海军军官也开始穿制服；更低级的海员则直到 19 世纪才可以穿。公务员的制服似乎开始于佩戴象征他们的官方身份的徽章。然而，当这种徽章发展成完整的套装时，制服却变成了“过去的衣服”。[2] 举例来说，20 世纪早期的第一批私人司机穿皮靴和马裤，就好像他们仍在骑马，而不是开车。

私人铁路公司最早将制服引介给雇员，希望这些衣服能够让他们在公众中树立权威感。制服是官方地位和尊严的标志，但同时也表明官员是“公仆”，因此要穿着制服进行公共服务。

制服似乎与时尚背道而驰，因为它遮蔽而不是突出了个性——军装例外，它一直以来都被公认增强了男子气概和魅力。18 世纪，上流社会的女仆都穿丝和缎。但拜伦（Byron）在 1811 年的一封信中提到

1 Benjamin, Walter (1973a), *Charles Baudelaire: A Lyric Poet in the Era of High Capitalism*, London: New Left Books, p. 47.

2 Cunnington, Phillis and Lucas, Catherine, 出处同 34 页注释 1。

制服时说：

> “我刚刚下令废除了制服帽；不得以任何借口剪头发；可以穿胸衣，但不能太低；晚上也要穿全套制服。”[1]

这看起来就好像他要阻止自己的女仆追求时尚。到了19世纪90年代，女仆穿黑色已经变成了惯例，并且就像同时期的护士一样，从更早的时候就开始戴帽子。女仆的服装在第二次世界大战后的英国仍会引起纷争，一场雇主与用人之间的广播讨论说得很清楚：

> 雇主：我不明白为什么我不能说“你可以穿黑色和素色吗？”一般的工厂都会有穿衣规范，要么是粗棉布工装，要么是白色的罩衣。如果一个女孩打扮得漂漂亮亮的出门，头发上缀满了小花，她这样做是有目的的。我希望我的孩子是被带到公园，而不是兵营。
>
> 用人：故意让一个女人穿深色衣服当背景板是不对的。
>
> （《听众》，1946年4月）

但实际上制服也受时尚的影响。第二次世界大战期间，美国海军的妇女志愿服务应急部队（WAVES）的制服外套和裙子就有着时尚的剪裁，以吸引新兵。20世纪六七十年代，甚至修女也与时俱进地改变了习惯，空姐的制服则经常重新设计，但似乎总是落后于正流行的款

1 Byron, George Gordon, Lord (1982), *Selected Prose*, letter to Francis Hodgson, 25 September 1811, Harmondsworth: Penguin, p. 95.

式风格。制服在试图掩盖性魅力的同时却往往增强了性魅力，因为它们代表了禁忌，并且看起来像是用来扮演性幻想中的角色。同理，制服本来是为了抑制个性，有时候却强化了个性。

如果说时尚改变了制服，那么 20 世纪的时尚本身就被认为越来越像制服。女性时尚在 19 世纪末赶上了男性。就像一个世纪前的男装一样，适应现代城市生活的是运动风格。雷德芬的外套、裙子、受欢迎的衬衫都会被新兴的时尚产业模仿，因为 1890 年到 1910 年间，服装的大规模生产才真正起步。

并不是某一个人带来了这种改变。不过加布里埃·香奈儿（Gabrielle Chanel），就像她之前的沃斯和波烈一样，作为设计师在 1910 年后成为重要的催化剂。她的传记作者艾德蒙 · 查尔斯 - 鲁（Edmonde Charles-Roux）表示，香奈儿的天才之处在于为女装做出了一百年前英国的贵族和花花公子们为男装做出的贡献：她将运动装融入日常生活，并将“男性时尚女性化”变成了一门生意。[1]

香奈儿踏入上流社交圈的第一步是做一名陆军和地主的情人，希望在其保护下以女演员、歌手和音乐剧明星的身份登场。她热爱骑马，骑马装在香奈儿风的形成中起到了关键的作用。第一次世界大战爆发时，她已经放弃了原本的目标，变成了一名服装设计师，开始用米色经平绒和灰色的法兰绒设计一些最早的现代时装，这类布料此前从未用于女装，主要用来做男式内衣和夹克。香奈儿风也成为 20 世纪服装风格的一个标杆。

1 Charles-Roux, Edmonde (1975), *Chanel*, London: Jonathan Cape, translated by Nancy Amphoux.

香奈儿发明了“穷造型”——毛衣、针织连衣裙和小套装，颠覆了整个“展示”的时尚理念；尽管她的风衣和小黑裙可能是用最好的羊绒做的，她的看上去像玻璃一样随意的大块“人造珠宝”实际上是未经切割的祖母绿和钻石。

变化快而富有流动性，这是现代性和未来主义的精神。作为一种风格，它嘲讽了时尚；塞西尔·比顿（Cecil Beaton）[1]称它为虚无主义的、反时尚的装扮，并且最大的矛盾之一是为一种看不见的时尚付出。这种装扮是为了让富家女看起来像街头的女孩儿一样，而黑裙子和小套装正是女店员或速记员的典型穿着。

这种风格也是让·巴杜（Jean Patou）[2]发展起来的，20世纪20年代的女明星几乎都这样穿过。伊夫林·沃（Evelyn Waugh）的第一个女主角玛戈特·贝斯特-切特温德（Margot Beste-Chetwynde）的首秀就是这种“穷造型”：

> 一辆鸽灰色和银色相间的豪华轿车无声无息地开进了会场……车门打开，下来了一位身穿灰色大衣的高个子年轻人。在他的身后，贝斯特·切特温德夫人像香榭丽舍大道的第一阵春风一般走了出来，穿着蜥蜴皮做的鞋子、丝袜、绒鼠皮大衣，紧紧戴着饰有铂金和钻石的小黑帽，操着从纽约到布达佩斯的任一家丽兹酒店都可能听到的高声调。[3]

---

1 Beaton, Cecil (1954), *The Glass of Fashion*, London: Weidenfeld and Nicolson.

2 Etherington-Smith, Meredith (1983), *Patou*, London: Hutchinson.

3 Waugh, Evelyn (1928), *Decline and Fall*, Harmondsworth: Penguin, p. 75.

时尚的制服：20 世纪 20 年代

——经维多利亚与阿尔伯特博物馆许可使用

这是一种国际富豪的风格，却也同时是一种无阶级的风格。因此香奈儿的设计不久就应用到了大众市场。到了 1930 年，受香奈儿启发的第七大道的珍妮·德比（Jane Derby），已经在向美国大众市场诠释香奈儿。

还有一位美国女设计师，克莱尔·麦卡德尔（Claire McCardell），她宣扬了一种类似的但更平等的现代女性形象。从 20 世纪 30 年代活跃到 50 年代，她的名字从未达到家喻户晓的程度，但她是 20 世纪最有影响力的设计师之一，在人们普遍接受紧身衣、平底鞋等柔软、舒适的款式之前好几年，她就已经发明了这些款式。对她来说，20 世纪 20 年代是现代女性形象取得优势地位的时期：

> 20 年代发生了巨大的改变。这个时候的小说家都这样说。欧内斯特·海明威在《太阳照常升起》中这样描述布雷特夫人："她穿着一件套头毛衣和一条粗花呢裙子，头发向后梳得像个男孩。这一切都是从她开始的。"有趣的时尚点在于布雷特夫人是在哪里穿着这套搭配。在微风吹拂的帆船俱乐部吗？不。在高尔夫球场吗？不。在乡下吗？也不。在叙述者的描述中，她正坐在巴黎的一家酒吧里。[1]

这又是运动服向都市的迁移。但又潇洒又婀娜的 20 年代女性也很浪漫。

1 Lee, Sarah Tomalin (1975), *American Fashion*, London: André Deutsch, p. 218.

南希·库纳德（Nancy Cunard）是所有现代主义女性的真实原型。她才华横溢，天赋美貌，与时代如此合拍，以至于只能存在其中；与时代太过紧密的联系使她无法将其转化为艺术，她的创造力也因此受到了阻碍。这个极度现代主义的女人身上笼罩着一层悲剧气质，那个时代最著名的小说——奥尔德斯·赫胥黎（Aldous Huxley）、伊夫林·沃的作品，以及最重要的迈克尔·阿伦（Michael Arlen）的《绿帽子》，都将她写成故事里的女主角。在这一时期的畅销书中，女主人公艾里斯·斯托姆（Iris Storm）注定要有"异教徒的身体和奇斯赫斯特式的头脑"。她的假小子头、皮夹克、海报脸掩盖了内心的脆弱，就算她开着一辆伊斯帕诺·苏伊萨跑车，这辆车也会变成她自杀的工具。她就是伊夫林·沃所说的"最后一个……徘徊在两次世界大战之间的浪漫幽灵……优美却注定毁灭，带着垂死的声音"[1]。

20 世纪 30 年代时尚又回到了浪漫主义，尽管艾尔莎·夏帕瑞丽（Elsa Schiaparelli）对超现实主义的运用（她设计了像鞋一样的帽子，以及视觉错觉毛衣）的确预示了时尚本身对现代主义的质疑。梅因布彻（Mainbocher），一位在巴黎工作的美国设计师，最有名的客户是沃利斯·辛普森夫人（Wallis Simpson）（她嫁给爱德华八世时穿的礼服就是他做的），早在战争爆发之前就已经提出了"新风貌"的要点。"新风貌"于 1947 年由另一位巴黎设计师克里斯汀·迪奥（Christian Dior）发布，给战后的艰苦世界带来了一股浪漫主义怀旧风；但英国的 *Vogue* 杂志在 1940 年 1 月号就写道："八月，我们都系好了腰带，

---

1 Chisholm, Anne (1981), *Nancy Cunard*, Harmondsworth: Penguin.

英国成衣公司德雷塔（Deréta）诠释的“新风貌”
弗朗西斯·马歇尔（Francis Marshall）绘制
——经德雷塔许可使用

以适应新的腰线……我们甚至感觉回到了 1914 年前那种宽胯、窄下摆的风格。”

第二次世界大战期间，*Vogue* 理所当然地充斥着穿着得体、制服加身的女性形象。但有些时候性别差异似乎加剧了：

> 勇敢的人和美丽的人在一起。玛尔斯和维纳斯，他身着战衣，她装扮美丽……假日是喜庆的日子，是片刻的快乐，短得难以去尝试和犯错。但是应该穿什么、做什么、成为什么？玛尔斯希望他的维纳斯聪明还是甜美，严肃还是无忧无虑？女人味什么的……如果有的话，美丽是你的责任。（*Vogue*，1941 年）

人们对男性制服的魅力有一种狂热的崇拜，与之形成鲜明对比的是妇女们轻浮、花哨、带面纱的帽子（帽子从来不够戴）[1] 和宝贝似的丝袜。

战争期间，巴黎不少服装设计师都关门歇业。香奈儿和一位德国军官一直躲在丽兹酒店里。有人认为那些在纳粹占领期间仍然开张的设计师为法国做了件好事，因为他们阻止了巴黎时装工业大规模迁往柏林。但英国版 *Vogue*（1944 年 9 月号）的詹姆斯·拉韦尔（James Laver）表明，战时的巴黎时尚是“投敌者和德国人的时尚”，流行收腰、褶边、花哨、极度女性化的装扮，走浪漫主义路线，正预示了“新风貌”的出现。詹姆斯·拉韦尔希望并且相信，战后女人们会反对这种对女

1　在英国，第二次世界大战期间和之后的几年里，衣服都是定量配给的。每人一本配给券，有效期为一年；大部分衣服都用配给券定价；但帽子例外。

性来说十分保守的时尚，但她们没有。（存在一些反对这种时尚的声音，我在第 10 章会说明。）经过了纳粹占领时期的发展，战后的浪漫主义时尚不仅仅是保守、怀旧、倒退；20 世纪 40 年代后期，在一个本应致力于消除法西斯主义影响的世界里，纳粹主义统治下开花结果的浪漫主义风格却得到了延续。

20 世纪 40 年代末，时尚摄影表达了这种浪漫的、略带病态的情绪，照片中的女人穿着如云的薄纱连衣裙，飘荡在城墙边、花园里，或是轰炸后的废墟、贫民窟等背景中；或是身着黑色紧身连衣裙的优雅女人，鹤一般踏过城市的街道。"新风貌"尽管本应是女性化的，但也有着男子气概的一面。模特就像卫兵一样高，出街穿的衣服也类似卫兵的便服，或拄着伞的城中绅士。她们穿着最高的高跟鞋，窄底裙，臀部突出，衣带飞扬，有点哥特式建筑的风味，但却戴着像圆顶礼帽一样的硬帽子。

随后，摄影师霍斯特（Horst）这种棱角分明的风格让位于一种更新、更年轻的理念。1953 年英国版 *Vogue* 刊登了安东尼·阿姆斯特朗·琼斯（Antony Armstrong Jones）拍摄的照片。照片中的模特越过桌子与朋友拥抱，不小心打翻了放着酒杯的托盘。后来，阿姆斯特朗·琼斯采用了抓拍或家庭快照的风格，拍下了他的模特们毫无防备的、在船里绊倒或在涨潮时睡着的样子。另一位同时期的摄影师欧文·佩恩（Irving Penn）则在照片中引入了笨拙感。娇小迷人的芭蕾舞女演员奥黛丽·赫本（Audrey Hepburn）的造型开始表现出一种对巴黎高级时装冷冰冰的技巧的替代。

接下来的 30 年，香奈儿的理念会战胜迪奥。我们将看到，她的作品为现代主义风格的进一步发展奠定了基础，这将在第 7 章进行讨论。

我印象式地勾勒了时尚的历史，并试图梳理出趋势，而不是记流水账。但一些历史概念的确对探究服装的理论解释有所帮助。在尝试解释时尚就是变化时，实际上是试图在不变的人类特征的基础上，找到普遍的解释，否则容易将历史简化为一种粗糙的经济主义，或简单的象征主义。

3 Explaining It Away

辩解

差别的逻辑跨越了所有表面上的差别。两者就相当于初步工序和理想成果：不关心同一性和非矛盾性的原则。这种深层逻辑与时尚类似。就这些问题而言，时尚是更令人费解的现象之一：它进行符号创新的冲动，它明显的随意性和不断的意义生产——一种意义驱力——以及更替的逻辑奥秘，实际上都是它的本质。

——让·鲍德里亚《符号政治经济学批判》

由于时尚总是不断地承受污名，对时尚的严肃研究不得不一再为自己辩解。几乎每个时尚作家，无论是记者还是艺术史学家，都坚持不时强调时尚作为文化晴雨表和表现性艺术形式的重要性。尽管对社会变迁和服装风格关系的勾画总是粗浅而老套，我们还是会反复地读到，身体的装饰先于所有其他已知的装饰形式；服装表达了随后每个时代的氛围；我们如何对待身体体现了时代精神。20 世纪 20 年代的摩登女郎成了第一次世界大战后礼仪和道德革命的象征；“新风貌”标志着第二次世界大战后女性向家庭的回归（不过并没有发生）；高礼帽的消失则意味着民主时代的到来。这些说法都太过明确，不可能完全真实，实际的历史要更复杂。

严肃的时尚研究传统上一直是艺术史的分支，并沿用其注重细节的方法。与家具、绘画和陶瓷一样，研究的一个主要部分就是服装的准确年代测定、某些情况下“作者身份”的确认、对实际制衣过程的了解，所有这些都要求有理有据。[1] 但时尚史也往往被整个艺术史的保守意识形态所束缚。

20 世纪中期是时尚研究的一个高产期。多丽丝·兰利·摩尔（Doris Langley Moore）是当时以时尚写作而闻名的少数女性之一，她评论道，这个关于女性的话题，作者却几乎是清一色的男性。[2] 他们接受了当时普遍存在的对女性的保守态度，这导致他们的语气有时显得忸怩作态，有时沾沾自喜地高人一等，有时又彻头彻尾地无礼冒犯。这些写作根本称不上严肃，作者常常声称自己的研究无比重要，但由于把女性贬低为次等阶层，这种信念从内部就被推翻了。因为时尚总是与女性相关，这些作者写时尚就像在写女性；塞西尔 · 威利特 · 坎宁顿（Cecil Willett Cunnington）就写过很多关于服装的书，甚至还为一个名为《生

1 Newton, Stella Mary (1975), ‘Fashions in Fashion History’, *Times Literary Supplement*, 21 March, argues that fashion history lags behind other branches of art history, and is ‘unlikely to catch up’.

2 Moore, Doris Langley (1949), *The Woman in Fashion*, London: Batsford. “事实上，所有对时尚的心理学研究主要都针对女性时尚，而理论家们无一例外都是男性。”（p. 1.）

活的乐趣》的系列丛书撰稿，题目就是《女人》[1]，与其他板球和园艺之类的“生活乐趣”相提并论！

艺术史也倾向于保持高雅艺术和通俗艺术之分这种精英主义论调。由此时尚本质上成了高级定制时装，而这种传统的瓦解、服装设计师作为艺术家的地位的下降，以及大众服装工业的崛起，都被指导致了“真正的”时尚的终结。一旦我们都时尚了，反而跟没有人时尚是一样的，资产阶级民主和社会主义的标志据说都是统一的衣着，这种“千篇一律的灰”困扰着每一个时尚作家。所以塞西尔·威利特·坎宁顿才会为爱德华时代蕾丝、雪纺、裙撑和衬裙的魅力而叹息。遗憾的是，“现代女性不再认为服装是充分表达自己理念的媒介……随着 20 世纪朝着命定的方向狂奔，那些不再够用的艺术形式自然被抛弃。这种进步的代价之一就是服装艺术的衰落”[2]。

另一方面，昆汀·贝尔（Quentin Bell）虽然得出了同样的结论，但却是出于相反的原因，因为他预见，如果富足成为普遍现象，“阶级差异将逐渐消弭，品位的金钱原则也将慢慢失去意义；这样一来，服装就可以设计得满足个人的所有需要，而对时装来说基本的统一性则会消失”[3]。

那些研究过时尚的人，发现自己遭遇了时尚明显的非理性。他们试图用实用性的术语解释这一点，称大多数奇装异服一定具有某种功

---

1 Cunnington, Cecil Willett (1950), *Women* (Pleasures of Life Series), London: Burke.

2 Cunnington, Cecil Willett (1941), *Why Women Wear Clothes*, London: Faber and Faber, pp. 260–261.

3 Bell, Quentin (1947), *On Human Finery*, London: The Hogarth Press, p. 128.

能；这些荒唐事一定有一个理性的解释，只要我们能发现它。然而这使他们陷入了窘境，因为非理性的东西有什么功能可言呢？

这一论点似乎认为，由于时尚穿搭不仅是一种艺术形式，也是与人体直接相关的活动，因此一定与人类的生理需求直接相关。并且，当人们盛装打扮的时候，通常并没有那么舒适，甚至感到痛苦，所以也有人倾向于用行为本身之外的术语来解释这种“非理性”：经济学、心理学、社会学。我们指望一件衣服能以道德和智力标准为自己的外形和风格辩护，但我们通常不会把这些标准用于其他艺术；比如对建筑，我们可能各有各的偏好，但我们大多都能接受多元的风格，既能欣赏包豪斯风格的简朴，又能欣赏洛可可风格的繁复。但一说到时尚，我们却苛刻起来。

由于时尚的发源和兴起与商业资本主义的发展密切相关，对时装现象的经济学解释一直很有市场。人们很容易相信，时尚的功能源于资本主义不断扩张的需要，这种需要鼓励了消费。最粗略地说，这种解释假定时尚的变化是强加给我们，尤其是女性的，谋求说服我们消费远远超出我们“需要”的东西。没有这种“消费主义”，资本主义就会崩溃。（多丽丝·兰利·摩尔认为，时尚产业并非如此，因为事实证明，时尚变化缓慢的男装行业就比起伏的女装行业稳定得多，女装行业不得不冒着巨大的风险，因为我们永远无法预知什么会流行，什么会过时。）[1]

这种观点的基础是相信人类个体确实有某些不变的、容易定义的

1 Moore, Doris Langley, 出处同 63 页注释 2。

需求。但是，对这些需求进行定义和分类的尝试已经被证实是不可能的。事实上，甚至像温饱这样的生理需求都是被建构的，在不同的社会中有不同的表现。需求的概念不能阐释时尚。

还有一种观点用资本主义社会对地位的追求来解释时尚。在这样的社会中服装成为了每个人凭借价值和手段进行社会斗争的场域。封建时代那种古老而僵化的界限消失了，每个人都可以自由模仿更高阶层的人。不幸的是，任何时尚一旦扩散到中间或更低的阶层，就会为富人阶层所唾弃。他们转向新的时尚，然后又被模仿。按照这种观点，时尚就是一个无穷无尽的螺旋。

最精于世故的解释是索尔斯坦·凡勃伦（Thorstein Veblen）的《有闲阶级论》。凡勃伦认为时尚是炫耀性空闲、炫耀性财富和炫耀性浪费的一部分，这三点正是他总结出的贪婪社会的特征。在这样的社会中，财富比家族血统和个人才华更能带给人声望。与恩格斯一样，凡勃伦也认为资产阶级的女人实际上是男人的财产：

> 在经济发展过程中，代替户主进行消费已经成为了女人的职务；她的衣服也为此而设计。很明显，劳动生产在特定程度上是对体面女人的贬低，因此在女装的制造中应该特别注意，要让观者认识到一个事实（实际上往往是捏造），即穿者没有也不可能习惯从事有用的工作……（女人的）领域在家庭之内，她应该去美化和装饰这个家……通过承袭自父权社会的道德，我们的社会制度使证明家庭的消费能力成了女人的职责……

凡勃伦所说的炫耀性消费者。法国高级时装，1870 年

——经维多利亚与阿尔伯特博物馆许可使用

高跟鞋、裙子、不实用的帽子、紧身胸衣等对穿者舒适度的漠视是所有文明中女装的明显特征，它们证明，在现代文明体系中，女人理论上仍然在经济上依赖男人——也许在一个高度理想化的意义上，她仍然是男人的私产。[1]

凡勃伦认为，炫耀性浪费解释了时尚的变化，但他也相信“本能的审美”（也就是基本的好品位），对这种审美来说，炫耀性浪费是讨人嫌的，因为我们都有一种“痛恨无用”的“心理定律”——而对凡勃伦来说，时尚的怪异风格显然是无用的。他将时尚的变化解释为一种不眠不休的努力，这种努力试图摆脱强加于人的不合理风格的丑陋，那种每个人都能凭直觉分辨出的丑陋。那么对凡勃伦来说，时尚的动力就是一种最终摆脱荒谬变化和层出不穷的丑陋的愿望，而这种愿望永远在碰壁。

时尚作家从未真正挑战过凡勃伦的解释，至今他的分析仍然占据主流。但他的理论并不能解释时尚变化的形式。为什么裙撑代替了衬布，羊腿袖代替了斜肩？马克思主义文化批评家西奥多·阿多诺（Theodor Adorno），揭露了凡勃伦思想深层次的不足之处：

具体来说，进步是指意识形态和……经济消费形态对工业技术形态的适应。适应的方法就是科学。凡勃伦设想它是因果关系原则的普遍应用，与不成熟的（神秘思维）相反。在他看来，工业生产

1 Veblen, Thorstein (1957), *The Theory of the Leisure Class*, London: Allen and Unwin, pp. 179–182. (Originally published in 1899)

后普及的因果思维是客观的、量化的关系对个人主义和人格化概念的胜利。[1]

换言之，根据阿多诺的说法，凡勃伦屈从于 19 世纪对自然科学的痴迷。在凡勃伦的理想世界中，并没有非理性和非实用的一席之地；那是一个完全理性的王国。从逻辑上讲，享乐本身肯定是无用的，因为它与科学进步无关。这是凡勃伦讲实用、有规律的世界的标准，因此他讨厌诸如时尚和团体运动这样的爱好。这种意识形态使他把所有的文化都贬为庸俗，把休闲看作荒唐。这种功利主义的思想宿命般地预示了服装改革运动的到来。[2]

凡勃伦理论的坚挺令人好奇。它们不仅继续主导着时尚史领域各种作家对服装的讨论，还似乎影响了最近那些“消费文化”的“激进”批评家。在美国，克里斯托弗·拉什（Christopher Lasch）[3]、斯图尔特（Stuart）、伊丽莎白·埃文（Elizabeth Ewen）[4] 都谴责现代文化，包括时尚；在法国，让·鲍德里亚旗帜鲜明地运用凡勃伦理论攻击消费主义。跟凡勃伦一样，鲍德里亚也指责时尚的丑陋：

真正的、决定性的漂亮衣裳将会带来时尚的终结……时尚在彻

1 Adorno, Theodor (1967), ‘Veblen’s Attack on Culture’, *Prisms*, Cambridge, Ma.: The MIT Press; translated by Samuel and Sherry Weber, p. 77.

2 见第 10 章和第 11 章。

3 Lasch, Christopher (1979), *The Culture of Narcissism*, New York: Warner Books.

4 Ewen, Stuart and Ewen, Elizabeth (1982), *Channels of Desire: Mass Images and the Shaping of the American Consciousness*, New York: McGraw Hill.

底否定美的基础上，通过把美和丑在逻辑上等同，不断地制造“美”。它能把最古怪、最不协调、最可笑的特点强说成与众不同。[1]

他也认为时尚是尤其有害的消费主义形式，因为它“体现了基本秩序层面创新的需要和不变的需要之间的妥协。这一点正是‘现代’社会的特征。因此，它导致了一场变革的游戏……就彼此互相矛盾的两种需要来说，新与旧并不对立：它们是时尚的‘循环’范式”[2]。

这种看法过于简单粗暴；它没有赋予矛盾和乐趣任何作用。鲍德里亚最终陷入了虚无主义。抨击消费主义的说法把我们的世界看作密不透风的压迫网；我们没有任何自主性，只是铁桶般的体系的奴隶，无处可逃。照这种观点，我们所有的乐趣都是高压社会的麻醉剂；歌剧、流行音乐、冒险小说和那些伟大的文学作品都应该跟时尚一样受到谴责。

鲍德里亚最奇怪的分析就是他似乎排斥马克思主义，但却接受马克思主义对资本主义最具阴谋论的批判。 此外，他还认为“真正的”美存在着某种基本标准，却在其他方面拒绝接受这种理性主义标准的观点，并似乎表明，欲望毕竟创造了“美”，而欲望某种意义上必然是矛盾和分裂的，艺术品会反映出这种矛盾心理。那么“真正的美”的概念来自哪里呢？

一种对时尚的经济学解释从科技进步的角度回答了这个问题。比如说，没有缝纫机的发明（辛格 1851 年申请了专利），大众时尚工业

1 Baudrillard, Jean (1981), *For a Critique of the Political Economy of the Sign*, St Louis, Mo.: Telos Press, p. 79; translated by Charles Levin.

2 同上，p. 51。

当然不可能出现。不过这无法解释过去 135 年的风格流变。

一种更为复杂的经济学解释囊括了西欧经济贸易扩张带来的文化后果。钱德拉·穆克吉（Chandra Mukerji）认为欧洲在近代早期已经是“大众消费的享乐主义文化”。这与源自社会学家马克斯·韦伯（Max Weber）并由 R.H. 托尼（R. H. Tawney）在英国发扬光大的普遍看法相矛盾。普遍认为推动资本主义扩张的“新教伦理”是一种“禁欲理性”，早期的资本家十分节俭，属于只进不出的抠门性格，只有随着工业资本主义的到来，特别是在我们这个时代，现代消费主义才诞生。但她认为，即使是英国清教徒也穿着昂贵而精致的服装——无论如何，他们的服装受到荷兰人素净但时尚的服饰的影响，不亚于宗教因素。[1]

经济学的简化主义与 19 世纪人类学的简化主义是一致的。只要接受《圣经》对创世的描述，穿衣可能不仅是虚荣的象征，也可能自相矛盾地反映出人类对堕落状态的觉察。无论亚当和夏娃的第一片遮羞布与维多利亚时代的奇装异服有多么遥远，我们都可以说，男女穿着衣服是出于羞耻，是为了遮盖赤裸的身体和令人想到动物性的生殖器官。

随着《创世纪》的真相遭到质疑，这种天真的看法也被打破了。此外，早期欧洲人类学家的探索，对失落世界和“原始”社会的发现，促使人们对欧洲文化，尤其是欧洲服饰的本质，提出了渐进但彻底的质疑（尽管这通常仍是种族优越论者的论调）。人类学削弱了“衣服是用来保护我们免受过热或过冷气候”的信念。

1831 年托马斯·卡莱尔（Thomas Carlyle）就写到过：

1　Mukerji, Chandra (1983), *From Graven Images: Patterns of Modern Materialism*, New York: Columbia University Press, pp. 2, 188.

穿衣最初的目的……并不是保暖或得体，而是装饰……为了装饰（原始人）一定有衣服。不仅如此，我们还发现在原始人中文身和彩绘甚至先于服装。原始人的首要精神需求是装饰，正如我们在文明国家的未开化阶层中仍能看到的那样。[1]

后来，查尔斯·达尔文（Charles Darwin）对火地岛人的描述进一步证实了这一观点。这些人虽然生活在世界上天气最恶劣的地区之一，福克兰群岛附近，却几乎不穿衣服：

这儿的男人基本都有一块水獭皮，或者一些手帕大小的皮料，用细绳系在胸前，只够把后背遮到腰部位置，起风时就会从一边转到另一边。但独木舟上的这些火地岛人都赤身裸体，当中甚至还有一个成年女人……雨下得很大，雨水和浪花一起顺着她的身体流下来。

之后达尔文还评论道：

我们都穿着衣服，即使坐在火边也不觉得暖和。但让我们大为惊奇的是，这些赤身裸体的野蛮人，明明坐得更远，却在这种程度的炙烤下汗流浃背。[2]

---

1 Carlyle, Thomas (1931), *Sartor Resartus*, London: Curwen Press, p. 48. (Originally published in 1831)

2 Darwin, Charles (1959), *The Voyage of the Beagle*, London: J. M. Dent and Sons, pp. 202–203, 210. (Originally published in 1845)

当送给他们大到足够包裹身体的布料时，他们却把布撕成条分发下去，当作装饰穿戴起来。达尔文对“野蛮人”嗤之以鼻，他在这方面的著作充满了他那个时代的种族主义色彩。对他来说，这种行为只是证明他们愚蠢的进一步证据。但它实际上表明，衣服与保护的“需求”几乎无关。

衣服与道德的关系也不大。正如性学先驱哈维洛克·艾利斯（Havelock Ellis）所指出的那样：“许多完全赤身裸体的种族拥有高度发达的道德意识。”[1]

20 世纪人类学的重要性日益提高，其通常带有帝国主义色彩的假设，影响了西方时尚和对时尚的感知。一方面设计师们可以在“原始”社会中猎取新奇事物，赋予爵士时代的服装新的风味，把“黑人音乐”的“原始主义”与非洲的设计和装饰联系起来 [南希·库纳德（Nancy Cunard）就常常戴着一长串象牙手镯]。另一方面，在遥远国度发现的多样衣着，会让西方时尚看起来完全是相对的。这暗示着另一种保守的解释，即千奇百怪的衣服都可以看作是反映了相同的“人性”，无论何时何地。有人认为，“人性”这一抽象的存在总是喜欢新奇、装扮、自恋和奢华。这种陈词滥调几乎将所有的社会和文化差异贬为无意义的肤浅涂写；但实际上，服装和风格有特定的含义。20 世纪 80 年代大量生产的时尚就与努巴人的身体彩绘、加纳人的长袍“纱丽”完全不同。

服装的人类学讨论倾向于模糊装饰、服装和时尚的区别，但仍是

1　引自 Laver, James (1969), 出处同 30 页注释 3, p. 9。

有趣的，因为当我们用人类学的目光去看时尚，会发现它与魔法和仪式紧密相关。服装就像戏剧一样，起源于古代宗教神秘而充满魔力的仪式和礼拜。许多社会在为战争或庆祝举行繁衍或丰收的仪式时，都曾用各种装饰和服装，在个人与灵魂或季节之间建立一种特殊的联系。从仪式到宗教，再到世俗的严肃性，最后到纯粹的享乐主义的过程，似乎在戏剧、音乐和舞蹈这类表演艺术中也很常见。而服装本身就是一种表演，也遵循这种从神圣到世俗的轨迹。时尚中也残留着对装饰魔力属性的微弱集体记忆。

甚至在今天，服装也可能具有护身符的作用，儿童和成人都往往会对某一特定物品产生深深的、没来由的依恋。举例来说，比利·简·金（Billie Jean King）在她的大型网球比赛中就会穿自己最喜欢的 60 年代风格迷你裙，相信这能给她带来好运；第二次世界大战期间，英国的战斗机飞行员也出于同样的原因，把女友的文胸挂在驾驶舱里。

时尚提供了无理和迷信行为的丰富来源，这对小说家和社会评论家来说正是不可或缺的。并且就像昆汀 · 贝尔指出的那样，“有一整套加之于服装，尤其是时尚的道德体系，与我们法律和宗教中包含的道德体系往往不同”[1]。他认为，这与一个隐蔽的道德体系有关，其标志并非遵守，而是对另一个隐蔽的、部分无意识的世界——一个隐藏的社会集体价值观体系——的承诺。

艾莉森 · 卢里（Alison Lurie）认为服装表现了个人和群体心理中很大程度上隐藏的、无意识的层面，是一种通常无心的非语言交流形式，

1 Bell, *Quentin*, 出处同 64 页注释 3, p. 13。

一种符号语言。[1]她对群体和个人穿衣行为的小品文式解读尖锐而有趣，但尽管服饰是一种语言，仅仅假设我们对服饰的选择无意中表达了自我形象和社会抱负，还是不够。艾莉森·卢里一直是一个慧眼如炬的观察者，能把别人从精通服饰的高度拉下来；她认为，即使是那些最懂得利用衣服"完成表达"的人，也会不由自主地流露出自己的心声。但她对语言隐喻的运用（因为它只是一个隐喻），远不能解释服装的"非理性"，而只是强化了"服装是非理性的"这种观点。

罗兰·巴特（Roland Barthes）[2]对语言学和符号学的运用更为纯熟，但同样想当然地认为时尚是非理性的。事实上他的时尚理论完全基于非理性的观点，因为对他来说，符号和就像语言一样，是一个随意性的体系。他认为语言通过以下方式起作用：用于命名的词汇具有随意性（比如命名狗有"dog""chien"等），但被命名的对象只有在与其他对象有区别时才有意义——归根结底我们对狗的概念是基于它和猫或牛的不同。巴特声称所有的符号体系都是这样运作的，时尚也像语言一样是一个封闭的、随意的体系，它产生的意义完全是相对的。他对"时尚的修辞"（时尚杂志的标题和文章）的详细分析将时尚置于真空之中。时尚没有历史，没有物质基础；它是专用于"归化随意性"的符号体系。[3]它的目的是使构成时尚的荒谬和无意义的变化显得自然。

因此，巴特不像凡勃伦是个实用主义者，他的理论依赖于服装没有功能的看法。不过与凡勃伦一致的是，他也认为时尚在道德上十分

1 Lurie, Alison (1981), *The Language of Clothes*, London: Heinemann.

2 Barthes, Roland (1967), *Système de la Mode*, Paris: Éditions du Seuil.

3 Culler, Jonathan (1975), *Structuralist Poetics*, London: Routledge and Kegan Paul.

荒唐，某些时候甚至令人难以接受，这导致他声明在意识形态层面，时尚确实具有凡勃伦指出的阴谋功能：

> 时尚话语描述了女性的某些工作种类……女人的身份就是这样确立的，为男人……艺术、思想服务，但是这种服从被涂饰成崇高的，因为它有着愉快的审美工作的表象。[1]

他以有敌意的立场剖析时尚，从心底里相信时尚是一种不必要的脱轨。他的分析表明，那些追求时尚的女人们都陷入了错误的意识。但用这种方式把时尚逐出真理的领域，就意味着确实存在一个完全不同的世界。与他自己的理论相反，在那个世界里意义不是被文化创造和再创造的，而是透明和直接显现的。那不仅是一个没有时尚的世界，也是一个没有辩论的世界，一个没有文化和交流的世界。那样的世界当然不可能存在，除非那个世界里没有人类。

甚至是我在谈性时会涉及的精神分析学，这一似乎能比其他心理学提供更丰富时尚解读的理论，也从时尚对无意识冲动的作用角度解释它。这是一个重要的维度。尽管如此实用主义者们的理论还是忽略了时尚强目的性和有创造性的一面。

在那些探讨过时尚的人中，雷内·科尼（René König）[2] 差不多抓住了它诱人而难以捉摸的精髓。时尚的变化无常、“死亡之愿”，他都

1 Barthes, Roland, 出处同 75 页注释 2, p. 256。

2 König, René(1973), *The Restless Image*, London: George Allen and Unwin.

时尚受害者。安东（Anton），1948 年

——经《笨拙》杂志许可使用

“我一定得介绍你们认识。你们可真像！”

视作对衰老、死亡等身体变化的现实气急败坏的对抗。时尚，巴特的“治愈女神”，以一个抽象的理想身体代替了真实的身体；那是作为概念的身体，而不是作为生物组织的身体。时尚不断变化的方式，实际上是为了固化身体永恒不变的概念。时尚不仅使人们忘记衰老的威胁，也是一面镜子，用来确定心理本身不稳定的边界。它给变化无常的身份上了一层釉，把它冻结在形象的确定性中。

时尚是美学和现代社会艺术的分支。它也是一种大众消遣，一种集体娱乐和通俗文化的形式。鉴于它与美术和流行艺术密切相关，它也是一种表现艺术。“现代性”的概念有助于解释时尚在精英和大众之间扮演的铰链般的特殊角色。

甚至文艺复兴时期的社会那种关注日常的、物质的世界及其动态的世俗倾向也是“现代的”。这个世界的特点正是对流行风尚的热爱，以及出现了能与贵族在服饰上一较高下的富裕中产阶级。因此从一开始，时尚就是这种现代性的一部分。

工业革命到来后，世界第一次由机器主宰，这改变了一切。“一切坚固的东西都烟消云散了。”[1] 工业资本主义撕裂了世界，“溶解了所有不变的、难以撼动的、凝固的关系”，创造了一个充满运动、速度和变化的动荡世界。不断的现代化运动既令那些大工业中心的新公民感到兴奋，又令他们感到恐惧。它过去和现在都是一种爆炸性的解放，一种破裂和失序的被摧毁状态。

机器不仅革命性地改变了生产和物质生活，而且改变了思想、信

1　这个问题来自 *The Communist Manifesto* (1848)，引用自 Berman, Marshall (1983), *All That is Solid Melts into Air: The Experience of Modernity*, London: Verso。

仰和意识形态。工业革命巩固了西方的理性信念,强化了科学态度。“真实”是看得见的、可测量的、称得出的、能验证的，而自然科学的研究方法似乎是唯一正确的。(凡勃伦标志性的思考方式）自然不再那么神秘和令人敬畏，成了人类研究的对象和可供开发的原料来源。相比之下，魔法、宗教，甚至艺术都显得不理性。虽然艺术和宗教仍然重要，但空间却被压缩。艺术四面楚歌。摄影前身达盖尔照相法出现时，就有人说，“从今天起，绘画就死了”。大量生产的工业制品的出现，在艺术（包括手工技艺）和机器制造的仿制品之间、独特和庸俗之间、高雅艺术和通俗艺术之间拉开了一条鸿沟。艺术家们发现自己更重要也更受威胁了。

18 世纪末、19 世纪初的浪漫主义运动就是对科学进步和工业主义这一“撒旦的磨坊”的回应。它表现出一种反机器时代的意识形态，但又拥护新秩序强烈的个人主义。

18 世纪以前，人们并不欣赏自然；文明的本质是尽量远离自然状态。现在，就在工业革命创造了一个全新的、更加完全的城市社会的时候，自然开始被理想化。浪漫主义主张自然的、不加雕饰的事物比机械的、理智的事物更有价值，感觉的真实比理性和科学精神更有价值。他们主张自我表达，反抗一切权威；高扬个人自由，拒绝成规惯例。童年被理想化为一段单纯而天真的时期，孩子们被认为比成年人更接近自然和生命的原初体验。一直以来，孩子们都穿着成人风格的衣服——在 17 世纪的绘画中，蹒跚学步的西班牙公主们穿着轮状皱领和鲸骨裙，身上挂满珠宝，就是一个极端的例子——但一段时间以来，这种做法已经受到了质疑。现在，首次出现了专门为儿童设计的服装。

在儿童解放的同时，女性的空间却没有扩大。浪漫主义美化了爱情。反抗父权秩序和婚姻束缚的激情成为最强烈的情感形式。浪漫的女主角被理想化了，但她们由于被认为比男性更接近自然、更情绪化、更不理性，无形中遭到了贬低，甚至沦为不如人类的存在。女主角只不过是浪漫男主角表达感情的借口，因为浪漫主义运动的英雄是直抒胸臆的人，比如艺术家和无情工业世界的反抗者。浪漫主义发明了自己的时尚——自然的、受古希腊风格启发的妇女儿童风格，新的素净理性的男性风格。

整个 19 世纪，现实主义艺术家都为时尚着迷，那种非理性的、转瞬即逝的风格，在科学思想中是如此被人轻视。画家如提香（Titian）、康斯坦丁（Constantin）和莫奈（Monet）都把他们那个时代的时尚作为自己画作的中心。用诗歌解构语言、质疑言辞意义的法国象征主义诗人马拉美（Mallarmé），在 1874 年办过几个月的时尚刊物。在他被男爵夫人路易·玛莲（Baronne de Loumarin）罢免时，似乎相当不悦，因为他曾写信给他的朋友左拉（Zola），请求他不要在新主编任上为这份刊物写作，并抱怨他的作品被人窃取了。

据说他以“萨丹小姐”（Miss Satin）等化名创作了《最新时尚》（*La Derniès Mode*）的全部内容，装饰的奇异对比和并置——和隐喻一样大胆的并置——似乎引发了他的诗兴，令他写出了这样的句子：“一条裙子……黑色蕾丝间不同寻常地点缀着蓝色亮片，泛着剑芒一般的光华”；或者“是雪吧？是奶油吧？两种大相径庭的光泽混合，但对我来说，它们相辅相成。于是这件产品有了一个美味的名字：雪泥。”[1]

现代主义作为一场艺术运动早在 1900 年之前就开始驱逐自然主义。19 世纪，科学以新的方式研究现实，现代主义正是对这一挑战的回应。尽管科学认为相比一个未知的、可能无形的世界，可见世界才是现实的世界，自然科学还是最终挑战了我们所看到的“现实”，并且指出了底层逻辑，表明可见世界是无形的能量或看不见的化学组合的结果。科学方法解构了艺术迄今为止满足于重现的可见世界。起初，像银版照相这样的发明似乎威胁到了整个艺术门类，但后来的科学努力使艺术有可能发挥新的作用，因为艺术也运用了科学的一些方法。现代主义摒弃了自然主义和现实主义的幻想，认为绘画就是平面表现，而不是对“真实”的三维反映。

现代主义艺术的定义之一是“运用学科特有的方法来批判学科本身”[2]。现代主义艺术和现代主义写作都把艺术家自己的活动置于舞台中心。现代主义小说的主题通常是它自己的创作。现代主义绘画描绘抽象的光、空间和色彩。20 世纪 20 年代的时装简单地模仿了这种有棱有角的二维风格。那时候它还不是完全的现代主义，因为它还没有开始质疑自己的话语，也没有质疑时尚的整个概念——尽管香奈儿的“时装虚无主义”和夏帕瑞丽的超现实主义可能含蓄地做到了这一点。

“现代主义”这个概念，作为一个泛指现代艺术和美学各种不同流

1　Mallarmé, Stéphane (1933), *La Dernière Mode*, with an introduction by S. A. Rhodes. New York: Publications of the Institute of French Studies, Inc.

2　Greenberg, Clement (1982), ‘Modernist Painting’, in Frascina, Frances and Harrison, Charles (eds.), *Modern Art and Modernism: A Critical Anthology*, London: Harper and Row.

派的总称，因不够严谨受到批评。然而，它确实揭示了许多现代艺术的共同之处：反叛和对偶像崇拜的破除，对现实和感知的质疑，在机械化的“非自然”世界中把握人类经验本质的努力。

“现代主义”的概念也是含糊的。佩里·安德森（Perry Anderson）从马克思主义的角度提出,“现代化”“现代主义”和“现代性”作为概念，都掩盖了它们所指的实际相当明确的社会变革，掩盖了资本主义的掠夺及其产生的阶级斗争。[1]

然而，“现代性”一词试图抓住资本主义社会文化和主体经验的本质及其所有矛盾。它概括了激发经济发展的方式，但同时也削弱了个体发展和社会合作的可能性。用“现代性”来标示工业资本主义文化生活中对变化、对新事物的渴望，似乎也很有用。而“新”正是时尚所长于表达的。

当我们审视时尚与艺术的关系时，我们可以看到，在 20 世纪 20 年代，时尚直接受到现代主义的影响。例如，定居巴黎的乌克兰人索尼娅·德劳内 (Sonia Delaunay)，最早使用野兽派的用色方式，后来又将几何抽象艺术运用到织物原料和服装设计中。第二次世界大战之后，高级时装似乎渴望获得高级艺术的地位，而时装设计师则扮演天才的角色。当时的一些时装，比如那些受到朋克摇滚乐启发的，在质疑时尚本身时就是现代派的。后现代主义兼收并蓄的风格似乎特别适合时尚；因为时尚以不断的变化和对魅力的追求，象征性地表演着我们文化中最迷幻的方面：那些真与假的混淆、审美的痴迷、病态的气质、

1 Anderson, Perry (1984), ‘Modernity and Revolution’, *New Left Review*, no. 144, March/April.

讽刺的腔调，以及对权威的虚无主义批判立场，几乎没有政治内涵的空洞反叛。

后现代主义借用了流行文化的装饰主题。流行文化也与时尚相关，它既包括工人阶级为自己创造的自发娱乐，也包括国家或商人为大众创造的“大众娱乐”。大众娱乐对一些人来说是民主的，对另一些人则一文不值。大众到底是积极参与的，还是被动灌输的？

在 20 世纪早期，体育、机器、都市生活和电影都对艺术家和作家产生了影响，但一些最有影响力的左翼批评家仍然对这些持怀疑态度，并基本抱有敌意。因研究所位于法兰克福而被称为法兰克福学派的这群马克思主义者尤其重要。学派中的瓦尔特·本雅明（Walter Benjamin）更赞同流行文化，但西奥多·阿多诺（Theodor Adorno）和马克斯·霍克海默（Max Horkheimer）的观点流传最广，也最为透彻，他们将城市大众社会描述为一场文化噩梦。由于法西斯主义在德国兴起，身为马克思主义者和犹太人的他们被迫逃离，后又浸淫在美国文化中，但并未被同化（尽管美国一直庇护他们到 1945 年）。他们认为，大众娱乐只是垄断资本主义这一意识形态的标准表达。它是沦为广告的艺术、被大规模生产抹杀的个性，虚假意识的缩影：

> 在文化产业中，个体是一种幻想，这不仅仅是因为生产方式的标准化。只有当一个人对大众毫无疑问地完全认同的时候，他才会被容忍。假个性随处可见：从标准化的爵士即兴表演，到卷发遮住眼睛以显示自己与众不同的电影明星。所谓个性不过是普遍性贴上些附加细节，因为贴得太紧而被当作个性接受。个人表现出的叛逆

的沉默或优雅的外表都是大规模生产的……自我特性是由社会决定的稀缺物；它被错误地表述为天然的。它仅仅是……法国口音，女人深沉的声音，刘别谦笔触一类的东西。[1]

对那些作家来说，“高雅艺术”和大众市场有着天壤之别。

在许多西方国家，第二次世界大战后的这段时期是内部形成“共识”的时期之一，尽管外部仍存在威胁。例如，在英国，大部分政治派别都一致认为，某些权利和福利是社会结构的必备要素；当时流行的政治节目都主要围绕薪酬、工作和社会服务等基本需求展开。为了日益增长的休闲娱乐需要，一个更加安全和繁荣的社会基础正在建立起来，人们也认为应该如此。由于人们认识到“普通人”在品味、能力和兴趣上有很大的不同，休闲和娱乐的形式是开放的，商人趁机冲进了这个真空地带。这一切促生了大规模、壮观的娱乐活动，也引发了人们对更多风格和品味的渴望，这些风格和品味影响着个人和私生活领域，其中包括服装。

英国的激进分子一开始就反对流行文化的商业化。许多欧洲人也对美国流行文化取代传统的工人阶级文化或民族品味感到震惊。20 世纪 60 年代，至少在英国，情况开始发生改变。60 年代的政治世代是伴随着摇滚乐成长起来的。在 20 世纪 50 年代，流行音乐已经成为年轻人反抗一切古板和墨守成规的权威文化的象征，无论是由保守派还是社会民主派领导，权威文化似乎都已停滞、守旧和自满。

1　Horkheimer, Max and Adorno, Theodor (1979), *The Dialectic of Enlightenment*, translated by John Cumming, London: Verso, p. 154. (Originally Published in 1944)

一种流行的娱乐形式——音乐——转变为激进精神的表现形式，意味着它在理智层面上得到了认真对待。在随后的几年里，“大众”的其他方面也成为了受到尊重的研究对象。与阿多诺和霍克海默不同，20 世纪六七十年代的文化评论家认为，因为大众喜欢听流行音乐、看足球、看电影或电视剧就去谴责他们，太过精英主义。他们认为贬低大众品味是错误的。观看足球比赛或流行音乐会的人群不仅是被动接受简单的娱乐，他们的参与也是主动的和创造性的。

起初，这样的讨论很大程度上忽略了女性；男性只研究男性活动。但在 20 世纪 70 年代，女权主义者开始研究低俗言情、少女杂志、电视节目和肥皂剧这些以前被认为对女性有害的反自由意识形态的文化产品。但现在女权主义者认为，这种女性文化不能简单地被忽略。女性绝不是性别歧视这一压迫性意识形态的被动受害者。相反，言情小说和杂志本身的矛盾本质，以及读者对它们的消费不仅仅是一种逃避，更是一种将快乐最大化的尝试。

这种整体上的称赞仍然明确地排除了，至少是忽视了时尚。时尚活动和流行服装主要只在男性青年亚文化中讨论：摩登派、光头仔、朋克青年。时尚作为女性自我表达最广泛的传播媒介，在很大程度上仍然是缺席的。

20 世纪 70 年代的女权主义者不愿讨论这个问题。用 60 年代的说法来讲，人们只是想当然地认为，现在每个人“穿衣都是为了取悦自己”；否则时尚显然是一种屈辱的束缚形式，将女性限制在女性气质和“美丽”的狭隘刻板印象中，甚至常常限制了她们的实际行动。

关于女权主义者服装态度的讨论属于时尚政治学的范畴。这里提到这方面只是为了说明，他们激进的男性对手在识别亚文化的男性特征方面毫无困难，而与这些人不同，对流行文化感兴趣的女权主义者必须认识到，一切刻意迎合女性的事物都是为了强化女性特质。因此对他们来说，对时尚做出反应是特别困难的，除非是反抗它。他们对时尚普遍怀有敌意。对时尚产业的了解极大地助长了这种敌意，因为一旦我们调查了时尚的物质基础，我们就进入了一个残酷和剥削的世界，无可否认，也无法避免。

4 The Fashion Industry

时尚产业

一个奇怪的事实是，恰恰是那些为资产阶级妇女个人装饰服务的产品生产，给工人的健康带来了悲惨的后果。

——弗里德里希·恩格斯《英国工人阶级状况》

19 世纪剥削服装和纺织工人（主要是妇女）是人们再熟悉不过的事。时尚的奢侈与其生产者所受痛苦的可怕对比，让 19 世纪的许多改革派完全反对时尚。束缚在裙撑中的时髦女士，无论是对工人代表还是女权主义者来说，都象征着资产阶级的虚伪。人们在过去对浮华服饰的道德批判之外，又增加了对其不公正的认识。

棉纺织业推动了英国工业革命的腾飞，使英国成为世界上第一个工业化的国家。而随着工业机器的出现，整个社会的生活都被打碎和摧毁了。E.P. 汤普森（E. P. Thompson）和约翰·福斯特（John Foster）等人详细描述了织布作坊变为工厂的过程，这个过程伴随着独立性的丧失、生活水平的下降、相当恶劣的条件，以及前所未有的对妇女儿童的剥削。[1] 几年之内，英国的棉纺织业就统治了世界，摧毁了印度次大陆的本土棉纺织业，吞噬了它们赖以生存的原料。

16 世纪起，棉布就已经为人所知 [“jeans”（牛仔裤）这个词来源于 “Genoa”（热那亚）[2]，因为一种棉布就出自那里]。17 世纪，曼彻斯特发展成了一个棉城；它从来都不是一个企业为主或行会为主的城市，因此可以更自由地发展出一种新的贸易形式（中世纪的行会有权限制这种发展）。起初，棉布被用来做衬里、枕套和其他家居的材料。但到了 18 世纪早期，它已经用于印花衬裙和背心，18 世纪下半叶还被用来做女装、窗帘和印花罩布。

由于 17 世纪东印度公司将印度棉布输入英国，一种时尚悄然在英国发展起来，尽管它在快消失时才成为流行。这些优良的印度棉布印着精美的花卉图案，它们能成为时尚，正是因为看起来像创造了宫廷时尚的法国印花丝绸，质地也足够打褶。它们当然比丝绸更耐脏，所以也更实用。然而它们很快就被视为英国本地羊毛和丝绸贸易的威胁，

1　Thompson, E. P. (1968), *The Making of the English Working Class*, Harmondsworth: Penguin; Foster, John (1974), *Class Struggle and the Industrial Revolution*, London: Methuen.

2　Fraser, Grace Lovat (1948), *Textiles by Britain*, London: Allen and Unwin，给出了这个词源。Taylor, Lou (1983), *Mourning Dress: A Costume and Social History*, London: Allen and Unwin，认为 “jeans” 这个词应该源自西班牙语中的 “Jean”。

1851 年的英国棉纺厂

——来自玛丽·埃文斯图库

被 1720 年定下的法律限制了一段时间。这刺激了本土棉布制造商尝试自己生产一种棉布替代品；他们在这方面的成功成为工业革命兴起的先决条件之一。[1]1750 年以后，一系列的发明彻底改变了棉布的生产工艺，织布和纺纱变得机械化，以蒸汽为最终动力。但在这一连串的发明之后，生产技术趋于稳定，甚至停滞下来。

很早就在英国建立起来的毛纺织业经历的动乱较少，因为它已经高度发达和资本化。普通人也能穿羊毛衣服；而在工业革命的同一时期，它被广泛用于上流社会的正式着装，至少是男性的正式着装。

1　Mukerji, Chandra (1983), *From Graven Images: Patterns of Modern Materialism*, New York: Columbia University Press, ch. 5; Fraser, Grace Lovat, 出处同 31 页注释 2。

工业革命之前，毛纺织业是作坊制或散工分包制。织布工通常是家庭中的男主人，他们从商人那里购得羊毛，纺线和其他准备工序则由其他家庭成员来完成，这种父权制家庭体系作业在工厂兴起后不复存在，尽管工厂的劳动力——尤其是初期——主要是妇女儿童，工头仍然常常是男性。

尽管英国生产的毛纺织品在国内很普遍，但工业革命也使其局限于英格兰北部的中心地区。所以，即使这个行业建立得很早，一些长期以来一直在家里进行的工序如编织，还是发生了巨大的变化。

丝绸工业在英国从来不是主要的。然而，多罗西·乔治（Dorothy George）[1] 却认为伦敦的丝绸贸易是 17 和 18 世纪纺织业的重要部分。这是一个既不稳定又差异悬殊的行业，从富有的工头到深受剥削的女工童工，它包含形形色色的男女。18 世纪后期，英格兰北部和中部诸郡建立起了工厂，于是到 19 世纪初，妇女儿童不再被随意地用作卷线工，女性更像是此前男性争相去做的织布工。19 世纪，法国里昂及其周边地区成为西方丝绸制造业的中心，巴黎作为世界高级时装之都，极大地带动了丝绸制造的发展。丧事用丝质黑纱的生产是这个行业的重要部分。比如英国的考妥尔（Courtaulds）公司就凭借市场对这种布料的大量需求，以生产这种布料起家。[2]

与棉花或羊毛不同，丝是一种单根连续的长线，而不是需要纺成一根线的短纤维，尽管丝通常是由两三根长丝“抛”在一起纺成的。

1　George, M. Dorothy (1966), *London Life in the Eighteenth Century*, Harmondsworth: Penguin. (Originally Published in 1925)

2　Taylor, Lou，出处同 88 页注释 2。但也说明当整个宫廷因为丧事频发陷入哀悼时，丝绸贸易会受到严重影响，工人失业。

虽然生产工序简单，但丝仍然是最稀有最昂贵的布料原料，因为它最难生产。只有在特定的气候条件下桑树才能生长，为蚕提供食物，并且蚕的养护属于高度劳动密集型。丝也是最豪华、最理想的纤维，因为它可以制成最柔软、最细滑、最有光泽的布料，颜色比毛纺或棉纺更漂亮。

鉴于这些原因，19 世纪寻找合成物替代天然原料的努力主要集中在丝上。第一种合成纤维“rayon”，最初被称为人造丝，是由木材纤维素经化学处理制成的，可以产生类似于丝的长纤维。1860 年签订的一项条约降低了法国丝的进口关税，大大削弱了英国本土的丝绸产业，考妥尔公司于是转向主攻合成纤维。1904 年，他们获得了黏胶纤维生产的专利，但主要的扩张发生在第一次世界大战之后。到 1938 年时，10% 的服装纤维都是合成的（1966 年 7 月这个数字达到了 38%）。

德国、意大利、日本和美国的公司也一直在开发新的合成纤维。继人造丝之后，还出现了尼龙和聚酯纤维，然后是代替羊毛的腈纶，最近又出现了弹力纱（Lycra），代替橡胶制弹性材料（通过特殊的扭卷工艺生成的合成纱，被拉伸时可以回弹）。

虽然天然纤维是土地或劳动密集型产业，有时两者兼有，但合成纤维的生产既不需要特定的土地或气候，也不需要大量的劳动力，属于资本密集型而不是劳动密集型，并且不断的技术进步往往会催生更大的工厂。然而，尽管在 20 世纪 50 年代的战后繁荣期，这些合成纤维的发展对制造商来说似乎是美梦成真，但到了 60 年代中期，纺织业的这一部门变得不稳定起来，过剩的产能开始成为问题。

在英国，这只是经济整体衰退的一个侧面。第一次世界大战爆发后，英国在世界纺织品市场上的份额开始萎缩，为阻止或至少遏制这种趋势，导致了自由贸易、关税和贸易保护主义政策的波动。这种衰退在棉纺织业中表现得尤为明显。毛纺织业从没有如此依赖外国市场，明明英国的毛织品享有很高的声誉。[1]

服装制造业的发展相当不同。对个性化服装的持续需求，以及时尚，尤其是女性时尚的变化，说明这种贸易，就像纺织品一样，是老旧的。

裁缝是最早独立的匠人之一，中世纪时就在城镇建立了自己的行会。[2] 这些行会由雇主组成，他们通常与家人、一两个熟练的"出师工"和几个学徒一起工作。也有裁缝走村串乡，有活儿就留下来做，之后继续上路。大户人家则有专门的仆人做裁缝。

游方裁缝一直持续到 19 世纪，那时他们被认为是酝酿中的、几乎不合法的团体或工会的先兆。的确，服装行业的特点之一，就是旧秩序与新秩序一定程度上的并存。正如工厂大规模生产服装之后仍有个体裁缝，血汗工厂和外包工人也至今仍存。

直到 17 世纪，消费者还会自己购买布料，送到手工裁缝那里制作服装。但在 17 世纪，裁缝店出现了，这加剧了手艺人和熟练工之间的分化。裁缝店主有足够的资金在一个体面地方租下店铺，储备不菲的材料，并且为经常光顾的优质顾客提供宽松的赊账空间。当时的贸易是季节性的，个体裁缝按需雇佣。因而，不稳定和贫穷是他们的命运。

18 世纪早期，作为对这种不安全感的回应，裁缝之间的联合会开

---

1 Briscoe, Lynden (1971), *The Textile and Clothing Industries of the U.K.*, Manchester: Manchester University Press.

2 Stewart, Margaret and Hunter, Leslie (1964), *The Needle is Threaded: The History of an Industry*, London: Heinemann.

始出现，提出了缩短工时和提高工资等一系列要求。与此同时，技艺精湛的裁缝发展成为资本主义精英的早期形态。

18 世纪末和 19 世纪，不只是英国，其他各地的精细、个性化和纯手工的工作都是在极其恶劣的劳动条件下进行的。尽管起初裁缝都是男性，到工业革命时期，也有许多女裁缝做出了现在仍然时尚的精美服饰。恩格斯对 19 世纪 40 年代这些年轻女孩工作条件的描述，在此前和之后的许多年里都适用。他写道：

> 有大量年轻女孩被雇佣，据说有一万五千人。她们通常来自乡村，吃住都在厂区，因此完全是雇主的奴隶。时装季大约有四个月，期间即使在最好的工作场所，工作时间也长达十五个小时，在非常紧迫的情况下，一天甚至十八个小时；但在大多数车间，这些时期的工作没有任何固定的章程……她们工作的唯一限度是再也拿不住针……神经衰弱、疲惫、虚弱、食欲不振、肩背臀的疼痛，尤其是头痛，很快就会发作；接着是脊柱弯曲、肩膀高耸畸形、消瘦、浮肿、眼睛刺痛流泪，不久就会变成近视；还有咳嗽、胸闷、气短以及女性机体发育的各种紊乱。
>
> 许多情况下，眼睛的病痛会严重到发展为不可逆的失明……痨病也会很快结束这些女裁缝的悲惨生命。[1]

对这些年轻妇女来说，除了做苦工，唯一的选择就是同样讨厌的

1 Engels, Friedrich (1973), *The Condition of the Working Class in England*, Moscow: Progress Publishers, pp. 245–246. (1844 年初版)

家政服务；人们普遍认为，是生存驱使她们中的许多人开始从事偶尔或全职的卖淫。

19 世纪工业社会的服装制造业以两种不同的方式发展。人们有定制服装和精细针线活的需求，而这些只能靠手工来完成；与此同时，大规模的服装生产正在兴起。在法国、英国和美国，工厂最初为军队生产服装（在美国也为奴隶生产）；在一些大港口，水手们的粗布衣服也开始大量生产——由于 18 世纪中叶的淘金热，这种贸易在美国加速发展。[1] 这一进程很快就开始向普通都市男性的日常穿着扩展——19 世纪三四十年代，伦敦的“势利鬼”和“伦敦佬”都是年轻的职员和店员，他们自命不凡的庸俗风格，正是因为现成的成衣才得以实现。

1851 年辛格（Singer）为缝纫机申请了专利，位于莱斯特郡哈伯勒市场的紧身胸衣制造商赛明顿（Symingtons）公司声称自己是第一家将缝纫机引进英国的公司。1858 年，利兹的约翰・巴伦（John Barran）公司发明了第一台切割机，由切割家具饰面薄板的带锯改装而来。

服装厂的出现加剧了新的临时工及半熟练工与老一辈手艺人之间的分化。传统制衣的每件衣服都由一个人单独缝制，这种全套的制衣手艺一直延续到 20 世纪，通常由裁缝带着几个学徒和雇佣的熟练工在小店中完成。裁缝完成设计，并且准备一定种类的衣料供顾客挑选。

在英国和美国，临时工和半熟练工主要是两类人，一类是妇女，另一类直到 19 世纪末都是移民，特别是犹太人。

---

1 Ewen, Stuart and Ewen, Elizabeth (1982), *Channels of Desire: Mass Images and the Shaping of the American Consciousness*, New York: McGraw Hill.

“18 世纪的裁缝店是男人的世界，充斥着苦工、酗酒和无情的工会政治。”也有女工，但基本上，“女工局限在女性服饰部门：低薪、缺乏组织的女装和女帽生意”[1]。19 世纪初，这种相对稳定的行业样态受到了威胁；越来越多的妇女开始成为裁缝的学徒，到 19 世纪中期，她们更多地参与到制衣行业中来，这被归因于男性失去了对手艺的控制，以及血汗劳工出现。[2] 这种发展开启了一个斗争时代，当时存在的许多裁缝工会中有一些专为女性而设，男性试图限制女性的角色，或将她们完全驱逐出去，并把当时行业动荡导致的工作条件恶化也归咎于她们。

犹太工人大多情况下都是已经配备齐全的熟练裁缝，由于被原籍国排除在许多职业和生意之外，他们苦练那些仅剩的仍对其开放的职业领域的技能。从这些移民到英国和美国的人中，走出了 20 世纪服装工业的许多先驱和名流。

正是在 1890 年到 1910 年间，英国和美国大规模生产的服装业才真正起飞。然而，服装厂的扩张并不意味着血汗工厂的消亡或外包工的消失。工厂体系反而延续了外包工这种形式。由于服装生意是季节性的，对很多大制造商来说，在旺季把工作外包，比在淡季让工厂闲着更划算。而那些外包小作坊的不健全和危险人尽皆知。整个体系

1　Taylor, Barbara (1983a), '"The Men are as Bad as their Masters . . .": Socialism, Feminism and Sexual Antagonism in the London Tailoring Trade of the 1830s', in Newton, Judith, Ryan, Mary P.,and Walkowitz, Judith R. (1983), *Sex and Class in Women's History*, London: Routledge and Keg-an Paul, p. 206.

2　Alexander, Sally (1976), 'Women's Work in Nineteenth Century London: A Study of the Years 1820–1850', in Mitchell, Juliet and Oakley, Ann (1976), *The Rights and Wrongs of Women*, Har-monds- worth: Penguin.

19 世纪中期伦敦的血汗工厂

——复制自玛丽 · 埃文斯的图画收藏

中最罪恶的事情之一，就是中间商以尽可能低的成本把工作分包出去。

世纪之交，血汗工厂引起了大众和工会的关注，一场全面抗议在伦敦爆发了。从 19 世纪 90 年代起，女权主义者就一直活跃在各种运动中，挖掘和揭露妇女的工作条件。1909 年，反对压榨工人和争取最低薪资保障的运动终于取得了成功：贸易委员会法案通过了。这使得贸易委员会有权设立专门的委员会来规范那些工资尤其低的公司。1913 年，当最低薪资最终确立时，一些严重的压榨似乎确实减少了；第一次世界大战也强化了贸易委员会的行动力度，改善了工作条件。

然而，克莱门蒂娜·布莱克 (Clementina Black) 1915 年发表的已婚女性工作调查显示，女性的工作条件和薪酬仍然存在巨大差距，[1] 女性被中间商残忍剥削，少数高级工人则挣着“相称的好工资，过着非常舒适的生活”。

其他女性则在早期的“太太商店”（现在称为时装店）和大城市的百货公司工作。许多人在伦敦西区受过熏陶，后来搬到了郊区。正如后来成为伦敦裁缝师工会秘书的弗朗西斯·希克斯（Frances Hicks）所说，“他们把伦敦西区的风格带给了附近的商人、上层社会的仆人和一些更有钱的顾客”[2]。顾客自己提供原材料，缝纫机可以租，一星期一先令六便士（约等于现在的 7.5 便士）。会有一些年轻姑娘协助裁缝，这些姑娘也可能会花钱当学徒。她们往往渴望在市中心的大商店工作，在那里，她们可能在 3—8 月间做季节工，平时则靠卖淫勉强维持生计，反复遭受着道德的折磨。

伦敦西区的百货商店也雇用年轻姑娘做正式工，但仍然是被剥削性的，她们工作时间长，工资低，没有假期。商店出售成衣的修改、从零开始的服装制作、奢侈品牌的仿造……她们什么活儿都做。

在美国，最声名狼藉的是纽约下东区，那里的条件和伦敦东区一样糟糕。在 1909 年 11 月发生历史性的服装业罢工之前，情况曾略有改善。那次大罢工有 20000 名工人参与，虽然其中大多数是男性，但上衣生产部门的女工的参与使它成为美国有史以来最大的女性罢工。

1 Black, Clementina (1983), *Married Women's Work: Being the Report of an Enquiry Undertaken by the Women's Industrial Council*, London: Virago, with an introduction by Ellen F. Mappen. (1915 年初版)

2 Stewart, Margaret and Hunter, Leslie, 出处同 94 页注释 2, p. 128。

妇女参政论者和上层社会女性开始活动，尽管这种罢工逐渐消失，但1910年的进一步行动促成了一份历史性协议的签署，至少满足了工人的部分要求。[1]

悲惨的是，第二年发生了可怕的纽约三角内衣厂火灾，125名女工被烧死，再次残酷地证明了工作条件的恶劣和危险。虽然这些情况略有改善，但在受剥削的劳动力中，女性仍是最受剥削的，她们的工资从未超过男同事的一半。

然而，讽刺的是，成衣的发展和时尚产业的扩张正反映了女性自由的扩大。维多利亚时代末期出现了富裕的中产阶级，而部分下层中产阶级和工人阶级也比以往任何时候都富有。妇女的生活发生改变，要求衣服能够适应更加多样化的工作和休闲活动。她们在办公室和百货公司上班，并且越来越积极地参与娱乐和运动。

成衣贸易从生产外套、斗篷和罩衣扩展到生产衣裙套装、连衣裙、女衬衫和衬裙。女性的单件衣服也出现了。时髦的都市衣裙套装会被大量生产，卖给新兴的职业女性。这种式样在第一次世界大战前几乎成为制服，并因查尔斯·达纳·吉布森（Charles Dana Gibson）名传后世。他笔下的美国"吉布森女孩"是"新女性"的典型代表，她们行事随意自在，男性化的着装只会增强她们的女性魅力。

女衬衫（在美国叫作仿男式女衬衫）以及搭配穿着的衣裙套装，形成了血汗工厂的主要产品。克莱门蒂娜·布莱克的团队采访一位衬衫制衣师时，她"正忙着缝制细棉质地的带有刺绣和镶嵌品的精美衣服。

1 Chase, Edna Woolman (1954), *Always in Vogue*, London: Gollancz.

做一件要花 3 小时，一打能挣 9 先令。”另一位“在做便宜丝绸料子的衬衫，背上嵌有两条饰带，抵肩和前襟嵌有一条，每件计资 4 便士”[1]。

如果相信阿诺德·贝内特（Arnold Bennett）[以雅各布·汤森（Jacob Tonson）的笔名在《新时代》(*the New Age*) 写作]，得到的结论往往是俗不可耐的。他在报道 H.G. 威尔斯 (H. G. Wells) 在时代读书俱乐部的一次演讲时写道，虽然听众中的女性肯定“认为自己很优雅”，但“离讲台远远的，我仍可以清楚地看到她们的衬衫、无袖紧身胸衣和束胸的背面。多么装腔作势的拙劣打扮！这粗糙的钩眼和褶皱是多么粗心大意的疏忽！总在人群里看到这样的听众怎么会开心！”[2]

在美国，量产成衣的地域更广。在这个幅员辽阔的国家，遥远的距离、分散但扩张迅速的社区，意味着服装可以大量复制，并被送往不同的中心。时装也就成为移民美国化的工具：

> 对在纽约的意大利移民来说，穿成衣打破了古老的禁忌。意大利南部的乡下人被教导某些红线是绝不能越过的……只有已婚妇女或娼妓才戴帽子……在美国，一场关于这些习俗的战争爆发了。年长的妇女仍然保持着过去的习俗，头戴围巾，肩覆披肩，而年轻的意大利女人则热切地吃起禁果……
>
> 对老一代人来说，她们从小就被灌输以奢侈为耻的观念，追求时尚是不应有的欲望。但对他们的后辈来说，时尚却象征着一种超

1 Black, Clementina, 出处同 97 页注释 1。

2 Bennett, Arnold (Jacob Tonson) (1917), *Books and Persons*, 引自 Gross, John (1969), *The Rise and Fall of the Man of Letters: Aspects of English Literary Life Since 1800*, London: Weidenfeld and Nicolson.

脱。这是少数几个至少能在表面上实现工业繁荣承诺的领域之一。[1]

第一次世界大战期间英国妇女的经济地位得到了暂时的提升，也有了新的社会自由。上流社会的妇女开始大方地带妆上街。一些职业女性也买得起便宜的毛皮大衣了。女装的设计被简化，并且这种趋势在 20 世纪 20 年代进一步发展，那时连衫裙和直筒式大衣都可以很容易地在工厂生产。

20 世纪二三十年代服装工业发生了重大变化，进一步转向工厂生产，进一步瓦解熟练裁缝、裁缝店半熟练工、工厂工人和外包工人之间的区分。连锁店飞速增长，这些品牌专门从事制衣，同时涵盖批量生产和量身定做。拥有自己工厂的男装店（例如 Montagu Burton 和 Fifty Shilling Tailor）能够将个人尺寸应用于工业生产。“时装批发”或“中产阶级风尚”也发展起来，Deréta, Windsmoor 和 Harella 是家居风服装公司的代表，好设计和好质量得到同等的重视。量产服装的适当尺寸首次从美国引入英国（尽管直到第二次世界大战后才对应上美国这方面的复杂标准）。

在工厂之间，生产方式仍然有很大差异。多布斯（J. Dobbs）[2] 在 1928 年对英国的评论是，拥有 5000 名雇员的工厂与旧式的小作坊并存，而百货商店仍然是女裁缝的重要工作来源。即使引进了新技术，也不一定能改善工人的工作条件；比如传送带系统就遭到了人们的厌

1　Ewen, Stuart and Ewen, Elizabeth，出处同 96 页注释 1, pp. 210–211。

2　Dobbs, J. L. (1928), *The Clothing Workers of Great Britain*, London: Routledge and Kegan Paul.

恶，因为它使工作比以前更累人。在美国也是，即使那里的技术比其他任何地方都先进，老式的整衣制作仍然存在。一位研究员曾写道：

> 在这个习惯分工设厂的国家，纽约是一个例外。像蒙特利尔一样，它仍然在小工厂里以整衣制作的方式生产女装、外套和套装。
>
> 经营者是熟练的大陆移民技工，平均年龄现在在 55~60 岁。早年这种手艺通过家族传承，但现在这一代人已经用不着这种慢吞吞的制衣方式了，他们更喜欢能更快提供高薪的职业。没有学徒制度，因此制造商面对的是一门濒临消失的手艺，这门手艺不愿被干涉，也反对机械化。[1]

除了这些小作坊，还有血汗工厂生产廉价服装。但到了 20 世纪 40 年代，吸引人的廉价服装生产越来越多地与现代工厂生产方式的发展联系在一起。30 年代，新泽西州、康涅狄格州和纽约州北部的郊外建起了设计优良的新工厂，而在圣路易斯州、堪萨斯州以及第二次世界大战期间迅速发展起来的新时尚中心加利福尼亚州，伊士曼（Eastman）直刀式电剪和圆刃旋切机等现代发明也投入使用（美国制造商听说英国还在用带锯时非常惊讶）。工厂主还将工作量铺开到全年，以稳定就业。

在英国，第二次世界大战产生了对优质服装的需求。和第一次世

1　Disher, M. L. (1947), *American Factory Production of Women's Clothing*, London: Deveraux Publications, p. 5. 亦见 Dooley, William H. (1934), *Economics of Clothing and Textiles*, Boston: DC Heath.

“通用”计划中迪格比·莫顿（Digby Morton）批量生产设计的套装。

——经帝国战争博物馆许可使用

界大战一样，男人和女人的经济状况实际上比和平时期要好。有大量的女性要穿军装（这还是第一次）。还有“通用”计划，它为家具和衣服等家居用品规定了设计标准。为了最大限度地利用紧缺的原料，英国服装设计师们设计出了利落而有魅力的款式，这些款式能够经济地批量生产，其价格大多数男女都能负担。

在战争期间和之后的几年里，服装是定量配给的，每人一叠配给券，以保证所有人都有“公平的份额”。战后，工党政府努力维持这些标准。英国贸易委员会（Board of Trade）的斯塔福德·克里普斯爵士（Sir Stafford Cripps）成立了一个工作组进驻服装工业，并于 1947 年发布了报告。“风格发展委员会”也建立起来，服装业的薪酬和工作条件都得到改善。

然而，保守党于 1951 年重新掌权后，计划机构被缺乏效力的志愿组织所取代，通用计划也被搁置。整个 50 年代，鼓励消费的风气促进了生活水平的提高和“富裕社会”的发展，这大大改善了服装设计。青年市场的发展也带动了服装设计和制造行业，到 60 年代下半叶，15~19 岁的人群购买了近 50% 的外套。[1] 这些青少年生活在充分就业的社会，还没有存款，每周拿到薪水就可以自由支配；总的来说他们控制着数百万英镑的开支。

这场“青年革命”以英国为中心，面向大众市场的英国服装设计开始引领世界潮流。[第 8 章会讨论到的玛莉官 (Mary Quant)，可能是 20 世纪 60 年代最重要的设计师之一，她充分地利用了美国的标准

1 Ewing, Elizabeth (1974), *History of Twentieth Century Fashion*, London: Batsford.

尺寸和制造技术，把她的时装推广到国际舞台。]

然而，许多“摇摆伦敦”(swinging London)[1] 的时尚革新者仍依赖于外包和分包的老方法。他们快速变化的风格和短暂的流行无法在工厂条件下生产，因为工厂的日常开支和劳动力成本都是高昂的。但是，尽管 60 年代末 70 年代初的外包工更可能以协商工资受聘，“承包仍然是一个经济的选择，因为不需要支付保险或长期雇用一个人”[2]。

20 世纪 50 年代末以后，外包和家庭作业又一次迅速普及开来。1964 年有 15000 名家庭工人，其中 85% 是女性。这些人中 10% 在 18 岁以下，30% 在 25 岁以下。[3]

同时，服装行业的就业人数继续以每年约 2% 的速度下降。国内的衰落和来自发展中国家的竞争产生了负面影响。其一是英国时装业开始由少数几家大型制造商主导，许多中等体量的公司要么被收购，要么被挤出市场。其二是从中国香港和东南亚进口的廉价商品大量涌入。70 年代末，工党政府曾尝试鼓励投资国内产业，并取得了一定成效，1978—1979 年，出口增长了三倍，但撒切尔上台后，这些措施便被中止。保守党的第一份预算将增值税从 8% 提高到 15%，取消了对海外投资的限制，并在英镑强势时期提高了利率。该预算重创了服装行业，就业人数从 1979 年的 31 万人降至 1982 年的 20 万人。

一些公司倒闭，一些转向海外生产，整个行业的结构发生了巨大的转变。70 年代，英国有 7000 家公司，其中 200~300 家集中了

1　20 世纪 60 年代英国文化趋势的总称。——译者注

2　同 103 页注释 1，p. 202。

3　Briscoe, Lynden, 出处同 92 页注释 1，p. 176。

70% 的员工；1983 年只有 5000 家公司，由于血汗工厂和小公司的重新出现，它们的平均规模要小得多。大厂的情况也迅速恶化，常常草草解雇员工，或一夜消失，不经警告和协议裁员突然关张。[1]

1979 年有人指出，[2] 伦敦时装贸易的一半产出是由家庭工人完成的。尽管规模化经济占据市场一端，这种家庭工作依然存在，因为“服装业……典型的低资本投资使得这一行只能勉强糊口，同时狭窄的利润空间、不断变动的产品和激烈的市场竞争往往会阻碍进一步的投资。而如果工资能保持在稳定的基本水平，小生产者就会很有竞争力，也有盈利机会”[3]。

服装行业的贸易工会主义反映了该行业本身的状态，并有一段曲折的历史。整个 19 世纪存在着大量的小工会，反映出工种和地位的不同；经过几次合并后，1932 年的最后一次合并将它们全部纳入全国裁缝师和服装工人联合会（NUTGW）。第二次世界大战前的经济大萧条时期，尽管有五分之一的服装工人失业，服装业的实际从业人数也开始下降，英国服装厂的生产率仍然持续提高。女工人数远远超过男性，五六十年代她们构成了服装业劳动力的 80%，如今则达到了 90%，这再次反映出外包工的增加。

1941 年，有人发觉“机械化正在使服装生产成为一个大生产行

1　来自全国裁缝师和服装工人联合会 (NUTGW)。非常感谢 Neil Kearney，NUTGW 的信息与调研主任，感谢他抽出时间提供了许多有用的信息。

2　Campbell, Beatrix (1979), ‘Lining Their Pockets’, *Time Out*, 13–19 July.

3　Coyle, Angela (1982), ‘Sex and Skill in the Organization of the Clothing Industry’, in West, Jackie (ed.), *Work, Women and the Labour Market*, London: Routledge and Kegan Paul, p. 11.

业，并且看护机器的女工正在取代男性工人”[1]。无技术、无工会的女性劳动力对男性技工的威胁是一个普遍问题，而在服装行业，去技术化过程加剧了这种威胁。女性集中在组装环节，留在服装行业的男性则在裁剪区、库房以及迅速涌现的管理监督岗位工作。[2]而这些阵地最终也可能被女性劳动力攻占。《卫报》1980年7月8日的一篇报道介绍了Hepworths公司采用的一种价值25万英镑的切割系统，“这意味着如今一群女孩就能做传统上专属于男性的工作”，50个男人因此失业。年轻女人只需花12周的时间培训，而NUTGW坚持要工人做3年的带锯切割学徒。

受到威胁的男性技工试图抵制这一进程，但即使在20世纪四五十年代，他们对变革的抵制也不招雇主待见。他们试图保护技术，维持工资差距，对抗女性权益。

面对廉价进口商品大量倾销英国的局面，以及将工作升级却令工作更加艰难的现代化进程，NUTGW试图制定保护国内工业的政策。它认为当时实行的自由贸易对所有国家的工人都有害，因此赞成选择性的进口管制。但它坚持进口管制必须同时考虑到政府对国内工业的投资（比如比利时、法国和意大利）和工人培训制度。（不像20世纪50年代的英国，即使女性是这一行更大的工人来源，仅有的少数培训也只针对男性。）

进口管制有时被看作相对有特权的白人男性工人为了保护自己和

1 Hamilton, M. (1951), *Women at Work*, London: Routledge and Kegan Paul, p. 130.

2 Briscoe, Lynden, 出处同92页注释1。现代化和日益复杂的自动机械需要雇用懂技术的工程师（男性），特别是在针织品部门。对资本密集型工厂的投资意味着轮班工作制越来越多地被引进（以回本和盈利），以及男性移民工取代了女工。

自己的地位，牺牲了“第三世界”的“廉价劳动力”[1]。这完全没必要，因为进口管制作为渐进的总体经济战略的一部分，也包括同发展中国家的计划贸易。然而，围绕这一点的争议确实凸显出第三世界服装厂和血汗工厂的可怕剥削。

所有工序的现代化仍在继续。原来切割机能一次切割 20 层布料，现在能达到 50 或 60 层；原来需要在切割前手动排料，现在由新的“堆垛”机器自动完成。计算机化的排料规划（格伯系统）已经开发出来；甚至激光切割也成为可能。与几年前相比，在新机器越来越多样和复杂的工厂里，用相对短的时间生产高档服装并盈利已经变得越来越容易；日本人发明了一种可以在精细布料上进行“手工”刺绣的机器，而工厂“定制”其实也能用模仿不规则手缝线的机器缝线。[2]

这种重要的技术进步与“第三世界”最可怕的剥削并存。这无异于跨国公司和所谓的“世界市场工厂”对 19 世纪工业革命中产能严重过剩问题的再创造。世界市场工厂通常是一家日本、北美或欧洲跨国公司的全资或部分拥有的子公司。[3] 而工厂的生产技术和所有的先进工艺，实际上都掌握在总公司手中。唯一转移到第三世界国家的工序是组装，转移的唯一理由是“廉价劳动力”。机器、织物、纱线，甚至裁剪好的服装原料都被送往发展中国家；衣服缝制好后，再送回本土的

1　见 Chapkis, Wendy and Enloe, Cynthia (1983), *Of Common Cloth: Women in the Global Textile Industry*, Amsterdam: Transnational Institute. 不过，这些作者讨论的进口控制只是一种孤立的保护主义形式，而不是包括与发展中国家和社会主义国家商定的新贸易举措在内的整体“替代经济战略”的一部分。

2　来自 NUTGW。

3　Elson, Diane and Pearson, Ruth (1981), ‘Nimble Fingers Make Cheap Workers’: An Analysis of Women’s Employment in Third World Export Manufacturing’, *Feminist Review*, no. 7, Spring.

总公司。总公司仍占有技术的知识产权，同时也获得了利润。

这是旧的外包或分包体系的世界级版本——在全球范围内挥汗如雨。20 世纪 70 年代初，韩国工业贫民区的“聚酯纤维路”就像 1840 年的曼彻斯特。随后十年，这种情况已经扩散到中国台湾以及印度尼西亚、孟加拉国和斯里兰卡等国家和地区，并进一步恶化。而据说中国香港地区“定价高出世界市场”，因为这里的工人掌握了技能，要求更高的工资和更好的工作条件。[1]

在亚洲的新工厂中，受剥削劳动力是妇女或小女孩，最小的只有 10 岁或 11 岁。她们的处境可能比英国维多利亚时代的女工还要糟糕，原因有两个。第一，在 19 世纪 40 年代，工会主义还处于萌芽阶段，它的发展至少使工作条件的改善成为可能。而在亚洲，当不民主的政府和逐利的本地统治阶级恶化工人的生存环境时，原本进步的工会立法往往会出现倒退。第二，虽然在 19 世纪的英国，工厂制度的引入瓦解着家长制，但在“第三世界”，对年轻女性的剥削也许会实际上加强父权。

会出现这种情况，是因为世界市场工厂的出现同时也伴随着传统农业的衰落（农业衰落通常也是由于“第一世界”的掠夺）和传统生产体系（如印度尼西亚手工编织）的崩坏。因此年轻女性不得不进入工厂以供养整个家庭。或者，即使她们逃脱了父亲的控制，也有可能像 19 世纪 40 年代的年轻女性那样，成为工厂老板和监工的猎物。当她们的视力和健康都遭损害，堕入卖淫的恐惧就会再次成为噩梦般的

1　来自 NUTGW。

现实。工厂不再需要她们，她们可能会成为日本、美国和德国“劳碌商人”的一件行李，这些商人的总公司一早就设立了工厂。

为了避免让人以为，发展中国家那些受剥削的女性廉价劳动力都是逆来顺受的，有必要强调，情况并非如此。例如，在过去两年里，菲律宾和韩国爆发了大规模罢工，女工们已经开始尝试在国际范围内团结起来。[1]

在大规模生产中，时髦高档时装仍然是一种理想。聚酯纤维路似乎离里沃利街有百万英里之遥，但在这两个地方，剥削工人与创造时尚密不可分。

一个世纪以来，巴黎的高级时装一直是业内代表。沃斯开创了一个时代，在这个时代，时尚被视为有创造力的艺术家和天才的事业。保罗·波烈的设计从俄罗斯狄亚基芭蕾舞团、立体派和野兽派艺术家那里吸取灵感，他经常使用后者那种大胆的橘色、紫色、黑色和绿色。他乐于相信自己以一己之力推动了时尚变革，是女性时尚的权威，并对自己在美国巡回演讲中的经历津津乐道：一次演讲完毕后，他被要求为数百名从观众中挑选出来的欣喜若狂的女性分别提供建议，告诉她们应该穿什么颜色和款式的衣服。当每个女人排队到他跟前时，他就催眠般地看着她的眼睛，喃喃地说出一种他认为合适的颜色——简直是时尚界的斯文加利。[2]

在这些巡回演讲中，他发现自己的设计到处都是盗版，这让他十分

---

1 Chapkis, Wendy and Enloe, Cynthia, 出处同 107 页注释 1。

2 Poiret, Paul (1931), *My First Fifty Years*, London: Gollancz.

生气。尽管他很悲剧地未从自己的才华中获利，但追随他脚步的服装设计师们要精明得多。尤其是克里斯汀·迪奥（Christian Dior），第二次世界大战结束后他在巴黎开了自己的沙龙，想出了一套方法，让他的设计几乎成了一种特许经营权。海外买家可以三选一：可以买纸版的打样；可以买帆布仿品，如果制作方法相同，或者只是稍加修改，就能贴上“克里斯汀·迪奥原作”的标签；或者，他们也可以购买制作精良的原版，仿制并贴上“克里斯汀·迪奥”的标签出售。[1] 战后，巴黎所有的高级时装设计师都曾竭尽全力防止自己的设计被剽窃，甚至防着被记者过早曝光。每一季新系列的创作都被夸张地保密起来，使得创作灵感更加神秘。

在英国社会杂志《乡村生活》（*Country Life*）做了二十年时尚编辑的安妮·普瑞斯（Anne Price），在最近的一次采访中解释了原因：

> 那时候新闻编辑们压着报纸头版，就等着巴黎打来电话，告诉他们裙摆多长、腰身多窄。穿着优雅的时尚编辑们，歪戴着帽子，拎着大包小包，会像世界杯决赛终场哨声响起时的体育台同事们一样，毫不留情地争抢电话亭。
>
> “当然，”安妮说，“时尚编辑现在很吃香，但……在那些日子里，我们只报道一种造型，纯粹的造型。那关乎时尚的本质，并且那才是新闻。全世界的女人都在等着被告知能不能剪掉两英寸裙摆，那种头版报道才会让报纸有销量。所以时尚编辑首先是记者；他们四

1 Ewen, Stuart and Ewen, Elizabeth, 出处同 94 页注释 1。

处奔波寻求独家预览，贿赂时装公司的员工偷草图，为独家新闻激烈竞争”。(《卫报》，1984 年 2 月 23 日)

和之前的沃斯一样，迪奥也抱有设计师是艺术家的想法，认为“我们设计师就像是诗人”。他说灵感来临就仿佛“触电”，并把时装比作建筑或绘画。[1] 但他最重要的贡献还是将高定时装打入了大企业领域。有了法国大纺织品制造商马塞尔·布萨克（Marcel Boussac）的资助，他的公司规模比战前的高级定制时装公司要大得多。

追溯高级定制时装的兴起，迪奥认为这并非沃斯的功劳，而是源于 20 世纪革命性的设计师玛德琳·维奥妮（Madeleine Vionnet，她发明了斜裁）和珍妮·朗万（Jeanne Lanvin）。

“珍妮用自己的巧手和剪刀，最终改变了这个行业……打样变成了整体性的工作，裙子和紧身胸衣按照同样的原则裁剪。现在的衣服全靠剪裁。”[2]

他将这种情况与她们登场之前的情况进行了对比，当时服装系列不是单独一个人的作品。署名设计师也采纳了许多自由职业者的设计。无论如何，新颖的设计和剪裁都不如各种精美的装饰重要，没有这些装饰的区分，衣服几乎是一模一样的。

迪奥在 20 世纪 50 年代几乎主宰了法国高定，他的主要竞争对手是西班牙品牌巴黎世家 (Balenciaga)。法国小说家希莉娅·伯汀（Célia

1 Dior, Christian (1957), *Dior by Dior*, London: Weidenfeld and Nicolson.

2 同上，p. 17。

Bertin）在那时调查了巴黎时装界，发现光鲜背后和白教堂区或下东区的情况没什么两样：工资低得惊人，工作时间长得惊人，最大的不同在于，这些都被巴黎高级时装的神秘色彩美化了。[1]

她发现了一个没有工会组织的工人阶层，从可见的、令人心动的产业下游的时装模特和女售货员（专门为有钱客户服务），到昏暗工作室里的学徒、助手和高级女裁缝。这些人中最有文化的女裁缝和试衣裁缝“有能力生产出适用于全世界的款式”，每小时的工资却还赶不上 1956 年的 8 先令（40 便士）。只有 2% 到 3% 的工作由机器完成。

尽管存在剥削，这个深奥且极具戏剧性的世界仍然迷住了许多工人，使他们为献身于此而自豪。一个系列的产品就像是一部电影或戏剧。做戏和表演的过程更重要，而最终的产品虽然容易消亡，但电影和戏剧这些艺术形式，也同样是容易消亡的。

20 世纪五六十年代，英国、美国和意大利的设计师一直无法完全摆脱巴黎的影响。之后，成衣的大众市场开始变化。被直接招募到服装工业这边的设计师们不想再仅仅跟在巴黎后面做低配版，新的年轻市场也不想要巴黎世家（Balenciaga）的蹩脚仿品，原版只适合 45 岁的法国富婆，而“职业女孩”的生活方式与她们完全不同。

也许正是香奈儿敲响了旧式时装的丧钟。在经历了战时与德国人合作的耻辱后，她于 1953 年重新开业。在一次采访中，她重申了自己的 20 年代旧哲学：

1 Bertin, Célia (1956), *Paris à la Mode: A Voyage of Discovery*, London: Gollancz.

> 衣着优雅意味着能够行动自如……那些装不进飞机行李箱的厚重裙子，太可笑了。所有那些鲸骨撑起的紧身胸衣，让它们见鬼去吧。重新穿上死板的紧身胸衣有什么好处？如今女性追求更轻松的生活……
>
> 我对只给几百个私人客户设计衣服没兴趣了；我要为成千上万的女人打扮。但是……一种被广泛复制、随处可见、廉价生产的时尚必须从奢侈品开始。（*Vogue*，1953 年 2 月）

不久，香奈儿套装风靡世界各地，尤其是美国。塞西尔·比顿（Cecil Beaton）觉得，它在美国 20 世纪 50 年代的“职业女孩”身上留下了不可磨灭的印记；而 60 年代玛莉官（Mary Quant）那种明亮、扎眼的风格，实际上是切尔西艺术学院风与香奈儿风的结合。

直到第二次世界大战以后，量产成衣才成为每个人的标配。20 世纪二三十年代，在欧洲和美国的许多地区，只有富人才穿时装，更别说其他地方。即使在大城市的街上也往往能看到至少三种穿法：有人穿时装；老年人和青少年的穿着年龄区分鲜明——老人有时继续穿着过去时代的时装；穷人的衣服则往往破旧过时。例如，即使在第二次世界大战期间，一些工人阶级妇女也穿着剪裁合体的西装外套、印花连衣裙、短袜和时髦的坡跟鞋，这套搭配是为了适应贫困的配给时代，但在中产阶级女性看来是不可思议的——尽管在 20 世纪 70 年代，它以前卫、新潮或半嬉皮的风格重新流行起来。同样，英国的玛丽女王直到去世前一直穿着的长裙、大衣和爱德华七世时期的无边帽，在 1950 年后才真正显得过时；在那之前，许多富家老太太也穿着类似的衣服。

20世纪70年代以后，即使巴黎时装也不得不屈服于大众市场，走单一的巴黎路线的日子一去不复返。尽管仍有风格上的要求，时尚的自负渐渐更少依靠独特的设计，而靠昂贵的材料和漂亮的工艺这些更隐蔽处的功夫。这造成的一个结果是，在英国的时装学院可能存在一种分歧（法国可能也有），即是把设计专业的学生培养成有创造力的艺术家，还是主要面向量产服装工业的手艺人。[1]

然而，无论时尚产业和时装设计发生了多大的变化，它的双重性质仍然神奇地保持不变：光鲜的外表继续掩盖着背后工人们的艰辛生活。时尚的魅力似乎永远无法与剥削分割开来。

尽管如此，这种魅力依然在吸引着人们。在谈到时尚的魅力时，比起对工人的剥削，我们可能会更多地意识到对消费者的压榨。当我们研究化妆品和内衣这些“魅力”行业时，我们会发现这些产品似乎根本没有什么明显的用途，并且就化妆品而言，它们的生产成本往往很低，却被当作奢侈品高价出售。

---

1 Suzy Menkes in *The Times*, 5 July 1983, and Nathalie Mont-Servan in *Le Monde*, 26 May 1984.

5 Fashion and Eroticism

时尚与情色

文身、撑大的嘴唇、中国女人的小脚、眼影、胭脂、脱毛、睫毛膏或手镯、项圈、物件、珠宝、配饰，任何东西都可以用来改写身体上的文化秩序；正是这些成就了美的效果。

——让·鲍德里亚《符号政治经济学批判》

很明显，服装一定与性有关，这一点几乎毋庸置疑。即使在通常不太穿衣服的社会中，据说也有在跳舞庆祝和其他可能产生性吸引的场合盛装打扮的习俗。人们常说，衣服能增强性吸引力，因为它既暴露也隐藏身体。对某些人来说，衣服甚至是唤起性欲的必需品。

然而，试图主要或者完全用性学术语来解释时尚注定要失败。首先，在不同的文化中，美的标准，即怎样的外表和装扮算性感差异巨大，以至于不可能客观地判断服装是否能增强吸引力。任何衣服都可以被定义为情色的；人们对美的品位不断变化，其原因必须从别处寻找。

服装与性有一定的关系，但也可以表达许多其他的冲动。在任何情况下，性都不能被概念化为一个孤立的、有形的东西；它是生活中的一股暗流，流动不定、难以捉摸、相互关联、并不孤立。比如说，许多女性和男性一样，穿衣既想要性感，又要符合身份地位。但是性吸引力和权力之间难道没有关系吗？女人、男人，都可以通过穿着向父母、配偶，甚至整个社会反抗；同样，他们也可能希望穿得永远不会引人注意。女人当然不总是“为男人”穿衣服。许多时尚作家对女性的看法都是愚蠢的，因为他们几乎从不质疑激发男性欲望是女性的首要任务。因此，即使当女性穿着显示地位的服装时，也被解释为性竞争——对于一个女人来说，“为其他女性”穿衣就只为了竞争。的确，通过着装明争暗斗的例子并不少见。

詹姆斯·拉韦尔（James Laver）[1]不遗余力地将服装的性感与时尚的变化联系起来。为了完善自己的观点，他提出了“可变性感带”的理论，认为在任何时期都要强调女性身体的一部分，但这种强调必须不断变化，否则男性就会感到腻味。这一观点只适用于女装的流行趋势；但通观拉韦尔的作品，他认为男性时尚本质上已不复存在。他用自己的理论解释了一些特别“非理性”的时尚，比如 20 世纪 30 年代的露背礼服。他认为，这些礼服将后背性感化了，因为在 20 世纪 20

1 Laver, James (1969b), *Modesty in Dress: An Inquiry into the Fundamentals of Fashion*, London: Heinemann.

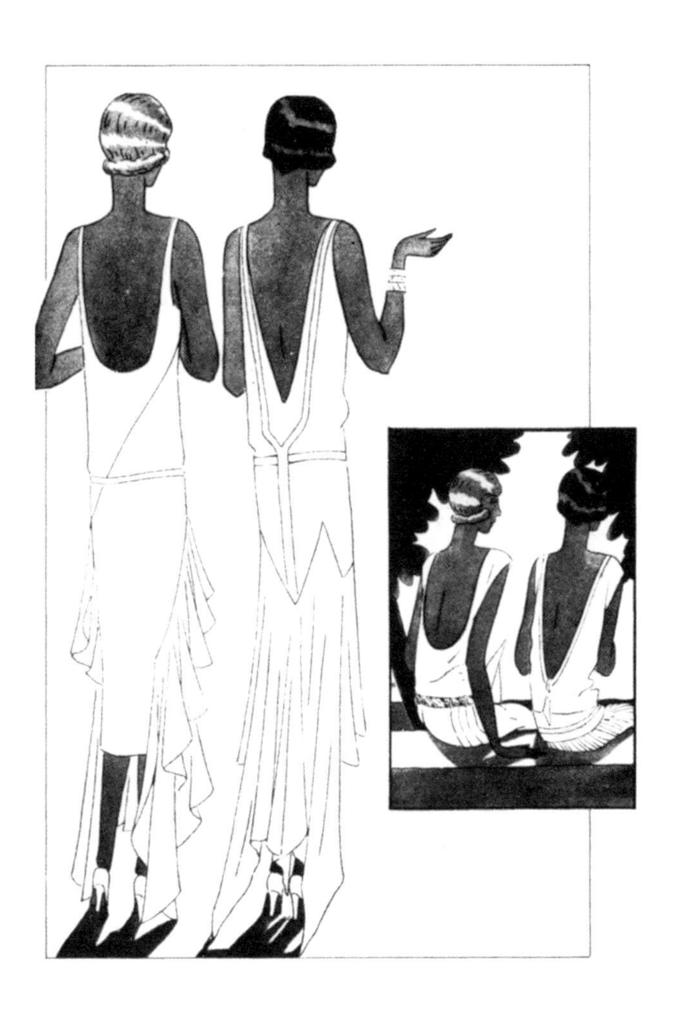

背部情色化？ 20 世纪 30 年代的露背装
——经康泰纳仕（Conde’ Nast）出版公司许可使用

年代，腿已经过度暴露，男人们不再会被裸露的腿部激起性欲，当时就已经出现了低背礼服。然而，露背装流行更有可能是受好莱坞的影响；1934 年，美国对好莱坞电影实施了更加严格的审查制度，即《海斯法典》（*Hays code*），这意味着身前裁剪得袒胸露肩的礼服已然是禁忌，但仍然可以把礼服的背面和两侧完全剪掉。露背礼服与其说是对背部的情色化，不如说是与审查员的暗中较劲。它也体现了运动装对主流时尚的影响，泳衣的后背就被剪得很低，而那只是为了让身体更大一部分被晒黑。

约翰·弗吕格尔（J. C. Flugel）[1] 试图用精神分析的方法来解释性与服装的关系。他认为，时尚是保守与情色之间一种自我更新式的妥协；在“文明”社会中，公开的性行为必然在很大程度上受到压抑，因此它必须以隐晦或秘密的方式表达自己，总是与内敛和羞耻的“反应模式”[2] 作斗争。因此，时尚类似于一种神经质的症状，或者如弗吕格尔所说，“文明的脸上永远都是一抹红晕”。这种分析很好地抓住了时尚的矛盾之处，然而，就像凡勃伦的理论一样，它假定时尚是非理性的——当它不遵循身体的自然线条时，它就是丑陋且荒谬的。

美国精神分析学家埃德蒙·伯格勒（Edmund Bergler）[3] 在 20 世纪 50 年代的著作中更进一步，他谴责了时尚的丑陋，并将时尚与性联系起来。他认为时尚产业与女人无关，而在于男人。它是冷战的罪魁祸

---

1 Flugel, J. C. (1930), *The Psychology of Clothes*, London: Hogarth Press.

2 在精神分析学术语中，反应生成是一种防御机制。禁忌的愿望和幻想无法表露，以一种强烈反对这些欲望的情感表现出来，就是反应生成。例如，根据精神分析学的观点，恐同症就是一种对无意识中同性恋倾向的反应生成。

3 Bergler, Edmund (1953), *Fashion and the Unconscious*, New York: Robert Brunner.

首——男同性恋者对女性设下的“巨大的无意识骗局”（他粗鲁地假设所有服装设计师都是“同性恋者”）。在 20 世纪 20 年代，他们试图把女人变成男孩，后来又迫使女人穿上夸张、荒谬、丑陋的衣服，来表达他们对女人隐秘的仇恨。

据伯格勒说，时尚只是 20 世纪中期性问题的表现之一。美国男人在成长过程中，既害怕又渴望成为“托儿所的女巨人”（“妈妈”）。这个成年的婴儿只有满足了“婴儿的偷窥”才能被唤醒，而恋物癖和半露半掩的“人造时尚”迎合了这种偷窥：

> 我们知道，衣服是男性的发明，由男性内心的恐惧推动和维持……服装反映了一种特殊的性扭曲，这种扭曲基于一种在心理条件下逐渐减弱的生理驱动力……正如壮阳药之于男人消失的性能力。[1]

所有这些用情色来解释服装的尝试，背后都隐藏着凡勃伦的观点。它重复了时尚理论中通常深埋着的错误假设：人类可以通过抛弃将我们与动物状态隔离开来的“文明”，找到自己的真正本质。

然而，我们不可能回到那种状态。在动物中，交配是由生理周期和对雌性信号的本能反应来调节的。在人类中，这种交配周期，从“交配季节”和一年中雌性“发情”的特定时期的角度上来说，已经消失了；我们用更微妙的社会定义的行为信号来代替它，而在社会行为中，服

1　同 118 页注释 3, p. 289。

装确实发挥了一定作用。但它所扮演的角色是模糊而矛盾的，因为服装不仅仅是一种性信号。

当我们研究内衣和化妆品这两方面在大众心目中与性关联尤其紧密的时尚时，我们发现，时尚是自然和人为之间的一种持续对话。的确，时尚将两者紧密地联系在一起，而这种关系的产物就是恋物癖。束缚感和其他性趣味依赖于特定的服饰，这是第三个方面，它揭示的与其说是自然和人为之间的关系，不如说是与生理功能毫无关系的个体刺激造成的性唤起依赖。因为恋物癖者的性以一种特别鲜明的方式“存在于意识中”；但对更多的男男女女而言，服装必须以一种不那么具体的方式表达性幻想。

让·鲍德里亚写到如今的“恋物癖”这个词，“指一种驱力，一种客体的超自然的属性，因此也指主体中类似的奇妙潜能……但最初它的意思恰恰相反：一种制造，一种人工制品，一种外观和符号的劳动。”[1]

它起源于拉丁语 facere，意思是“做”或“制作”，并且通过“制作”（make）这个词（来自盎格鲁 - 撒克逊语和德语），又能联系到“化妆品”（make-up）（法语是 maquillage）。恋物癖是我们自己制造出的异化物，但又在其中投入了魔力属性。这种魔力可以驱散或消除恐惧。

弗洛伊德以一种特殊的方式运用了恋物癖的观点，来说明由于阉割恐惧，欲望会被转移到身体的恋物化部分或附属其上的性活动上。[2]

1 Baudrillard, Jean (1981), *For a Critique of the Political Economy of the Sign*, St Louis, Mo.: Telos Press, p. 91.

2 Freud, Sigmund (1953), ‘Three Essays on The Theory of Sexuality’, *The Standard Edition of the Complete psychological Works*, Vol. VII (1953), London: The Hogarth Press and the Institute of Psychoanalysis. Translated by James Strachey. (Originally published in 1905.)

由于衣服与身体在理论意义上与物理空间上的亲近关系，它特别容易被当作恋物癖的客体。

这在所有文化中或多或少都有可能发生。比如在 11 世纪的日本，人们根本不喜欢天生的外貌。宫中女眷们不仅剃掉眉毛，把牙齿染黑（闪亮的白牙齿被认为是丑陋的），还用精致的长袍裹住身体：

> 人们已经意识到女性服饰作为审美规则之一的重要性。女人挑选衣服的技巧，尤其是搭配颜色的技巧，被认为比天生的外貌更能体现性格和魅力。女性服饰非常精致而烦琐，包括……一套厚重的外袍和一整套无衬里的丝绸长袍（标准件数是 12 件），都精挑细选，以获得最迷人、最独特的色彩组合。女人们穿上长袍时，离皮肤越近的层次，袖子越长。这样她们精心做出的款式和色彩搭配才能获得相当的倾慕。[1]

资本主义西方有着不同的审美，服饰总是暗示着秘密的、隐藏的身体。福楼拜（Gustave Flaubert）的小说《包法利夫人》（*Madame Bovary*）很大程度上表达了这种恋物癖。在整本书中，男人们对女主角艾玛·包法利（Emma Bovary）的渴望被转移到了她的衣服上。当查尔斯·包法利（Charles Bovary）爱上她时，福楼拜描述的不是她的身体，而是她的衣服：

---

1 Morris, Ivan (1964), *The World of the Shining Prince*, Harmondsworth: Penguin, p. 216.

他喜欢艾玛的小木头鞋，在厨房洗干净的石板地上，高后跟把她托高了一点，一走动起来，木头鞋底很快抬起，和鞋皮一摩擦，就发出嘎吱嘎吱的声音。[1]

在书中最关键的一幕，艾玛的到来被简单地描述为“路面上沙沙作响的丝绸，一溜帽边，一袭黑色披肩……这是她！”[2]

在福楼拜所描述的资产阶级生活中，一切事物的外观，包括穿衣服的身体，都被描绘得细致入微。然而，总有一种说法认为，被衣服和覆盖物遮掩的身体是令人厌恶的，而不是诱人的。小说中有一段，当丈夫从诊所回来时，艾玛在他面前表现得容光焕发。但另一边，他整天都在把胳膊探进温热的床上和脏床单里，血和脓喷溅到脸上。艾玛的死被描述为一串冗长的细节，基于一具身体的消解，而不是一个个体的消亡。[3]

服装有时会成为性满足的直接对象。雷蒂夫·拉·布勒托纳（Restif de la Bretonne），一个 18 世纪自称恋物癖的人，爱上了他雇主妻子的鞋子，曾经有一次，迷失在一双被丢弃的小鞋舌、绿高跟的玫瑰色拖鞋里：“我的嘴唇紧贴着一颗宝石，而另一颗，由于狂喜过度而欺骗了神圣的自然高潮，代替了性对象。”[4]

身体的束缚也可能成为一种恋物癖。有些人把身体包裹在像皮肤

1 Flaubert, Gustave (1972), *Madame Bovary*, Paris: Livre de Poche, p. 20. (Originally published in 1857.)

2 同上 , p. 186。

3 Tanner, Tony (1979), *Adultery and the Novel*, Baltimore: Johns Hopkins University Press.

4 Laver, James, 出处同 116 页注释 1, p. 115。

一样的橡胶紧身衣中，以获得性满足，但这种恋物癖中最知名、流传最久的是束带。束紧的紧身胸衣已经穿了好几个世纪，但直到 19 世纪末，紧身衣才被广泛使用。之后，在短短几年中，它以性变态的形式重生。它作为一种时尚而消亡的时候，性学家如哈维洛克·艾利斯（Havelock Ellis），正在对它进行分类、定义和描述，因此一些人认为，它实际上造成了性偏离；从那以后，它一直是少数“束缚者”的性秘密。

戴维·库兹尔（David Kunzle）[1] 对这种行为的历史进行了详尽描述。他向当代女权主义者提出了挑战，她们过于轻易地认为维多利亚时代的紧身胸衣只是女性普遍服从的一个表现。比如海伦·罗伯茨（Helen Roberts）就写道：

> 维多利亚时代女性的服装显然完美地传达了一种愿意服从受虐的行为模式信息，服装也协助塑造了女性行为，使其成为“精致的奴隶”。[2]

在现实生活中，维多利亚时代大西洋两岸的女性绝不都符合“顺从受虐的模式”；正如海伦·罗伯茨所言，束带不可能仅仅反映了女性的从属地位。戴维·库兹尔认为，恰恰相反，猛烈抨击这种“非自然”行为的正是那个时代的反动派、反女权主义道德家，而这种行为实际上表达了一种隐蔽的反叛形式。并且社会地位较高的女性最热衷于束

1 Kunzle, David (1982), *Fashion and Fetishism*, Totowa, New Jersey:Rowman and Littiefield.

2 Roberts, Hélène (1977), ‘The Exquisite Slave: The Role of Clothes in the Making of the Victorian Woman’, *Signs*, Vol. 2, no. 3, Spring, p. 557.

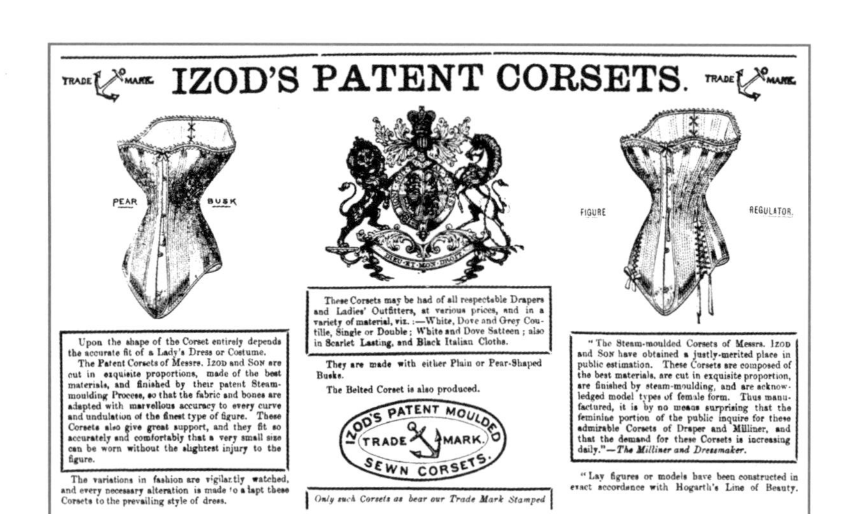

维多利亚时代的胸衣

——经维多利亚和阿尔伯特博物馆许可使用

带，这就表明，这种行为是出自对社会性的渴望和反叛，而非顺从。

库兹尔对紧缚审美有着明显的热情，这使得他对这种做法带来的不适甚至危险轻描淡写。温布尔登网球明星贝蒂·瑞安（Betty Ryan）回忆说，在第一次世界大战之前以及第一次世界大战期间，英国网球俱乐部的女子更衣室在壁炉边设置了晾衣杆，用于烘干女人们穿的钢架紧身胸衣:“那可不是什么美丽的景象，因为大多数胸衣都有血迹。”[1] 库兹尔试图煽动 19 世纪的女权主义者倡导紧缚束带的行为，并援引伊丽莎白·卡迪·斯坦顿（Elizabeth Cady Stanton）对时尚（不是紧身衣本身）的辩护，但她作为最早的美国女权主义者，似乎不太可能会

1　Tinling, Teddy (1983), *Sixty Years in Tennis*, London: Sidgwick and Jackson, p. 24.

赞同库兹尔书中插图上的 13 英寸腰，因为除去其他活动，她也尝试过促进服饰改革，只是失败了。英国女权主义者艾米丽·戴维斯（Emily Davies）虽然是服装改革协会（Dress Reform Society）的成员，但她的确认为，（束得适度的）紧身胸衣能提供舒适的支撑。

然而，从根本上说，库兹尔肯定是正确的，他要挑战那种将恋物癖时尚与女性从属地位画等号的片面观点，尤其在 19 世纪初，男性和女性都穿紧身胸衣。海伦·罗伯茨则持相反观点，她过于草率地将女性视为被动屈从于命运的受害者。

不止一位当代女权主义者提出了另一种观点——女性可能会通过服装寻求并积极投入性吸引：

> 高跟鞋和紧身胸衣为女性提供了强烈的运动刺激，能够引发深入皮肤的触觉快感。这些轻浮的配饰不仅仅是对男性的视觉刺激；它们也是女性的触觉刺激……
>
> 那些 18 世纪五六十年代的年轻女性可能还记得舒适的紧身腰带和合脚的高跟鞋带来的恰到好处而又持久的兴奋……穿高跟鞋走路时，臀部的晃动幅度大约是穿平底鞋走路的两倍，相应的，更明显的感觉传递到外阴。腰带可以促使盆腔充血，如果长度足够，在活动时还会引起阴唇摩擦。[1]

此书的作者认为，时尚，包括化妆品，是女性的情色作品，满足

1　Faust, Beatrice (1981), *Women, Sex and Pornography*, Harmondsworth: Penguin, p. 49. Thanks to Ruby Rich for drawing my attention to this passage.

了女性高度发达的触觉和身体愉悦。

但这当然是少数女权主义者的观点。西蒙娜·德·波伏娃（Simone de Beauvoir）1949 年在法国出版的《第二性》（*The Second Sex*）一书探讨了“优雅即束缚”的概念，这种对优雅的负面评价已经成为女权主义内部的“正统”观点。波伏娃创作的同时，迪奥的“新风貌”（New Look）已经变得异常怀旧、落后和停滞不前[1]，这或许形成了某种鲜明对比。那些时装适合那个时代阴郁颓废的浪漫主义。那是一个古典芭蕾复兴并重回狂热的时代，“芭蕾舞女演员造型”是战后流行的一种时尚风格，和平底拖鞋、斜肩、长裙、头发向后梳成一个发髻一样，都是对维多利亚时代早期时尚的模仿。在一个充斥着排队、紧缺和冷战的世界里，大裙摆舞会礼服、拖地长裙和包裹其中的优雅，预示着一个更加休闲浪漫的时代。尤其是法国人，他们极大地利用了 19 世纪。马德琳·雷诺（Madeleine Renaud）和埃德维格·费耶尔（Edwige Feuillère）是法国舞台和银幕上知名的两位明星，她们在生活和电影中都穿着马塞尔·罗查斯（Marcel Rochas）和皮埃尔·巴尔曼（Pierre Balmain）（以及当时的女装设计师迪奥）设计的长外衣，引领了那个时代的造型和风格。明星们在现代电影中当然会穿“新风貌”的服装，但是一连串的年代片使之更加显眼。在美国，现代黑色电影讲述了 20 世纪 40 年代悲哀的矛盾，也有许多年代电影；在欧洲，19 世纪的法国浪漫电影最充分地表达了一种被束缚和禁止的性欲。《天堂的孩子》（*Les Enfants du Paradis*）中的阿尔莱蒂（Arletty），《钻石耳环》

1　见第 11 章。

（*Madame de*）中的达尼尔·达黎欧（Danielle Darrieux）……《娜娜》（*Nana*）和《卡卡洛琳》（*Caroline Chérie*）中的玛蒂娜·卡罗尔（Martine Carol）、《金盔》（*Casque D'Or*）中的西蒙娜·西格诺瑞特（Simone Signoret）以及《朗德》（*La Ronde*）中的一众明星都演绎了这一主题。艾薇琪·弗伊勒（Edwige Feuillere）在《奥利维亚》（*Olivia*）中承受了受阻的女同性恋之爱，甚至碧姬·芭铎（Brigitte Bardot）也在《大演习》（*Les Grandes Manoeuvres*）中提到了经期。

浪漫主义的服装和赤裸裸的情色之间的联系在《O 的故事》（*Story of O*）中得到了体现。这部小说对时装的恋物癖有着强烈的迷恋，最早从它起便开始了对奴役、鞭打和残害的"经典"的情色的庆祝。在女主角 O 准备承受她的第一次性虐时，便穿着一件半古董衣：

> 一条腰部紧收的长裙套在坚固的鲸骨胸衣上，内着浆得很硬的亚麻布衬裙。领口开得很低，几乎遮不住被紧身胸衣托起的乳房，只有蕾丝网稍事遮掩。衬裙是白色的，蕾丝也是白色的，长裙和胸衣则用了海绿色的缎子。

后来，O 被允许暂时恢复正常生活。值得注意的是，她自己就是一个时尚摄影师，

"在摄影棚中给人照相，那些经设计师之手挑选出来的模特儿，往往要在这里摆上几个小时的姿势，她们都是一些最漂亮、最性感的姑娘。"

杰克琳正合 O 的意：

杰克琳有一头又短又厚的金发，微微打卷。她穿貂皮时总爱稍稍将头歪向左肩，把脸蛋藏在竖起的衣领里。有一次 O 正好抓住了她这个表情，她温柔地微笑着，头发在微风中轻轻摆动，她平滑硬朗的颧骨紧挨着灰色的貂皮，柔软的灰色就像刚刚从木炭上掉下的灰烬。

O 所理解和描述的不只是情色图片的图像；作者抓住了时尚本身的情色元素，特别是那个时代的时尚：

杰克琳……穿着一袭宽大的厚锦缎长袍，那鲜艳夺目的红色使她看上去就像一位中世纪的新娘。长袍一直拖垂到她的脚腕处，臀部闪着微光，腰际紧束，一圈胸撑勾出胸围。[1]

——O 立刻看出，这件夸张的新衣服和她在性虐仪式上穿的一模一样。于是，《O 的故事》以近乎病态的浪漫主义，探索了 20 世纪 40 年代末高级定制外套时装潜藏的情色本质。

如今，人们更常把内衣与情色联系在一起，但内衣在 19 世纪之前并不为人所知。1951 年，这个话题仍然是如此"下流"，以至于塞西尔·威利特·坎宁顿（Cecil Willett Cunnington）和菲利斯·坎宁顿（Phillis Cunnington）在他们相关学术著作的开头发表了如下声明：

1 Réage, Pauline (1954), *The Story of O*, London: The Olympia Press, pp. 16, 60–62.

> 历史学家一定会认为把内衣和情色联系在一起是个悲剧，而且往往达到病态的程度……但对本书作者来说，作为医生，以科学的精神来研究这一话题，公正地考察服装中这一次要因素（尽管很重要）的各个方面就足够了。[1]

各种各样的亚麻衣服已经穿了好几个世纪；他们保护富人的身体不受大多数衣服僵硬、粗糙的衣料的伤害，同时保护华丽的服装不被它们所装饰的身体弄脏。几百年来，女性的裙子都是用鲸骨圆环、“臀围撑垫”、笼、箍和硬里衬撑起来的，或者只是用衬裙撑起来。后来，在 19 世纪的前二十年里，当人们的衣服中有了紧身长袍的时候，他们第一次穿紧身衣和长内裤，或者说是衬裤，通常可以在透明的裙子下面看到。重衬裙又出现了，但在 19 世纪 50 年代，它们被金属衬裙所取代。如果裙笼被风吹起来了，内裤就能保证仍然端庄，但这种内裤在现代人看来是不体面的，它只在腰部相连，除此之外都是敞开的，没有裤裆。“封闭式”灯笼短裤直到 20 世纪才出现，或者早一些。维多利亚时代的内衣似乎很实用，体积也很大，但到了世纪之交，“内衣”（lingerie）这个词开始被用来指称由精致材料制成的迷人服装。

1901 年，第一本专门研究内衣的商业杂志《衣下优雅》（*Les Dessous Elegants*）在巴黎出版；20 世纪前十年是前所未有的奢侈和创新的十年。丝绸比以往任何时候都更容易从远东获得，但在西方城市中仍有大量贫穷的缝纫女工将这些丝绸做成精致的茶会礼服、女式

1 Cunnington, C. Willett and Cunnington, Phillis (1951), *The History of Underclothes*, London: Michael Joseph, p. 11.

背心、蕾丝边衬裙和“美好年代”（Belle Époque）那种闺房中甜豌豆色的夜礼服。

性解放的妇女大都受到尊重，资产阶级接受了计划生育，道德在物质主义和帝国扩张的“印第安之夏”（Indian summer）的氛围中得到放松。爱德华七世时期的内衣设计思想大胆，因为像露西尔 [Lucile，后来的达夫 · 戈登夫人（Lady Duff Gordon），埃莉诺 · 格林（Elinor Glyn）的姐姐，著名畅销书作家] 这样的设计师爱用各种色彩和轻薄透明的衣料、“一叠叠薄绸”[1]、双绉和缎子、华丽的刺绣、花边和丝带装饰。

恶行不再那么严格地与美德对立，虽然一个女人从上流社会堕落到声名狼藉的事例仍不罕见，但一个新的“中间地带”开始消融道德的边界。在大西洋两岸，爱德华时代的社会更关心金钱，而非繁衍后代；伊迪丝 · 华顿（Edith Wharton）笔下的女主人公莉莉（Lily）在《欢乐之家》（*The House of Mirth*）中遭遇了社会地位的坍塌，不是因为她不道德，而是因为她没有足够尊重金钱和面子。结果，她发现自己置身于一个奇怪的奢侈无度的世界：

> 这里的环境让莉莉觉得自己和这里的居民一样陌生。她对时髦的纽约旅馆一无所知……那些像装饰华丽的家具一样苍白的生灵，那些漫无目的的孤独的生灵，在这火热光辉的气氛中游荡，在慵懒的大潮中随波逐流……高头大马或装备精良的汽车等着把这些女士

1 Duff Gordon, Lucy, Lady (1932), *Discretions and Indiscretions*, London: Jarrolds, p. 45.

带到大都市，她们回来时，由于毛皮大衣的重量显得更加苍白无力，并且再次卷入酒店令人窒息的慵懒之中……

（她们的）习惯以东方的懒散和混乱为特征。（她们）似乎一起漂浮在时空之外……

一群奇怪的食客——美甲师、美容医生、理发师、桥牌教师、法语教师、“身体发育”教师们在这一大堆无用的活动中来来往往。[1]

这些女人们正是不久后伊丽莎白·雅顿（Elizabeth Arden）的服务对象。

1918 年以后，人造纤维越来越常用，这意味着高档内衣可以大规模生产，尽管直到第二次世界大战之前，高档内衣一直是用天然纤维手工制作的。正如詹姆斯·拉韦尔（James Laver）指出的，电影影响了人们的品位：

直到 20 世纪 20 年代中期，电影制片人才意识到这种媒体……的可能性可以用一个词来概括——性。电影开始有诸如《丝绸罪犯》（*Sinners in Silk*）之类的标题……

脱衣服的场景经常出现，并且在现实生活中对大幅度改善女性内衣产生了奇特的效果：使内衣抛弃了亚麻面料，改用真丝或人造丝绸。[2]

---

1 Wharton, Edith (1952), *The House of Mirth*, London: Oxford University Press, pp. 298–302. (Originally published in 1905.)

2 Laver, James, 此处同 116 页注释 1, pp. 110–111。

1908 年，保罗 · 波烈声称，他已将爱德华七世时期的女性形象彻底抛弃，并将女性从紧身胸衣中解放出来。这种说法过分个人化和过度简化了一个整体的变化趋势，而且紧身胸衣并没有消失，而是最终演变成现代的“整形内衣”，用弹性材料而非钢和鲸骨来挤压女性形体。在两次世界大战之间，紧身胸衣仍然显得僵硬而非柔软，而且依旧经常使用束带和骨架。第二次世界大战后，玛丽 · 莱比格特（Marie Lebigot）在巴黎复兴了“紧身胸衣”（waspies），她的精心设计与“新风貌”相映生色，尽管许多“新风貌”的连衣裙本身都是用骨架和里衬配合制作的。20 世纪 50 年代流行起来的腰带和裤带非常现代地使用了弹性材料来取代鲸骨。然而，在 20 世纪 80 年代，腰带、胸罩以及火箭帽之类都显得奇怪，因为 60 年代不仅带来了莱卡和紧身袜、全身的性感和对裸体的崇拜，还让超重变得前所未有地不道德。

正是在这个时期，紧身衣开始取代长筒袜。在当时，紧身衣似乎象征着一种新的自由，与之形成对比的是精致的吊带裤和多种多样的内衣。最近，一些女权主义者坚称，在性接触中紧身衣比 19 世纪 50 年代的内衣提供了更大的保护。传统上认为紧身衣不美观，因为紧身衣会将下半身压缩得像分叉的香肠一样；但它们的确简化了服装，而且可能是功能和实用性战胜审美在服装方面的一个例子。

紧身衣同时既是外衣也是内衣；因此，他们估计要不了多久两者之间的区别就会变得模糊，甚至消失。这种融合也是最近时装审美的要素之一。

尽管 20 世纪 60 年代，避孕药的出现被过于片面地等同于内衣的

20 世纪 30 年代初迷人的内衣

——经康泰纳仕出版公司许可使用

消亡，仍然出现了一种流行趋势。那个时期“自由”的起源远比这一观点本身要复杂得多，性，尤其是对女性而言，从未以这么简单的方式“解放”过。性行为和时尚常常表现出混乱和矛盾。举例来说，不穿胸罩的行为与女权主义者排斥将性物化有关，也与“放纵时代”的性自由有关，透过衬衫和T恤可以看到凸起的乳头，这是一种直接的性诱惑。随着“腰带”的过时，胸罩第一次出现了双瓣式，而不是单个软垫。橡胶紧身衣似乎都被拒绝，因为它被视为奴役女性的男性审美标志，并被看作一种“欺骗”，既是为了掩饰“肌肉松弛”，又是一种勾引男人的不雅着装，就好像一些年轻女性戴的假牙。[1] 紧身牛仔裤勾勒出的臀部既代表着解放，又代表着性感；既代表着对男性审美的拒绝，也代表着对它的接受，既代表着诚实，又代表着诱惑。

20世纪70年代，迷人的内衣又戏剧性地出现了。在英国，它的普及与雅内·雷格（Janet Reger）这个名字有关。这家小公司在1982年破产之前，曾凭借高档豪华内衣大获成功。雅内·雷格本人仍在为一家更大的公司做设计；是投资不足导致了股市崩盘，而不是这个想法本身失败。恰恰相反，这些设计非常成功，如今每个连锁店都在出售贴身内衣、贴身短裤、法式短裤，甚至连吊带裤和紧身胸衣也不例外。

但是这些衣服到底是做什么用的呢？安吉拉·卡特（Angela Carter）在思考雅内·雷格的服装目录时指出，“无论多么随意，这些

1　Ewing, Elizabeth (1978), *Dress and Undress: A History of Women's Underwear*, London: Batsford, p. 173.

服装显然都是大众服饰”[1]。它们通常在特定场合穿着，背心式女内衣被用作派对上衣，法式短裤则被用作更大胆的派对服装。

矛盾的是，20 世纪 80 年代初，美国设计师卡尔文·克莱因（Calvin Klein）推出了一种完全不同风格的“女性内衣”，这种内衣实际上使用了 Y 字裤、平角短裤和男式背心的版型，它们的市场表现也说明了这一点。[2] 这被解释为双性化营销，双性化又被解读为男性气概的削弱。在这里，我们可能要再次提起弗洛伊德式的观点，并推测这种双性化是否掩盖了性别差异下社会和心理结构中对女性对被动地位的恐惧。这些衣服也支持了安吉拉·卡特的观点，因为它们可以理所当然地被用作外衣。内衣甚至可能只是时装史上短暂的插曲，是与遥远时代之间的过渡，当时卫生是稀罕词，“真正的”内衣是不可能的概念，20 世纪末，虽然不太准确，但也可以说人们几乎每个都有能力做到清洁卫生，至少卫生已经成为包含时尚在内的“文明生活”习惯的一部分。

另一方面，内衣和外衣之间的区别反映了私人和公共领域之间的区别，这在现代生活中非常重要，而在 18 世纪之前还不太被注意。或许，内衣作为一种无用服装形式（安吉拉·卡特认为，内衣之于服装，就像冰淇淋之于食物一样）的模糊地位，以及它日益刻意的暴露性，与 20 世纪末隐私、亲密和性的模糊状态类似。对于后者来说，它被认为代表着隐私的核心，同时也是一种公开阐述的话语——咨询会、团体治疗、按摩浴缸、自述式的“真实生活”故事，以及西方世界的游乐

1 Carter, Angela (1982), ‘The Bridled Sweeties’, *Nothing Sacred*, London: Virago.

2 See Kolbowski, Silvia (1984), ‘(Di)vested Interests: The Calvin Klein Ads’, *ZG*, no. 10, Spring.

海滩，都将私人秘密公之于众。

还有一些风格粗俗拙劣的“法国内衣”，也许是现代时尚中精心打扮和“扮演”元素的另一个例子。然而，它似乎常常浸淫在 30 多年前威利特·坎宁顿（Willett Cunnington）非常不喜欢的淫乱之中，直到今天依然如此：

> 因为，尽管先前那种将主体笼罩在神秘之中的沉默，乍一看似乎与现代人的态度非常不同，但却有一种心理上的亲近感。
>
> 例如，现在代表着“情趣”的女性内衣，被赋予了有趣的昵称，或者宠物名，这其中带着一种忸怩又大胆的气氛，这暴露出……色情仍然装模作样地潜伏在人们周围。[1]

化妆品与内衣一样，在某种意义上也是“无用的”，尽管在某些情况下它们声称有保护作用。与内衣一样的是，它们也与性和性欲联系在一起。它们不会引发同样的淫乱，但同样带有道德上的模糊性。它们也同样使人烦恼，因为它们是非自然的。使用者们，无论女性或男性，长期以来一直与道德缺陷联系在一起——男人柔弱，女人淫荡，因为使用化妆品就表明准备挑逗和调情，并试图修改天然的，或说是上帝的作品。

与内衣一样，化妆品自 1900 年以来也发生了变化，但它们的起源要早得多。古埃及人的眼影粉似乎在某种程度上被用来保护眼睛免

---

1 Cunnington, Cecil Willett and Cunnington, Phillis, 出处同 129 页注释 1, p. 12。

受太阳炙烤引起的化脓，护肤品、润发油和其他精油都像香水一样被广泛使用，但是，尽管化妆品在今天的用途是保持青春，最初却是和死亡联系在一起的，因为它们最早是用于制作木乃伊的仪式。[1] 在古埃及和近东，妓女把涂口红作为她们职业的标志，但一般来说，女人和男人都可以自由地涂口红。

罗马人热衷于使用化妆品，他们当年的彩妆调色盒与今天生产的塑料彩妆盒惊人地相似。早期的基督教教会无法根除化妆品的使用，并一直延续到中世纪。从 16 世纪到 18 世纪，人为的粉腮白面都是一种时尚。它由铅白（有毒的白色铅）和赭石胭脂混合而成，用蛋清或其他一些胶质涂在脸上，创造出在我们看来怪异的人造外观。

尽管面临铅中毒死亡的风险，彩妆的使用还是一直持续到革命浪漫主义时期才不再流行。拒绝“非自然”是浪漫主义时期意识形态的一部分，在 19 世纪早期，苍白、朴实的面孔成为理想审美的一部分。维多利亚时代对美德的崇拜同时也使公开涂脂抹粉成为道德缺陷，甚至更糟，但维多利亚时代休闲阶层的妇女并没有完全放弃秘密搽粉（可能还有胭脂），至少是偷偷摸摸的。

如果老年妇女仍然化妆，会被认为是旧时代风俗的延续。狄更斯在《董贝父子》（*Dombey and Son*, 1848）中写到的斯库顿夫人（Mrs Skewton），她对人工制品的运用似乎引起了一种类似于福楼拜作品中身体衰亡时的恐惧情绪：

1 Angeloglou, Maggie (1970), *A History of Makeup*, London: Studio Vista.

斯库顿夫人的侍女……与其说是一个女人，倒不如说是一个拿着镰刀与沙漏的骷髅，她的碰触就仿佛死神的碰触。涂脂抹粉的形象在她的手下一下子变得干瘪萎缩，萎靡不振，头发掉落了，黑色的蛾眉变成一丛稀疏的灰毛，嘴唇惨白而皱缩，皮肤灰白而松弛，克娄巴特拉原先所在的地方现在只剩下一个年老体弱、憔悴、枯萎、脸色发黄、两眼血红、昏昏欲睡的女人，像一堆乱七八糟的东西蜷缩在油腻腻的法兰绒长袍里面。[1]

胭脂在追求苍白肤色的年代并不流行，但是女性转向使用乳液甚至砒霜来美白皮肤。在美国，粉底和油彩与旧制度有关，因此被认为不适合美国革命的女儿们；然而，到了 19 世纪中叶，巴黎时尚界似乎又开始流行起化浓妆了，至少在纽约是这样。[2] 就像我们对那个时代的许多看法一样，维多利亚时代从不化妆的刻板印象必须改变。

女性继续依靠自制的乳霜和乳液来嫩白肌肤，而不是粉底和油彩，这推动了大型现代化妆品工业的兴起（第六大在美国）。现代化妆品的发展在很大程度上要归功于少数具有开拓精神的女性。赫莲娜·鲁宾斯坦（Helena Rubinstein）和伊丽莎白·雅顿（Elizabeth Arden）都是在 19 世纪晚期开始工作的，她们制作的是面霜而不是彩妆。她们都是在 20 世纪头十年，即美容院的全盛时期建立了自己的事业。赫莲娜·鲁宾斯坦在从波兰到澳大利亚度假时，开始推销一种传统的家用

1 Dickens, Charles (1970), *Dombey and Son*, Harmondsworth: Penguin, p. 472. (Originally published in 1848.)

2 Banner, Lois (1983), *American Beauty*, New York: Alfred A. Knopf, p. 42.

配方；[1] 伊丽莎白・雅顿则是一名默默无闻的美容治疗师，她制作了一种面霜，以提高她所服务的纽约闲太太的美容效果。

同一时期她们还向哈莱姆区（Harlem）的时髦女性们提供美白霜和直发液，并且她们也有黑人同行，尤其是 C.J. 沃克女士（Mme. C. J. Walker），她的头发拉直系统成为美容院以及沃克大学发型文化的基础，凭此她大赚了一笔。她的女儿阿莱莉亚・沃克（Alelia Walker）在 20 世纪 20 年代成为著名的哈莱姆女主人，甚至出现在范・维切滕（Van Vechten）的小说《黑鬼天堂》（*Nigger Heaven*）中，成为阿多拉・博尼法斯（Adora Boniface）的原型。（尽管讲述哈莱姆知识分子生活的小说《黑鬼天堂》很畅销，受到白人作家和评论家的好评，但书名却严重冒犯了黑人，他们对作者提出了抗议。“黑鬼天堂”是黑人自己用在剧院走廊上的一个词，在那里，黑人观众挤在一起，因为剧院的其他地方对他们拒不开放。黑人不仅对白人作家使用黑人居住区素材感到不满，而且无论如何，这都是对 20 世纪 20 年代哈莱姆区的误读。当时，哈莱姆区是世界黑人文化中心，也是写作、绘画和艺术“黑人复兴”的舞台。）这位作家说她“甚至在女王般的非洲风格下也是美丽的”[2]。但在这个时期，黑皮肤怎么说都是不美的，而黑人女性的审美文化就是在试图模仿她们白人姐妹的打扮。

然而，赫莲娜・鲁宾斯坦和伊丽莎白・雅顿等审美文化先驱并不认为自己的产品是女性束缚的一部分。相反，在这个时期，化妆品被认

1 Rubinstein, Helena (1930), *The Art of Feminine Beauty*, London: Gollancz.

2 Anderson, Jervis (1982), *Harlem: The Great Black Way 1900–1950*, London: Orbis.

为是妇女争取的自由的一部分。伊丽莎白・雅顿本人并不是妇女政权论者，她曾参加过一次争取选举权的游行，并希望以此来吸引顾客——因为当时的纽约时尚界和女权主义难解难分。20 世纪 20 年代，伊丽莎白・马布里（Elisabeth Marbury）接纳了她，那是一名社会女性，政治上是进步主义者，也是一名女同性恋。马布里和她的朋友埃尔西・德・沃尔夫（Elsie de Wolfe）、安妮・摩根（Anne Morgan）以及威廉姆・范德比尔特夫人（Mrs William Vanderbilt）都是纽约时尚界地下同性恋群体的领军人物，不过传记作者们认为伊丽莎白・雅顿不太可能意识到她们之间关系的本质。雅顿的生活像她的竞争对手赫莲娜・鲁宾斯坦一样，尽管获得了世界级的巨大成功，但在情感上似乎十分受挫。讽刺的是，这两家公司都将成功的决心完全投入到这种散发着女性弱势气息的产品上——但化妆品行业这个新领域，是为数不多的可以让女性获得商业成功的行业之一。

伊丽莎白・雅顿的传记这样评论道：

> 两位（性）冷淡的女性发明了化妆品，这一事实对 20 世纪女性审美标准的注解，就和大多数服装设计师在 20 世纪的女性审美标准看来是同性恋一样奇怪……她们创造的是由镜像而不是旁观者的眼睛所构建的美丽形象。[1]

这种恐同的评论忽略了化妆品作为 20 世纪初妇女解放的标志的作

1 Lewis, Alfred and Woodworth, Constance (1973), *Miss Elizabeth Arden*, W. H. Allen.

用。赫莲娜·鲁宾斯坦在她的书中把美丽和年轻描述为每个女人的权利，甚至有责任培养它们，以便进一步帮她们获得解放：

> 大多数女性发现处理家务和带孩子是不够的。抚养孩子不是一辈子的工作……当她们发现走出家门有那么多有用、有益和刺激的活动时……会觉得还有大把岁月。[1]

美丽成为一种道德，甚至是一种优生学意义上的义务：

> 最重要的是，不要认为追求青春和美丽有任何轻浮虚荣之处。保持美丽就是保持健康，延长生命。实现这些目标的决心有助于妇女制定更高的健康标准……那些爱美、追寻美的女人们——尤其是当她做母亲的时候——为建立一个更美好的家庭做出了重要的贡献。[2]

赫莲娜·鲁宾斯坦强调她作为科学家和治疗师的专业背景，同时用军事或童子军仪式的术语来讨论她的美容流程，她还用优生学的理论（将在第 10 章中讨论）来支持她的观点。

化妆品在“民主”和“人民的世纪”的语境中得到了平等的讨论。两次世界大战之间的大众传媒时代，伪民主似乎给所有女性提供了苗条、年轻和美丽的“权利”。从理论上讲，时尚杂志、节食和化妆品能

1 Rubinstein, Helena, 出处同 138 页注释 3, pp. 25–26。

2 同上 , p. 34。

让每个女孩都拥有电影明星般的美貌。剧院，比之更甚的是电影院，使化妆品不仅令人向往，甚至令人尊敬。

然而，当每个女人都能在脸上画一副时尚美丽的面具时，美丽的民主却没有出现。至少在第二次世界大战之前，廉价化妆品和昂贵品牌看起来就不同。英国剧作家约翰·奥斯本（John Osborne）用一贯带着厌恶的尖锐言辞描述了他母亲花的工夫：

> 我母亲的头发很黑，偶尔染色。她的脸简直是一个扑满粉的黑面具……猩红的薄嘴唇，涂着一种叫“塔希提”（Tahiti）或是“塔图”（Tattoo）的黏糊糊的东西，这是她在伍尔沃斯（Woolworth）和别的化妆品一起买的。从第一次世界大战开始，她就化着这种妆，或者类似的妆面。她有一支叫奶油西蒙（Crème Simone）的妆前乳，总是搽一种叫图卡龙（Tokalon）的粉，粉扑了满脸，俯身吃东西的时候，碎屑落得几乎像一场小雪崩。粉底之上是一层荷兰人后裔般的亮腮红，这种腮红装在相当漂亮的蓝白相间的小盒子里——又是伍尔沃斯的——看起来像黑加仑汁和砖灰的混合物。[1]

化妆品真正走向民主是在第二次世界大战期间，当时化妆品供不应求，女性都很少能买到。在战争时期，为了保持士气，好看的外表变得更加重要。更有钱、更好运的人可以在空袭期间到伦敦多切斯特酒店（Dorchester Hotel）的地下室去做头发，然而对工厂里的年轻姑娘来说：

1 Osborne, John (1982), *A Better Class of Person: An Autobiography 1929–1956*, Harmondsworth: Penguin, pp. 35–36.

> 我们的人生目标之一似乎就是护好脸和头发。旁氏（Pond's）的洁面乳一罐一罐地抹，以去除真实的和臆想中的皮肤污垢。参加舞会的时候，在眼皮上涂一层凡士林会使眼睛极具魅力——至少我们自己觉得。我们还会用黑色眉笔在脸上画一颗美人痣，就像电影明星玛格丽特·洛克伍德（Margaret Lockwood）下巴上那颗一样。[1]

在 20 世纪 50 年代，曾经是辣妹标志的化妆，成为顺从的象征。1957 年碧姬 · 芭铎（Brigitte Bardot）主演了电影《上帝创造女人》（*And God Created Woman*）。她在其中扮演的是一个“放纵”的角色，尽管本质上是一名纯真的年轻女性；电影中有一个裸体的场景。她的新造型——苍白的脸色、噘起的嘴唇、突出的眼睛和柔顺的长发——预示了 20 世纪 60 年代的风格，[2] 与更为夸张的“垮掉的一代”几乎同时。这种苍白的脸色、黑眼线和乱蓬蓬的头发，令人联想到浓重的夜色、毒瘾、周末狂欢和兴奋剂；相比之下，精致的烫发和端正清晰的红唇显得可敬甚至令人安心。

20 世纪 60 年代的自然主义是一种完全不同的社会和审美风尚。对化妆品的抛弃似乎与对内衣和性道德的抛弃有关。然而，大多数女性还是继续化妆，只是脸色更苍白了。玛莉官（Mary Quant）在推销一款名为“斯塔克斯”（Starkers）的粉底时，广告中展示的是一名赤身裸体的年轻女子，俯身贴着膝盖，像葛黛瓦夫人那样用倾泻而下的

1　White, Doris (1980), *D For Doris, V For Victory*, Milton Keynes: Oakleaf Books, p. 63.

2　Banner, Lois, 出处同 138 页注释 2。

SCULPTURE

Model your face with make-up to create an illusion of beauty; make an irregular contour appear a lovely oval; play down an imperfect feature, spotlight a good one

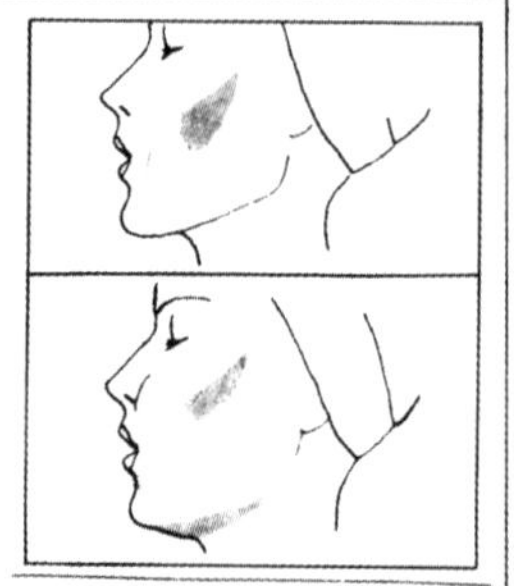

A FLAT FACE can be given better contours by applying dark powder beneath cheekbone. The same two-powder technique will help to diminish a HEAVY JAW or DOUBLE CHIN

CLOSELY-SET EYES. To give eyes a wide-apart look apply eye-shadow to outer corners of eyes. To flatter DEEPLY SET EYES blend eye-shadow from the centre of lid up and out

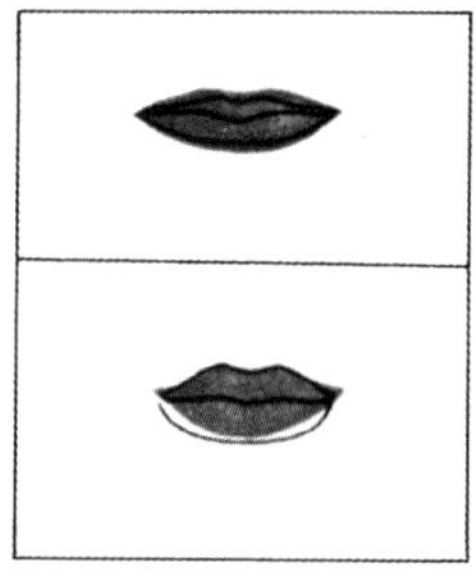

THIN LIPS. Use lipstick to build up the curves of the lips and carry fullness out to the extreme corners. Give soft and full curves to BROAD LIPS to reduce apparent jaw width

美丽是女人的义务……

——经康泰纳仕出版公司许可使用

头发将自己体面地裹住——但那仍然是化妆，不是自然。

20 世纪 70 年代，自然主义被 20 世纪 30 年代比巴（Biba）提倡的荡妇造型（见第 8 章）和 20 世纪 40 年代的坎普（camp）风格所取代——比如深色口红、指甲油和更鲜艳的眼影。20 世纪 80 年代，青年群体将化妆的人工感带入了夸张的新领域，但使用化妆品却已成为一种陈规陋俗。在大小城市的街道上，超自然主义成为一种常态：大量的腮红、大量的粉底、大量色调“淡雅”的口红，以及同样的眼妆。女性把妆面当“制服”的精神似乎与大多数男性打领带的精神大同小异——为了看起来“打扮过”，为了不在人群中太突出。人们觉得，标准的化妆“艺术”是为了让化妆的人放心，自己还没有偏离常规的美貌太远，没有在“发表观点”或“表达个性”。事实上，尽管女性杂志已经不再像 20 世纪 50 年代那样随心所欲地提供建议，例如如何通过腮红、高光和阴影，让脸型更接近完美的椭圆形，但近期却更像是在教读者化出“不好的”特征（“高额头？浓眉毛？——炫耀出来！”），化妆品更像一种你不能不用的东西（这一点又像内衣一样），而不是曾经所代表的解放和性倾向的大胆表达。但毫无疑问，所有时尚的命运都符合从出位到平庸的轨迹。

近年来，苗条崇拜受到了美貌崇拜不曾有过的质疑。人们倾向于认定现代人专注节食是西方对苗条的痴迷的一部分，并且“瘦身”只是压迫女性的一个方面。但至少从 17 世纪开始，西方社会就开始关注节食了。节食构成了传统医学养生和宗教禁欲主义的一部分。乔治·切恩（George Cheyne，1671—1743 年）是工业革命前一位颇有影响力的苏格兰医生，他在伦敦和巴斯照顾那些时髦的病人。他关心的是城市中惯于久坐的上层和中上层男性的饮食和健康。他的养生法可以看作新教徒为精神健康所遵循的生活准则的世俗版本。[1] 有一种观点认为，在工业革命时期，越来越多的人开始关注这种饮食规律和养生方法，这表明它们已经成为养生文化的一部分，辅助了工业世界职业道德和强迫性守时的形成，通过抑制人的情绪维护法律和秩序。合理的饮食能使人保持冷静和愉悦；暴饮暴食则会激起人的情绪，导致骚乱和分裂。

切恩的食谱以牛奶和蔬菜为主，加上有规律的睡眠、锻炼和节欲。诗人拜伦（Byron）持续的体重焦虑在他的青年时期（1810 年）必定不是个例；他的疗法是只吃加了醋的土豆。他在给母亲的信中说：

> 很长一段时间以来，我只吃蔬菜，不吃鱼，也不吃肉；所以我希望有大量的土豆、蔬菜和饼干；我不喝酒。[2]

后来在 19 世纪，低碳水饮食成为流行的节食法。专为查尔斯·班廷（Charles Banting）设计的这种节食法非常流行，以至于“班廷”成为节食的口语化说法，一直延续到 20 世纪。

因此赫莲娜·鲁宾斯坦的道德宣扬是一种悠久传统的一部分。时尚史上的一种陈词滥调是“瘦女人完胜胖女人”，今天的女权主义者常常认为，20 世纪女性对减肥和苗条的痴迷为社会对女性的压迫提供了更多证据。但事情显然要复杂得多，瘦女人作为一种时尚和审美理想

---

1 Turner, Bryan (1982), ‘The Discourse of Diet’, *Theory, Culture and Society*, Vol. 1, no. 1, Spring.

2 Byron, George Gordon, Lord (1982), *Selected Prose*, letter to his mother, 25 June 1811, Harmondsworth: Penguin, p. 82.

出现，反映了更为广泛的议题。

当然，这是西方文化的理想。在其他社会，丰满的女性可能仍然是审美和情爱的理想。但我的观点是，“时尚”（服装风格的变化）是西方资本主义文化特有的，但往往会泛滥并最终主导其他文化。苗条的理想因此与所有的文化相关联。此外，其他社会中不同审美理想的存在，并不能解释为什么瘦会在我们的社会中成为一种理想。

一种解释[1]是摄影突出了宽度。电影明星和时装模特都助推了细长双腿的流行，尤其是从摄影逐渐主宰时尚杂志以后。矛盾的是，创作摄影假象的真需求影响并改变了“街头女人”的实际面貌。

这属于美学上的解释。对于西方这种品味的变化，还有更为人熟知的社会学解释。在乡村的农业社会中，丰满被认为是一种外在可见的繁荣象征，而瘦则让人联想到饥荒。在老龄化的西方社会，年轻会比其他美丽因素更受重视。在人口过剩的时代，代表生育力的丰满女性审美被苗条的少女身材所取代，因为后者暗示着青春期前的活力。

然而，同样有可能的是——这两种解释都不排除另一种解释——苗条的身材符合现代主义艺术热爱运动和速度的倾向，也与它对“自然”的排斥相吻合。在下一章中，我将讨论与性别有关的自然的概念。时尚评论家往往惊人地无法区分性和性别，就像他们太容易想当然地认为，“女性气质”和“男性气质”以一种简单而毫无疑问的方式等同于性感。时尚既关乎性别的边界，又关乎直接的性展示，但正如我们将要看到的，两者实际非常不同。

---

1 Hollander, Anne (1975), *Seeing Through Clothes*, New York: Avon Books.

6 Gender and Identity

性别与身份

我希望她的美
不仅仅是
塔夫绸或薄纱，
或茂密的羽毛，或华丽的扇。
不仅仅是
商店的装饰，或桑蚕丝的料子，
或买来的红脸蛋，或标准的微笑。
最好是一张
由自己的美丽衣服烘托着的脸……
一张
由自然之手雕琢
别无他饰的脸……
脸颊娇嫩
甚于清晨的玫瑰：
无须任何包装……
戴着最华丽的头饰，
却穿着
最朴素的衣服。

——让·鲍德里亚《符号政治经济学批判》

时尚与性别紧紧纠缠在一起，一次又一次地定义了性别的界限。直到 17 世纪甚至 18 世纪，男女在衣着上都没有明显差异。但人们对 16 世纪到 19 世纪服饰的印象，通常是女人飘逸的裙子、宽大的裙撑和臀垫，以及男人的马裤和长筒袜。对这些人来说，似乎不太可能赞同这一观点。但尽管女性不能露腿，尽管中世纪晚期出现的更具雕塑感的服饰比早期的宽松长袍能更清楚地区分性别，在许多方面，男女穿着仍然相似。骑马和运动时，女人们穿着几乎和男人一样的长袍或厚斗篷，脚上套着靴子。女人也和男人一样，腰带上挂着钱包和匕首（衣服上的口袋直到 16 世纪才发明出来）。到了 15 世纪末，时装已经变得如此奇异怪诞，以至于很难从远处分辨出男女。60 年后，伊丽莎白时代的道德家们愤怒地指责女人穿得像男人。[1]16 世纪矫揉造作的服装风格，把衣服做成"坚硬、抽象的外壳"[2]，男女服装穿上看起来都是平胸，领子是轮状皱领，高帽子有着阳刚之气，镶珠宝的开衩紧身胸衣又有着雌雄莫辨的华丽。17 世纪，卷发、帽子、丝绸和蕾丝胸衣、夹克、手筒、鞋子、长筒袜、褶边、蕾丝、耳环和手套对男女来讲都很常见。

18 世纪，对隐私、舒适和卫生的需求提升，人们重新定义了得体、谦虚和"精致"。中产阶级妇女的力量日益壮大，虽然她们不受强迫，也不受殴打，但更微妙的限制把她们约束在一个狭窄的圈子中：她们要主持家务，保护家庭的隐私，维持家人的和睦，被保护而又十分脆弱。

---

1 Baldwin, Frances Elizabeth (1926), *Sumptuary Legislation and Personal Regulation in England*, Baltimore: John Hopkins Press.

2 Squire, Geoffrey (1974), *Dress, Art and Society: 1560–1970*, London: Studio Vista.

法国宫廷服饰（1670 年）：双性的卷发和皮草

——承蒙曼塞尔收藏（The Mansell Collection）许可使用

中产阶级以理性、高雅和有教养而自豪，相反贵族阶级则常常显得粗俗、浪费、无德。在德国，“文明”的概念就是围绕着这种优越感而形成的，通过这种优越感，受过教育的中产阶级将自己提升到一个在道德上（即便不是在经济上）优于地主阶级的地位。[1]

然而，即使在衬裙盛行的时期，中产阶级女性至少被无形的礼仪束缚在狭窄的圈子里时，女性也从未停止过吸收男性的时尚。1857年的《法式优雅》（*La France Élégante*）评论道："我们的衣服越来越像男人的衣服；我们戴圆帽子，穿翻领、步兵袖（musketeer' s cuffs）；什么都不放过，甚至裤子。"[2]（裤子指灯笼裤或“内裤”。）

但是，总的来说，在工业时代早期，性别差异更明显地表现在衣着上。时尚成为提高性别意识的重要工具。

优雅并不一定会增加性吸引力——相反，它可能令人生畏——并且矛盾的是，男性气质尤其强烈或女性气质尤其强烈的人，可能都不如性别特征模糊的人性感。男女莫辨并不一定等同于双性恋；例如，玛琳·黛德丽（Marlene Dietrich）和葛丽泰·嘉宝（Greta Garbo）就没有什么性向不清的问题，她们魅力的神秘特质，部分来自她们女性气质核心中的一点男性气质。

当然，什么是“性感”的定义标准会随着时间的推移而改变；但我在这里想说的是，性吸引力——无论如何定义——并不一定与传统上所谓的“男性化”或“女性化”有关。这就牵涉性别和性在传统定

1 Elias, Norbert (1978), *The Civilizing Process: The History of Manners*, Oxford: Basil Blackwell.

2 Zeldin, Theodore (1977), *France 1848–1945: Taste and Corruption*, Oxford: University Press, p. 94.

义上的关系问题；它们是可以分开的。

尽管女权主义理论质疑性别也许无法简单地标定性向，它有时仍然倾向于假设两者最终是一致的。依赖精神分析的女权主义理论尤其如此，因为在弗洛伊德自己的著作中，性别与性向的区分就很模糊；他认为两者是分开的，但却把它们的结合定义为先决条件，尤其是女性身份实现的先决条件。

弗洛伊德认识到，成为女性的任务是复杂且困难的——也许从未完全实现过。他认为，在所有女性中，都存在着男性气质的残余（在所有男性中也存在着女性气质的某些东西），因此，"我们男性所谓的'女性之谜'的一部分很可能源自女性生活中双性兼具的表达方式"[1]。弗洛伊德认为，女性气质在某种程度上仍然是不稳定和不可靠的。事实上，他更进一步地认为两性都在逃避女性气质所意味的被动性。这种观点略微关注到了激进女权主义者对女性从属地位的看法，这种看法认为时尚只是男性对女性施加惩罚性限制的例证，是父权制的例证；他们可能会声称，男性用服饰把女性限制在被动的女性气质之中，从而将"被动"转移到"他者"身上，并与之保持安全距离。但与此同时，如果我们遵循弗洛伊德的推理，就会认为男女都会拒绝任何强调女性化和被动性的服饰形式。

彼得·阿克罗伊德（Peter Ackroyd）在谈到异装癖时持完全不同的观点，他认为性别的社会结构背后不是对被动的恐惧，而是对"性别混乱"的恐惧和渴望，那是神圣的：

---

1 Freud, Sigmund (1973), "Femininity", *New Introductory Lectures on Psychoanalysis*, Harmondsworth: Penguin, p. 165. (Originally published in 1933.)

20 世纪的双性化

——经《笨拙》杂志许可使用

混搭服装往往是非凡命运的标志。在许多萨满教文化中，异装癖者被认为是巫师或先知，他们由于具有男身女装的双重特质，是社群内神圣权威的来源……

当我们考虑到被崇拜的神往往雌雄同体或至少是亦阴亦阳时，将双性特征视为神圣的标志就不足为奇了。如果就像创世神话所宣称的那样，混沌，或者无性别区分的统一是所有生命的始祖，那么区分开的性别就代表着摆脱了原始的繁衍。异装牧师所模仿的双性同体，即两性以一种形式共存，其实是一种原始的权力样态。[1]

1 Ackroyd, Peter (1979), *Dressing Up: Transvestism and Drag: The History of an Obsession*, London: Thames and Hudson, p. 37.

彼得·阿克罗伊德没有举出其他文化中女性打扮成男性从而获得神圣权力的例子。

今天，双性同体已经不再神圣。现代时尚无休止地玩弄着阳刚与阴柔之分，我们通过时尚表达对男性气质和女性气质的看法。时尚允许我们与异装癖调情，正摆脱了它的危险和力量。

然而，在建构身份认同的过程中，时尚并不仅仅与性别有关。如果像我之前提到的，在现代社会中，自我的各个方面都受到了威胁，那么时尚就会成为一种重要的——实际上是至关重要的媒介，在重塑迷失的自我或“偏离的主体”中发挥作用。如果说后现代主义表达了对世界碎片化、原子化到难以辨认的体验，那么当今时尚的多元风格正反映了这一点——单一的“巴黎路线”走向终结，复古、“致敬”、坎普、民族风等多样风格取而代之。同时，对个体来说，对某种特定风格的要求可能就不仅仅是救生索，更是自己曾经存在的证明。

然而，不仅男性气质、女性气质和双性同体可能成为一种表演，优雅对于女性来说也成了累人的工作。

在 19 世纪，资产阶级妇女的外表是一种艺术生产。为了获得地位，每个女人都必须穿上时尚的制服，但在一个信仰独特浪漫爱情的世界，她也必须同时表现出自己的个性。在 19 世纪的婚姻市场，追求相似性中的独特性变得越来越必要。自由选择结婚伴侣（实际上受到严格的限制）的资产阶级意识形态强化了机器时代流动的社会。服装是社会流动性的一个方面；而求婚仪式，尤其是对女性来说，是这种流动性的重要组成部分。在那个社会，求婚的繁复礼节要求婚姻作为个人魅力和彼此相爱的正式结果，但实际上婚姻是两性增值的途径，往往会提升男女双方及其家庭的经济利益；对资产阶级妇女来说，这是获得经济保障的唯一确定途径。

因此，19 世纪的处女在婚姻市场上的着装，巧妙地体现了家庭地位和个人欲求：纯洁而又充满诱惑。除了明显的顺从和服从意愿外，还应具备管理家庭的能力；为了照顾好一个大家庭，“田螺姑娘”必须有着健康与力量相结合的超凡特质。对女人来说，在一个女性人数超过男性的社会或阶层中，把从竞争对手中脱颖而出的重要性看得多高都不为过。

这种意识形态从服饰扩展到妇女所经营的家庭。外表和身份越来越难以分开。这是“自我是一件艺术品”这一概念的开端，“个性”是一种延伸到服饰、气味和环境的东西，这些都对“自我”的形成做出了重要贡献——至少对女性来说如此。19 世纪的女权主义者弗朗西斯·鲍尔·科布 (Frances Power Cobbe) 似乎意识到了这种理想的奇异之处，并在 19 世纪 60 年代写道：

> 一个女人越有女人味，就越会把自己的个性投射到家里，把它从一个吃饭睡觉的地方，或者一个家具商的陈列室，变成她灵魂的某种外衣；家与她天性的和谐，正如她身上的长袍、鬓边的花朵与她身体的和谐一般。[1]

到了 20 世纪中叶，对所谓“作为女性的艺术”的特别强调达到了

1 Cobbe, Frances Power (1869), ‘The Final Cause of Women’, in Butler, Josephine (ed.) (1869), *Woman’s Work and Woman’s Culture*, London: Macmillan, pp. 10–11.

顶峰。女性杂志敦促每位女性去发现自己的“类型”，但同时又要“做自己”——这是人为创造的自发性的矛盾。为了平衡“与众不同”的欲望和与之共存却矛盾的从众冲动，数百万女性在“钢丝绳”上踉踉跄跄。多年来一直想让自己看起来更时髦的女性面临着一个与 20 世纪 50 年代十几岁的少女在调情方面类似的问题：该走多远？改裙摆长度是冒险和大胆的，一个女人过于顺从时尚与过于傲慢地蔑视它的“规则”，都会招致非议。

随着大众市场的发展，服装的尺码也随之增多。这同样也是矛盾的，因为它的目的是使服装个性化，但又同时把个人分成群体，因此也可以看作是大众社会日益统一的一部分。在尺码调整之后，出现了更精致的消费类型学，试图根据个性对女性进行分类。20 世纪 20 年代，波洛克（Bullock）将洛杉矶百货公司的顾客分为六种性格类型，分别是：浪漫型、均衡型、艺术型、别致型、现代型和传统型。这家商店的促销宣传册试图对每一件衣服进行描述，试图将服装与顾客可能购买的服装类型相匹配。例如，艺术型被描述为：

> 有神秘感。通常建议异域风情的服饰。通常是黑头发、黑眼睛。这一类型的顾客接受鲜艳的色彩、奇异的刺绣、古怪的珠宝。艺术型的顾客喜欢埃及、俄罗斯和中国繁华时期的主题和色彩，还有农民式领口、贝雷帽、手工机织面料。

另一方面，现代型的特征是：

时髦的类型，能够毫无不适地融入最新潮流的女人。目前流行波波头、少年打扮、整洁干练，流行短裙时候就穿短裙，流行长裙的时候裙子比谁都长。[1]

1945 年，一本美国自助手册旨在帮助女性根据自己的类型来穿衣打扮，每一种类型都以一位电影明星为例。同样，有六种主要类型：

异域风情型——洛娜·马赛（Ilona Massey）

户外运动型——凯瑟琳·赫本（Katharine Hepburn）

经历丰富型——梅尔·奥伯伦（Merle Oberon）

女人味型——格里尔·加森（Greer Garson）

高贵优雅型——琼·方丹（Joan Fontaine）

野性自由型——贝蒂·霍顿（Betty Hutton）[2]

在整个 20 世纪 40 年代末和 50 年代，通俗女性杂志定期进行小测验，帮助读者决定自己喜欢的类型，并就如何强化这种气质提出建议。早在 1958 年 *Vogue* 杂志 (1958 年 9 月中旬) 就向读者建议："穿适合自己风格的衣服是最基本的时尚准则之一……我们展示四种类型，总有一种适合你。" 这四种类型以不同外貌和品味的卡通形象来展示：运动型、衣架子型、超级迷人型和甜美型。

这种类型学的魅力就像占星术一样。一个人可以被归类，这让人产生了一种奇怪的心理安慰，当人们说"我是典型的狮子座"或"我

1 Nystrom, Paul (1928), *Economics of Fashion*, New York: Ronald Press, pp. 479–480.

2 Turim, Maureen (1983), 'Fashion Shapes: Film, The Fashion Industry and the Image of Women', *Socialist Review*, no. 71 (Vol. 13, no. 5), pp. 86–87.

是艺术型”时，自我认同的兴奋感油然而生。因为这样人们就能进一步确认，通过遵守某些规则——无论是天上的还是衣服上的——一切都会走上正轨。这种优雅与本质之间关系的意识形态，在过去的 15 到 20 年中逐渐衰落，*Vogue* 1984 年的建议表达了一种截然不同的意识形态：“改变角色吧。你能玩转多少时尚？随着时尚视野的改变，没有人需要被固定在单一的时尚角色中。”(*Vogue*, 1984 年 3 月, 第 264 页）但几十年来，每个女人都通过自己对服装的品位和偏好来表达独特的个性，这影响了我们对时尚的看法。

正是在战后早期，西蒙娜·德·波伏娃深情地写到了优雅的束缚：

> 优雅真的就像家务一样：通过它，被剥夺做事权利的女性感到表达了自我。关心外表、穿衣打扮也是一种工作，使她能够占有她的人，正如她通过家务占有她的家；她的自我因此看起来像是自己选择和创造的。[1]

但与此同时，从事这项工作的女人正在把自己变成另一种东西：珠宝或是鲜花。只说紧身胸衣、连衣裙和化妆品改善和伪装了身体，并不能充分解释真正发生了什么，身体变得更像是某种东西，而非有情绪变化的人，甚至是更稳定的人：

> 女人最低限度的世故，就是一旦“穿戴完毕”，就不会在人前

1 Beauvoir, Simone de (1953), *The Second Sex*, London: Jonathan Cape, p. 505.

表现出自我；她就像照片、雕像、舞台上的演员，是一个代理人，暗示有人不在——那就是她自己。正是这种不真实、死板、完美的身份认同……使她满足；她努力认同这个形象，努力让自己在这种光辉中显得坚定、正当。”[1]

但问题是，想要达到绝对稳定的状态是不可能的，除非在胶片上。一方面，这是一场与身体不可避免的衰老作斗争的必败之仗，就像家务是与灰尘无休止的斗争一样，东西总是不在其位；因此，美容护理的“苦差事”变成了与生活本身的斗争：

美食毁身材，美酒伤肤质，笑得多会生皱纹，晒太阳会破坏皮肤，睡眠令人迟钝，工作令人疲惫，爱情令人流泪，亲吻令人脸红，爱抚使乳房变形，拥抱使皮肉衰老，生育则会害得脸和身材都走样。[2]

此外，就像家务活一样，灾难总是虎视眈眈：

事故总会发生；酒洒在衣服上，香烟把衣服烫出了洞；这意味着一位阔绰、欢乐的姑娘不复存在。她带着骄傲的微笑走进舞厅的，如今却摆出了管家一般严肃的样子；很明显她的打扮并不像是一朵烟花，只为了获得短暂的辉煌和一瞬间的闪亮。它更像是昂贵

1　同 158 页注释 1, p. 509。

2　同上 , p. 512。

的财产，作为资本的货物，一种投资；它意味着牺牲；失去它是一场真正的灾难。污斑、眼泪、拙劣的裁缝、糟糕的发型，这些灾难比烧焦的烤肉或打碎的花瓶还要悲惨，因为时尚女性不仅把自己投射到物品中，她还选择把自己变成物品。[1]

西蒙娜·德·波伏娃最后刻薄地总结，“这种对宇宙之力的神奇盗用，最好的例子只能在精神病院里找到”。

在好莱坞也是这样，曾经的梦工厂，把一些女性——也就是那些明星——变成了永久的艺术品（同时她们作为女性的形象也往往被摧毁）。如今，在洛杉矶和好莱坞的大街上，路人随处都能遇见这些梦想破灭的化身，现在六七十岁的那些女人一定都是 20 世纪 30 年代来到太平洋海岸的。也许塞西尔·比顿 (Cecil Beaton) 当时瞥见了其中一两个“穿着黑缎子和皮草、头饰鹭鸶羽毛的绝望金发女郎”，他这样描述道：

好像所有的神都来到了加州……我看到了古典的椭圆形脸，仿佛出自普拉克西特利斯 (Praxiteles) 之手。女孩们都化着很白的底妆，还涂着晒伤般的油彩。她们是从美国各地来到好莱坞的准明星……这些固执的人靠着虚幻的前景和许诺，靠着在快餐店打工或擦鞋店打工，勉强维持着支离破碎的生活。[2]

1　同 158 页注释 2。

2　Beaton, Cecil (1982), *Self Portrait with Friends: The Selected Diaries of Cecil Beaton 1926–1974*, ed. Richard Buckle, Harmondsworth: Penguin, p. 14.

有些人永远地留在了那里，直到今天，她们年轻时失败的场景仍然萦绕在脑海中。即使气温达到 104 华氏度，她们仍然穿着晚礼服和毛皮大衣出街。她们蔑视现实，穿着带有脏兮兮的花边和缎子的衣服；眼影粉和口红点缀着凹陷的脸。她们已经变成了自己的梦想，当她们走过洛杉矶闹市区骚动的街道时，一种偏执的、报复心重的喃喃对话让她们继续前行，一边是豪华酒店里趾高气扬的应召女郎，一边是被扔在门口垃圾堆边垂死的酒鬼和流浪汉。这些老妇人之所以“疯狂”，是因为她们通过成为自己的幻想，在一个失去希望的世界报复了自己；这是噩梦而非梦想。家庭妇女的优雅和精神病人的优雅，哪种束缚更糟糕?

好莱坞梦工厂创造出的美丽理想，回想起来似乎难忘、奇怪、夸张且“丑陋”，即使在几十年的时间跨度里看，美丽的理想也是草率且不断变化的。并且从整体上看，好莱坞的风格显得极其不自然，它们实际是西方工业社会中人工与自然之间长期对话的一部分。

19 世纪的资产阶级拒绝化妆品并不仅仅是出于道德或健康原因。作为第一代困在新兴工业城镇里的人，他们对大自然感到悲哀和向往。他们的审美常常围绕着对自然的模仿，但这只是一个城市居民对自然的回忆或梦想。工业城市中的诗人和小说家，如波德莱尔（Baudelaire）和狄更斯（Dickens），在这些城市的丑陋和肮脏中发现了一种忧郁、堕落的美和情欲。19 世纪的大城市诞生了关于美的新观念：美存在于“丑”之中；美与“自然”之间的联系被切断了。根据这些新的工业审美标准，那些“不自然”、夸张甚至畸形的东西也变得“美”了。

当然，这只是笼统的说法。我们可以说哥特或矫揉造作的审美情趣同样也是随意的和“丑陋的”，因为它们偏离了希腊的对称标准，正如我们后来看到的，维多利亚时代的人自己也试图把这种标准重新引入他们的艺术和女装中。

尽管如此，当时还是能感受到城市产生了一种新的美学。前面提到的服装的阳刚之气有时也暗示着性别的模糊。由于自然在城市中被完全颠覆了，一种新形式的美和性感适应了城市的钢铁景观，那是一种结合了男性的雄伟有力与女性魅力的形式。瓦尔特·本雅明（Walter Benjamin）断言，“女同性恋是现代主义的女英雄”。他认为，这种新的美是新的生活条件必然会产生的：

> 19 世纪开始毫无余地地在家庭以外的生产过程中聘用妇女，以一种简单粗暴的方式把她们丢进工厂。结果，随着时间的推移，这些妇女必然表现出男性特征。这些都是伤身的工厂劳作造成的。更高级的生产方式以及政治斗争能够促进更高素质的男性特征形成。[1]

瓦尔特·本雅明在这里写的是 19 世纪 50 年代夏尔·波德莱尔（Charles Baudelaire）的巴黎，在波德莱尔关于女同性恋的诗歌中，肯定存在这样一种观点，即她们的“不自然”在某种意义上是可悲的。本雅明扭转了这一局面，使她们变得令人钦佩。

19 世纪 70 年代，一位专攻品位和时尚的英国评论家就拉斐尔前派画家（他们的作品的影响之后讨论）的作品提出了类似的观点 (尽

1 Benjamin, Walter (1973a), *Charles Baudelaire: A Lyric Poet in the Era of High Capitalism*, London: New Left Books, pp. 90, 95.

拉斐尔前派创造了审丑美学：*La Donna della Finestra*（细部），但丁·加百列·罗塞蒂（Dante Gabriel Rossetti）1870 年作

——承蒙曼塞尔收藏馆许可使用

管没有任何性暗示）。一种新型的美貌出现了：

莫里斯（Morris）、伯恩 - 琼斯（Burne-Jones）等人曾让某些一度被厌恶的脸和身材成为时尚。红头发——曾经有“红头发女人是社会耻辱”的说法——是一种时尚。白皙脸庞、嘟嘟嘴也受到尊重。绿眼睛、眯眯眼、直角眉、浅棕色皮肤都不会被冷落。事实上，洋娃娃那样的粉红脸颊并不存在；她们被认为“没有性格”……现在是坦率女人的时代。[1]

美与自然不再是同义词。机器可能是美的，环境严酷的城市也可能是美的，美在艳丽的颜色之中，在夸张和变形之中，在荧屏闪烁的憔悴形象之中，在黑白对比强烈的照片之中，也在爵士乐和无调性音乐的不和谐之中。

在这种现代主义的审丑美学渗透了“美貌”的标准中，正如 *Vogue* 在 20 世纪 20 年代意识到的那样：

今天备受倾慕的女人……其实不是漂亮的女人。看看当今的国际“美女”，你会发现那些面孔没有一个特征是可爱、独特、出众的，甚至在上一代人看来丑陋的面孔，如今也因其时尚而受到普遍认可。（*Vogue*，1929 年 8 月 21 日）

1 Haweis, Mary Eliza (1878), *The Art of Beauty*, London：Chatto and Windus, p. 274.

然而，仅仅两年后，*Vogue* 就宣称自然主义正在回归：

> 这十年来化妆品发展的正当理由是什么……拔秃的眉毛，红红绿绿的指甲，大嚷的嘴，眼影奇怪的眼睛——以及瓦片一样的发型和平胸，这一切都必将过去。夸张的、近乎男性化的简洁和严肃已经被一种更女性化、更自然的模式所取代。(*Vogue*，1931 年 4 月 15 日）

现代人对外表的品位似乎在自然主义与人为的夸张之间摇摆不定——我称之为“丑的美学”。例如，20 世纪 60 年代末 70 年代初，来自嬉皮士反主流文化的自然主义变得时髦起来——尽管“自然”本身经常被模仿，而且无论如何，即使是天性也很容易成为一种装腔作势，并被有意识地操纵，正如米切尔·罗伯茨（Michele Roberts）认识到的：

> 她用审视的眼光看着镜子里自己紧张、忧虑的脸。如果她涂了睫毛膏和眼影粉，她就不会哭了，因为那样会把妆哭花。她的手在包的拉链上犹豫着。化妆会给她勇气，并用一张嘶嘶作响的、闪闪发光的美杜莎之面吓退乔治。否则，婴儿面孔般裸露的皮肤是脆弱的。她妥协了，洗脸梳头。[1]

20 世纪古铜色皮肤的流行也许是自然与人工结合的最好例证之

1 Roberts, Michéle (1983), *The Visitation*, London: The Women's Press.

一，也是“丑”的美学的一个好例子。古铜色一直是工人的标志，因此被那些自命高雅的人所憎恶，但在 20 世纪 20 年代，古铜色成了那些有财力出国旅行的人的明显标志。发现里维埃拉（Riviera）的美国人发明了负片一样的造型——漂白的头发和深色的皮肤：“她的泳衣从肩膀和后背上脱下来，在一串乳白色珍珠的衬托下，呈现出红润的橘棕色，在阳光下闪闪发光。”[1]

在那个时代，古铜色是现代主义的肤色，因为极致而美丽：

> 一种新女性风格的代表是佩纳兰达公爵夫人(Duchess of Penaranda)，一位西班牙美女。她身穿白色短束腰外衣，领口开得很低，裙摆长到膝盖。下面穿着深肤色长筒袜和白色缎子做的西班牙尖头高跟鞋，鞋跟足足有六英寸高。她的头发像缎子一样光彩夺目，像斗牛士一样服帖地向后梳着。她的肤色和长筒袜很搭，因为她被太阳晒成了碘酒色。脖子上挂着六排珍珠项链，有鸽子蛋那么大，与之相映成趣的是，两排珍珠般洁白的牙齿展露出一个充满活力的笑容。[2]

在 20 世纪 30 年代，棕褐色同时象征着健康和财富。最近，它的致癌危险已经为人所知，而且无论如何，它都不再是真正的时髦了，因为已经有太多人能负担在阳光下度假的费用。但它之所以开始失去

1 Fitzgerald, Scott (1934), *Tender is the Night*, Harmondsworth: Penguin, p. 14.

2 Beaton, Cecil (1954), *The Glass of Fashion*, London: Weidenfeld and Nicolson.

吸引力，这些理性或简单的原因并不是主要的。

它不再足够极致。它看起来太健康了。白脸朋克风让这种户外怪人一般的强迫性的健康光芒看起来有点疯狂，而且非常过时。由于视觉上的疲劳，缺乏新意的古铜肤色被抛弃了。白色的脸如今不再专属于那些关在封闭、半亮的维多利亚式起居室的女人，或者出于对街头暴力的恐惧锁在曼哈顿公寓中的女人，而代表着一种不同的人工美学——地铁、迪厅、酒吧那种褪色霓虹的美。

甚至有人提出，“丑的美学”是现代美学鉴赏的基础：

“我们的文学采用了一种旨在揭示丑即真实的美学，经常用力比多的概念充当一部分辩词，而力比多在我们的文化中已经是一种丑……丑变成了一个具有讽刺意味的启示形象，揭示了一个无法被精神或道德设计安抚的宇宙。萨特关于黏液与恶心的概念正是对丑的美学的有力表述。”[1]

首先，作者使用的萨特论述黏液与恶心的例子出自萨特对恐惧的模棱两可的讨论。[2] 玛丽 · 道格拉斯 (Mary Douglas) 在讨论边界的模糊性 (我在第 1 章中提到过) 时，用了萨特的这段话来说明她的论点，即边界必须通过仪式来加强，因为边界的不确定性会引发焦虑，这种焦虑使得禁忌和魔力成为必要。“现代主义”语境的时尚不停地试探着

1 Michelson, Peter (1970), ‘An Apology for Porn’, in Hughes, Douglas (ed.), *Perspectives on Pornography*, New York：Macmillan.

2 Sartre, Jean-Paul (1969), *Being and Nothingness*, London：Methuen, p. 609. See also, Douglas, Mary (1966), *Purity and Danger*, Harmondsworth：Penguin.

这些危险的边界，不仅有双性同体的边界，还包括体面、好品位和理智的边界。

其次，如果西方文化确实将性视为一种丑陋，那么时尚与它所构建的“美”之间的任何关系都必将复杂化。事实上，当代时尚确实对作为自身基础的品位和魅力标准提出了质疑。

20 世纪 80 年代初，受朋克文化影响的巴黎时装设计师让–保罗·高缇耶给模特们穿上了“朋克大盗、世故妓女和 B 级片轶事的混合风格：他的模特中散布着各种体型和身材的‘真实’女孩”（*Vogue* 杂志，1983 年 11 月）。他把 20 世纪 50 年代的紧身胸衣作为外衣展示，把所有不合拍的东西放在一起，颠覆了时装秀的整个理念：

> 瘦骨嶙峋的模特们扭动着身体，拙劣地模仿女性气质，引来一片喝彩；花哨的透视白衬衫配上黑色胸罩被誉为伟大的创新；侏儒和胖女孩在一阵嘘声和嘲笑中走着猫步。（*Observer*，1983 年 11 月 30 日）

1984 年 2 月，在 *The Face* 杂志的一次采访中，高缇耶阐述了丑的美学的经典矛盾：“不好好穿的人总是最有趣的。”这确实是一个荒诞主义的时尚观念。

高缇耶的灵感来自英国朋克，20 世纪 70 年代末和 80 年代的街头潮人无疑挑战了“美”的标准（我将在第 9 章中讨论）。在那样做的过程中，他们或许是无意识地使用了女权主义对强加的美的标准的批评。

女权主义批评忽略了夸张和极致在当代美的标准中的重要性。这种夸张的成分至少在一定程度上归因于城市生活的性质，因为在熙熙攘攘的大都市中，只有奇特才最引人注目。

7 Fashion and City Life

时尚与城市生活

街道属于每一个人，我对自己重复道。

——马塞尔·普鲁斯特《盖尔芒特家那边》

如果说巴黎是“19 世纪的中心”，纽约就是 20 世纪的中心。纽约的现在栖息着未来，一个坚固的、物质的、快节奏的超现实主义未来。这是一个摒弃了自然节律与必需品的世界，人造景观成为诡异的生态，仿佛拥有自己的生命，并已然脱离了人类的控制。正如马塞尔·普鲁斯特将威尼斯比作水晶，那个有着峡谷般的街道、砂岩高地、摩天大楼的锯齿状悬崖和漩涡般高速公路的纽约，与其说是人类有意识选择的结果，不如说是新的“美”反常的不和谐必然导致的生态位。

19 世纪在巴黎杜伊勒里宫（Tuileries）或是布洛涅森林（Bois de Boulogne）的休闲游是都市生活最精彩的部分，而最新的时装则是游逛中绝对重要的元素。巴尔扎克是最完整地记录了 19 世纪早期巴黎生活的法国作家，他的男主角卢西安·德·鲁宾普雷（Lucien de Rubempré）初到巴黎便经历了整整两个小时的折磨，人们个个时髦靓丽，他却一副寒酸的外乡人打扮：

> 这心思敏感而目光敏锐的诗人意识到自己的打扮是如此丑陋，都只配丢进烂布袋——剪裁过时的大衣，旧得快要看不出是蓝色，由于穿得太久，领子磨得不能看，几乎要碰到下摆；扣子生了锈，褶缝中露着似乎饱含故事的白线头。他还不得不扣紧大衣的扣子，好藏住他那太短且粗俗得可笑的马甲。最近只有普通人才穿淡黄色的裤子，时髦的人穿的裤子要么有着夺人眼球的纹样，要么是一尘不染的纯白色……
>
> “我看起来像个药材商的儿子，一个无足轻重的店伙计！”[1]

让那些住在新兴工业城市或转型城市的人感到震惊的，是人群梦一般的神秘和既抓人又骇人的新环境的缺乏人性。恩格斯如此描述伦敦：

1　Balzac, Honoré de, (1971), *Lost Illusions*, Harmondsworth: Penguin, p. 165.

这异常混乱的街道藏着某种令人厌恶的东西，某种违反人类本性的东西。成千上万不同阶层、不同身份的人互相挤在一起，他们不都是具有同样的品质和力量、同样渴望幸福的人吗？……尽管彼此之间毫不相同，互相之间也从不相干，他们仍紧挨着彼此，唯一的共识是心照不宣的……那就是出于私利的残忍的冷漠和无情的孤立。[1]

在查尔斯·狄更斯的小说中，伦敦似乎再一次有了自己的生命，有大雾，阴冷的礼拜天，满是油污的河岸，小巷和忧郁的球场，而且比它阴影下的居民更有活力。在埃德加·爱伦·坡（Edgar Allen Poe）的小说《人群中的人》（*The Man of the Crowd*）中，人群中的人在大都市中出没。他犯了某种莫须有的罪，永远无法离开，只能在汹涌澎湃的漩涡中迷失自己。城市里的人群变成了一切无法言说的、奇怪的、神秘事物的避风港。

最重要的是，这种无声的凝视正是城市生活的特征：

看不见的人比听不见的人不安得多。大城市人际关系的特征就是用眼明显多于用耳。这主要是由于公共交通工具的出现。在19世纪公共汽车、火车和有轨电车出现之前，人们从不曾处于这般境地：不得不长时间地看着对方却不跟对方说话。[2]

1 Engels, Friedrich (1973), *The Condition of the Working Class in England*, Moscow: Progress Publishers, p. 64. (Originally published in 1844.)

2 Simmel, Georg (1958), *Soziologie*, p. 486; 引自 Benjamin, Walter (1973a), *Charles Baudelaire: A Lyric Poet in the Era of High Capitalism*, London: New Left: Books.

因此，19 世纪的人群中存在一种特殊的情欲，一种不可能的情欲，一种幻想偷窥陌生人的浪漫情欲。夏尔·波德莱尔在他的一首诗中就写了这样一个女人，以及他对这位身穿丧服的美丽路人的渴望，对那“迷人的甜美，致命的快乐”的渴望，对不可能、对“一见钟情”的渴望，几近疯狂。[1]

在这样的人群中，各种各样的恋物癖和“变态”都出现了。摩擦癖、裸露癖、偷窥癖（禁忌的触摸、暴露和观看）等种种在人群中偷偷摸摸和不负责任的享受都是性变态。每一种都是性行为的某一面抽离出来发展成的异常的痴迷，并且不是对爱人，而是对陌生人。

在工业世界的大城市里，色情已然从自然欲望和生殖繁衍中脱离出来，男性气质和女性气质的界限已被暗中打破了。19 世纪的街头服饰表现了一种对身体的拜物教式的保密，工业主义和现代城市已经找到了最适合街头穿着的风格——商人或职员的那种谨慎而禁欲的装束。女性的街头服饰也常常带有一丝内在的男性色彩，走出家门的女性往往戴着面纱和帽子，披着深色的披风，这十分必要，因为它们不沾灰也不沾烟，并且显得体面。

写到 19 世纪的最后几十年，马塞尔·普鲁斯特认识到了隐姓埋名的魅力。当他笔下的女主人公德·盖尔芒特公爵夫人（Duchesse de Guermantes）扮成一个普通人时：

> 她穿的裙子更轻了，至少颜色更浅……我远远看见的这个沿街

1 Benjamin, Walter 引文出处，同 162 页注释 1, p. 38。

缓行、边走边打开小阳伞的女人，在行家们眼里，是当代最伟大的艺术家，她这些动作优美动人，妙不可言……我看见她抬起暖手笼，给一个穷人施舍，或向卖花女买一束紫罗兰，她那种好奇的样子和我观看一个大画家挥毫作画时的神情毫无二致。

“街道是属于每个人的”，我对自己重复道……在这拥挤的街道上，我真感到惊奇……盖尔芒特公爵夫人让自己秘密的生活混入到公众生活中，把自己的神秘展示在众人面前，任人接触，就像那些罕见地免费供人欣赏的名画一样。[1]

19 世纪的城市中产阶级，急于在“任何人”都可能看到你的人群中与无处不在的好奇目光保持距离，并形成了一种谨慎的着装风格，将之作为一种保护。然而矛盾的街头服饰成为充满表现力的线索，破坏了这种隐匿，因为它仍然十分完整甚至更加鲜明地，让世界知道你是哪种人，并从与他人服装的对比中解读出一些线索。能否从细节中迅速读出人物性格和倾向变得至关重要。一种更复杂的新“着装规范”形成了，因为在大都市，每个人都乔装打扮，隐姓埋名，但与此同时，一个人与自己的穿着也越来越统一。例如：

人们总是能够认出绅士所穿的衣服，因为绅士穿的外套，袖子上的纽扣真的可以扣上和解开；如果一个人一丝不苟地把这些纽扣

1　Proust, Marcel (1981), *Remembrance of Things Past: Vol. II: The Guermantes Way*, translated by C. K. Scott Moncrieff and Terence Kilmartin, London: Chatto and Windus, p. 147. (Originally published in 1920.)

都扣好，以免他的衣袖引人注意，人们就会觉得这是绅士的行为。[1]

早在 1762 年，英国专栏作家詹姆斯·鲍斯韦尔（James Boswell）就写道："确实有一种完美伪装的性格，如同一道完美的菜肴，在伦敦的男男女女中很常见。"[2] 城市生活的体验过去是、现在仍然是强烈的对比。巨富和赤贫并存；震惊和冲突都已平淡无奇；一个人总是既孤独又吵闹，既迷失在自己的思绪中，又暴露在众人面前。想要在这场大旋涡中生存，人必须学会适应、灵活和圆滑。这种生存技巧在 19 世纪的大都市中是掩饰和伪装艺术的一部分，即便今天也依然如此。在向公众展示的背后，无论是幻想还是"真实"的自我，自我的秘密始终隐藏着。一种对私密感和隐秘的特殊痴迷（19 世纪小说和 20 世纪惊悚小说的伟大主题之一）是私人生活与公共领域进一步分离的结果。此外，现代生活的街道已然是某种特殊形式的个人空间，街上几乎所有的路人都是陌生人，在那里，外表下隐藏着秘密和谎言。（但"真相"又是什么呢？）

19 世纪末的德国社会学家格奥尔格·西梅尔（Georg Simmel）揭示了城市生活、个人主义与工业时代时尚的快速发展之间的关系。当人们游走于更大的社交网络中时，个人人格和自我意识会得到更大的提升，随之而来的还有不断的自我磨炼、一连串的感官刺激以及其他人格的生成，相比于乡下平静的生活节奏和老气的制服，这些更能

1 Sennett, Richard (1974), *The Fall of Public Man*, Cambridge: Cambridge University Press, p. 166.（我在这篇文章中引用了不少 Sennett 的观点。）

2 Boswell, James (1966), *Boswell's London Journal 1762–1763*, Harmondsworth: Penguin, p. 201.

强化一个人的主观意识。在城市里，个体不断地与陌生人互动，并通过对自我的操纵而生存。

时尚是一种自我表现和操纵的附属品。它被这新挖掘出的自我强加在残酷冷漠且不断变化的环境之中。西梅尔也认为，这是时装与风月场联系在一起的另一个更深层次的原因（如第 2 章所述）：

> 风月场的风格常常引领时尚的潮流，这要归功于其放浪不羁的独特生活方式。社会谴责风月场的下等人，这使人们或公开或潜在地厌恶一切受法律和固有风俗惩罚的事物，厌恶最天真、最唯美的事物不断追求新的外在形式。在这不断的追求中……暗藏着一种毁灭欲的美学。[1]

按照西梅尔的说法，反传统、对时尚的愤怒和蔑视因此来自离经叛道者、持不同政见者和与之无关的局外人。在资本主义时代，贵族一定程度上可以归入这一类。巴尔扎克和普鲁斯特对法国社会的描述都清楚地表明，高门贵女和交际花都是时尚的领袖。而这两种人都可以在布洛涅森林中见到，在那里，人们非但不隐姓埋名，反而还大张旗鼓。

普鲁斯特在 20 世纪初对这一现象的描述，表明他对当时服装潮流的变化十分敏感：

1 Simmel, Georg (1971), *On Individuality and Social Forms: Selected Writings*, ed. Donald N. Levine, Chicago: Chicago University Press, p. 311.

> 我真想拿到眼前看看，现在的女帽是否跟我记忆中那低冠如同花环的帽子一样迷人。如今的女人戴的帽子都其大无比，顶上装饰着果子和花，还有各式各样的小鸟。斯万夫人当年穿的俨然像王后一般的袍子也没有了，取而代之的是希腊撒克逊式的修身衣服，带有希腊塔纳格拉陶俑那种皱褶；有的还是执政内阁时期的款式，浅色底子的花绸上面跟糊墙纸那样缀着花朵……眼前这景象中形形色色的新玩意儿，我简直难以相信它们一个个都能站得住脚……它们支离破碎地在我眼前过去，纯属偶然，也无真实可言，它们身上也没有我的眼睛能去探索组合的任何美。女子都平平常常，要说她们有什么风度，我是极难置信的，她们的衣着我也觉得没什么了不起。[1]

这就是保罗·波烈风格，在 19 世纪的静态风格向香奈儿的现代主义转型过程中产生重要影响的风格。

美国服装制造商抓住了香奈儿套装风格流行的机会。例如，在 20 世纪 40 年代，前好莱坞设计师阿德里安（Adrian）来到纽约，为身在纽约的大众设计服装，并且从第七大道中设计出适合女人在战争年代奔走各地的理想服饰："阿德里安套装是美国女性在忙乱的第二次世界大战期间穿着的民用制服，她们需要一种适合各种场合的服饰与风格，无论早晨、中午还是晚上。"[2] 随着巴黎退出时尚圈的竞争，美国时尚开始有了自己的风格。但以今天的标准来看，20 世纪 40 年代的女性仍

1 Proust, Marcel, 引文出处同 174 页注释 1, *Vol. I: Swann's Way*, p. 460。

2 Lee, Sarah Tomalin (1975), *American Fashion*, London: André Deutsch.

然是盛装打扮的：

这个女人聪明、矮小、精力充沛。她的金发堆得高高的，身上穿着黑白相间的丝绸衬衫、红色西装套装，外披一件裘皮大衣。沉甸甸的手镯在双臂上叮当作响。

或者：

她看上去精神抖擞、光彩照人，乌黑的头发编成辫子盘在头上。她一身商务装，胸口开得很低，两英寸宽的丝质压褶绑带，很短，紧紧束在腰上。脚下踩着镶有铆钉的高跟鞋，手上戴着长长的黑色小羊皮手套。她把那件黑色的阿斯特拉罕大衣扔在沙发上，手里拿着一只大手提包，小牛皮质地，点缀金饰。手腕上戴着一只明亮的宽手镯，全身喷了香水，脸上没有一点血色，只有一抹深红色的口红，衬托出她黑亮的眼睛。[1]

这些女性角色出自克里斯蒂娜·斯特德（Christina Stead）讲述战时纽约的小说，她们虽然仍在打扮自己，但却是以一种新的方式。她们可能穿着黑色或灰色的阿德里安套装。夹克可能是直角剪裁，收腰，会有一两个细节设计来强调女性化的“有趣的袖口”，侧边系紧，穿插斜裁的料子或不同色调的格子。夹克的正式感用修身裙来中和。斜戴

1 Stead, Christina (1945), *A Little Tea, A Little Chat*, London: Virago, pp. 59–60, 284–285.

的纱网帽、蕾丝衬衫、高跟鞋，这些都会使男性化的西装充满独特的魅力，肩头一束紫罗兰或一朵栀子花，又充满女人味和精致感。这并非双性化，而是女人中的女人，尽管她们仍是异性恋，但当她们解开外套的扣子，露出身着柔软乔其纱衬衫的胸脯时，她的独立性就动摇了。战时的纽约是一个性事繁荣的城市，是战时的边缘地带，军人们顺道拜访战争寡妇，无论是长期的还是临时的，都是为了寻找爱情的替代品，生意人追求杀戮和女人，女人则追求快乐和利益。正因如此，套装也变得性感撩人。英国的一些“郡”也在穿这种战时套装，不仅仅是军队中的女性，乡下女性也会穿，她们的套装由比较保守的当地裁缝量身定做，使用无性别的西服版型，配上点睛的装饰并用绉丝缝线。但与英国男装一样，这种严肃的风格可能别具自相矛盾的诱惑力。

如今，在纽约的大街上仍然可以看到身着阿德里安套装的女性，再加一顶春季小礼帽，搭成一整套在英国人看来很奇怪的正式职业装。她们呈现出一种商务感与女人味的结合。另一方面，20 世纪 80 年代的后女权主义的职业女性已经消除了性魅力。在约翰·T. 莫洛伊（John T. Molloy）的畅销书《成功女人怎么穿》（*the Women's Dress For Success*）和玛丽·菲多雷克（Mary Fiedorek）的《高管风格》（*Executive Style*）[1]之后，许多美国职业女性似乎都遵循了上班装应该“严肃”的建议。纽约一大批服装顾问正在教导商界和职业女性，不仅要消除性魅力，还要消除性别。据《纽约先驱论坛报》（*New York Herald*

1 Fiedorek, Mary B. (1983), *Executive Style: Looking It, Living It*, Piscataway, New Jersey: New Century Publishers; Molloy, John T. (1977), *The Women's Dress for Success Book*, Chicago: Follet Publishing Co.

Tribune）（1984 年 4 月 27 日）报道，约翰·莫洛伊表示“成功人士的穿着……与性感可人的穿着几乎是互斥的。”这当然是一种恐吓女性放弃事业的方法！《论坛报》还载，“这种款式并不是香奈儿的，而是布克兄弟的，不像目前欧洲流行的中性款式，而是融男女的美感于一身”[1]。最糟糕的情况，为成功打扮的女性不再含含糊糊，涤纶衬衫的褶边只会让人联想到修女或护士长的头巾，而套装则是专业人士的证明。

然而，纽约的街头生活依然神气十足，就比如那些穿皮草的纽约人。在骑士桥，皮草只是另一种英式制服，一种阶级的象征，观察人群的唯一奖励就是每小时能看到 600 只棕色和浅色的水貂。而在纽约上东区，皮料是女人戒指下的手套，是孤注一掷的运气，是个人主义而非整齐划一的标志。从丽塔·海华斯（Rita Hayworth）的银狐皮大衣到严格定制的紫貂皮风衣，皮草可谓五花八门。这种固执而自以为是的表现是一种炫耀的方式——或者在想象中是。

尽管曼哈顿地区保留了 19 世纪城市的全部特点，这些城市的忧郁已然让位给歇斯底里的疯狂。如果说纽约被称为 20 世纪的中心，部分原因是它不同于巴尔扎克或普鲁斯特的巴黎。19 世纪工业时代大城市的兴起是自发的，甚至像巴黎和伦敦这样的古老城市，也都在鼎盛时期改变了它们作为首都的面貌。20 世纪的城市现代主义工程则完全不同——那是对整体环境的规划，为的是把行人和车辆分离开来，以建成勒·柯布西耶（Le Corbusier）的未来主义空中花园城市，以及罗伯特·摩西（Robert Moses）的高速公路。（勒·柯布西耶的座右铭是

1　感谢 Lennie Goodings 让我注意到这篇文章。

“我们一定要消灭街道”[1]。）这些未来主义的城市建筑成为 20 世纪 80 年代的城市噩梦，被挖空的衰落地区、高楼大厦的荒漠，还有穿过南布朗克斯和北肯辛顿如画老城的高速公路，都创造出一片绝望的烂醉景象。

弗里德里克·杰姆逊（Fredric Jameson）认为后现代主义对此的反映是建筑回归民粹主义、传统和流行，但我们面对的环境却更加令人畏惧，因为这座城市：

> 首先是一个空间，在这里人们无法（在心目中）定位自己的位置，也无法定位自己所处的市民全体：以泽西城为例，城市的坐标网中没有一个传统的标志（纪念碑、交叉路口、自然分界、建筑景观）。[2]

他认为，后现代主义中的“游戏”元素是如此虚幻，以至于它摧毁了我们所熟悉的城市，取而代之的是不相干的环境、去中心化的无垠郊区。

在服装方面，这与城市休闲服正相匹配。纽约街头生活的另一种形象就是女人，她们跟穿着简朴职业装的姐妹一样，一次只为一件事打扮，这件事在街头语境下就是“游玩”。一种如今看来十分老土的“80 年代”新着装规范已经形成，它强调“休闲”。对那些穿着运动服、紧

1 Berman, Marshall (1983), *All That is Solid Melts into Air: The Experience of Modernity*, London: Verso.

2 Jameson, Fredric (1984), ‘Postmodernism, or the Cultural Logic of Late Capitalism’, *New Left Review*, no. 146, July/August, p. 89.

身衣、护腿袜的女士来说，休闲实际上既是展示又是“工作”。你必须得足够“健康”才能充分参加仪式性的慢跑或健美操课程。鲜艳的制服展现了一种生活方式，就像精致的妆容、打了腮红的脸颊、描有眼线的大眼睛和性感的健美身材所展现的那样。另一方面，汗水和亮闪闪的前额之类运动的痕迹，则必须小心翼翼地藏好。健身狂对着装细节的要求也在逐年变化，抻得太高的护腿袜，或者错误的紧身连身裤款式都是灾难。所有这些都是在模仿非正式场合的随意感，但实际都是深思熟虑的选择。同时，就像 20 世纪许多模仿工人的时尚一样，这个时期的模仿对象是排练中的舞者。身着莱卡紧身裤的女子扮演着富有创造力的艺术家或者专注的翻译，模仿着专注于一种技能的迷人禁欲主义。然而，这几乎只是做梦，因为艺术的产物是自我，像训练服或者芭蕾舞演出服这样的新伪装，只能把我们带回到自恋的镜子前。

这类服装常被看作享乐主义和对消费文化的崇拜，强调了年轻、健康和公开性取向的价值，创造出人能战胜年龄甚至死亡的幻觉。克里斯托弗·拉什（Christopher Lasch）认为，对现代生活“精神颓废”的回应之一，正是这种消费主义自恋：

> 对表现自我来说，唯一的现实是可以用广告和大众文化提供的材料、流行电影和小说的主题，以及广义文化传统中剥落的碎片，来建立身份认同……为了完善自己设计好的部分……这些新那喀索斯们凝视着自己的倒影，不是倾慕，而是在不懈地寻找瑕疵……生活变成了一件艺术品……我们所有人，无论是演员还是观众，都生

活在镜子的包围之中。[1]

“健美操风格”已经成为某种见过世面的标志，在广告中，不管什么产品，只要有一位年轻女士穿着护腿袜，都是在直接传达“现代意识”的信号。这种风格象征休闲、象征活力、象征独立。广告中的女性表现勇敢，仿佛能完美掌控自己和环境。

从这个意义上说，直爽的性格几乎是一种轻蔑。她们公开地展示自己，敢于接受大都市的挑战。舞者或跑步者的伪装掩盖了表演中明显的性特征。她们打扮得像妓女一样大胆，但显然并非妓女。

然而，这种出现在街头的新女性，只有在身处危险环境时，才能实现她们的全部意义，仿佛在痛苦、贫穷、绝望面前故意炫耀自己的金孔雀。她们平时看起来并不极端或刻意，只有在迫在眉睫的威胁、猝不及防的侵袭和绝望的氛围下，才会有表演的激情。这是那些看起来明显缺乏活力的人发出的活力声明。从在门口大骂脏话的流浪汉身边闪开几乎算是机智了。精神病院关门大吉，病人纷纷涌进城市，他们谈论着疯狂和暴力的威胁；与此对抗，舞蹈女孩疯一般地释放着能量。她能保持自己的光芒，只是因为“看”不到危险，并且在歇斯底里的否认中把它抹杀掉了。

布莱恩·德·帕尔玛（Brian de Palma）的电影《剃刀边缘》（*Dressed to Kill*）同时探索了这种癫狂，以及将纽约视为现代主义终极噩梦的看法。帕尔玛的曼哈顿是 20 世纪的神话之都，他的女主角是妓女。男性

1 Lasch, Christopher (1979), *The Culture of Narcissism*, New York: Warner Books, p. 167.

作家把妓女塑造为完完全全的自恋狂，现代主义城市的终极居民，因为她把表演的镜子和与之共存的金钱关系带入了亲密关系的核心。

《剃刀边缘》是一部被女权主义者所痛恨的剥削电影，因为在这部电影中，女性因其性行为而受到惩罚。然而，就其所反映的文化而言，它也是纽约神话的版本之一——一个快乐与危险在死亡之中相聚的噩梦都市。女性作为被掠夺的受害者，其地位必然是不明朗的。无论在“真实生活”还是布莱恩・德・帕尔玛的噩梦中，一切都悬而未决。妇女是否有权出街还没有完全确定，但她们已经在街上了。因此她们表达自己的方式必然是矛盾的。妓女的形象和“都市女郎”的形象变得难以分辨。

20 世纪 40 年代黑色电影中的男女主人公以不同的方式表达这种模糊性，这也是为什么他们至今仍然吸引着我们。玛丽·阿斯特（Mary Astor）和琼·克劳馥（Joan Crawford）把皮草搭在正式的定制衣裙上，时而穿着露背的紧身连衣裙，时而又穿风衣、戴帽子，似乎在模仿她们的男性同伴，无论是恋人、受害者还是破坏者。她们的困境仍然是我们的，只不过我们用其他不那么优雅的，甚至更零碎的方式表达它们。

这种城市生活的新体验建立在新的经济秩序之上。19 世纪的生活比以往更鲜明地分成了工作、拿报酬和在“闲暇”时消费。对许多人来说，工资几乎不够生活必需，但对有些人来说，金钱为他们打开了一扇门，或至少是一条缝隙，向他们展示了自由快乐的前景。花钱本身就变成了一种休闲活动，这不仅适用于资产阶级妇女，一定程度上也适用于较为富裕的工人。生产孕育消费，消费孕育商业。为了迎合这一需求，资本主义城市创造了一个既不完全是公共领域也不完全是私人领域的梦幻世界——百货商店。

一场购物革命发生了。在工业革命之前，大多数农村居民只能在季节性集市、市场或者流动小贩那里购买商品。而城市里是有商店的，据说伦敦在这方面已经非常先进。显然齐普赛街和查令十字街在 18 世纪早期就已经有大型集市和商店了，“购物”（shopping）一词在 19 世纪中叶就开始使用，只是购物的过程还是漫长而令人焦虑的。

在 19 世纪上半叶的法国，讨价还价的现象依然普遍，只是不像 18 世纪英国先进的前工业城市那么执着。进入一家商店仍然暗示着购买的承诺，存货有限，而且当然没有现货。但购物在那时已经成为一种社交活动。在伦敦，建筑上的进步带来了新的可能性，19 世纪初纳什（Nash）设计的摄政街（Regent Street）就成为时尚买家的圣地，它的主干道是一条步行街，有着优雅的柱廊，社会精英们光顾那里不仅为了购物，也去观察别人和展示自己。它一直是一个时尚购物中心，1866 年的《伦敦新闻画报》（*Illustrated London News*）描述道：

> 时尚萤火虫们飞快地东张西望……人行道上挤满了时髦的闲人。衣着过分华丽的男仆多么体面从容地侍候着女主人，或者摆出一副装模作样的优雅姿态信步游逛。[1]

而当夜幕降临，干草市场以及齐普赛街沿线就换了一副模样，声名不佳：

1　引自 Adburgham, Alison (1981), *Shops and Shopping: 1800–1914*, London: Allen and Unwin, p. 103。

人们在宽阔的石板路上闲逛着，漂亮姑娘穿着亮片舞衣，头发上缀着珍珠，各国的漫步者……大笑、私语、消失在咖啡馆褐色的红木门后……夜晚的空气中弥漫着广藿香和“万花香水”的气味。缎子裙摆在石板上沙沙作响，丝巾和玫瑰色的缎带风中轻舞；秋波暗送，蜜语传情；到处是问候、耳语和笑声。[1]

19世纪30年代和40年代，销售“纺织品”（缝纫用品、布料、斗篷和装饰）的商店开始出现在欧洲各国首都和北美东部沿海城市。1852年，左岸一家小布匹店“波马舍”（Bon Marché）开业，通常看作第一家百货商店，但似乎至少十年前，英国一些地区就已经有了小型百货商店的雏形，因为曼彻斯特（被工业革命深刻改造了的英国北部大城市）的“肯德尔·米尔恩”（Kendal Milne）以及纽卡斯尔的“班布里奇”（Bainbridge）在19世纪40年代就开张了。[2] 研究纽约梅西百货的历史学家拉尔夫·霍尔（Ralph Hower）认为，欧洲第一个类似百货商店的商业机构是伦敦的希区柯克公司（W. Hitchcock and Co.），这家公司在1839年就已经有了12个部。他还表明，尽管在北美一般贸易和易货贸易仍更为常见，越来越多的专门化商场也在城市里出现了，百货商店大约同时分别出现在美国和欧洲。[3]

这一时期购物最重要的两项创新是，商品以标价出售，不必再讨

1 Bloch, Ivan (1958), *Sexual Life in England*, London: Corgi Books, p. 109.

2 Adburgham, Alison, 同185页注释1。

3 Hower, Ralph M. (1946), *History of Macy's of New York: 1858–1919*, Cambridge, Ma.: Harvard University Press.

1858 年的摄政街——19 世纪的街头生活
——来自玛丽·埃文斯图片库（Mary Evans Picture Library）

价还价，顾客被请进店里自由逛，而不再有“购买的义务”。

到 1845 年，班布里奇已经有了 10 名店员，并储备了各种各样的商品，包括服装、家居、时尚饰品、皮草和家用丧葬品（最重要的物品），以及一种早期的细布连衣裙成衣。到 1865 年，班布里奇已经扩张为一家 500 英尺宽、四层楼高的店面。1883 年，他们开始经营自己的男装、童装工厂和女装工厂；后来又开始生产针织长袜和床垫。[1]

纽约也出现了类似的发展。A.T. 斯图尔特公司（A. T. Stewart and Co.）是曼哈顿的第一家大型商场。1848 年，它还是一家在曼哈顿下城的百老汇街和钱伯斯街拐角卖纺织物的“大理石宫”，1862 年它搬进了更宏伟的建筑，以革命性的新技术建造，利用铸铁构造出开阔的空间、壮观的楼梯，光线透过玻璃照进圆形大厅，环境宽敞奢华。1857 年开业的梅西百货（Macy’s）后来成为世界最大的百货商场，并打入富人区 [不过布鲁明代尔百货公司（Bloomingdale’s）从一开始就坐落在曼哈顿中城的现址]。[2]

19 世纪下半叶，无论在哪里大百货公司都是购物的完美典型；它主要是 1860—1910 年的产物。这个概念是依托技术的工业原理在零售领域的应用，将线性工序分解为并行的部分。早期产生和完善于工厂制度的劳动分工被引入销售领域，从而进一步加速了资本的流通。与此同时，销售的商品不断多样化。百货公司生意兴隆，商品分化出不同的部门，许多管理功能集中起来，免费服务如送货、服装修改、退换和信用卡消费（现在现金交易是主流）也同步发展。销售程序和管理在商场规模的扩张下不断合理化。

百货公司的员工被官僚化，他们纪律性强，管理严格，强调服从和对公司的忠诚，比如波马舍就试图建立店员就像公务员的理念。以前，商店的雇员都是些因粗暴和无纪律而臭名昭著的人。现在，那些为百

1 Adburgham, Alison, 同 185 页注释 1。

2 Ferry, John (1960), *A History of the Department Store*, New York: Macmillan.

1880 年的波马舍百货公司

——来自玛丽 · 埃文斯图片库

货公司的顾客服务的人需要有更高的修养，因为顾客们具有明显的中产阶级倾向和女性化特征。渐渐地，这些商店开始雇用女售货员（1869年，她们首次作为波马舍的罢工者出现），不过她们在零售业劳动力中仍占少数。

这种体面的新职业使从事它的年轻女性地位高于女工和女裁缝。那些无产阶级妇女总是受到男性工人和监工的骚扰，她们也没有受到保护——以免沦为妓女。因此，她们被看作对资产阶级社会规范的一种威胁。从另一角度讲，一个新兴的白领阶层出现了。在某种程度上，她们受到了家长式作风的保护，而家长式作风正是一些百货公司的显著特征，其中当然包括波马舍百货，也有 20 世纪的玛莎百货（Marks and Spencer）。波马舍百货有慈善基金和养老基金，法国这种私人福利资本主义形式比英国或美国的工业更典型，有生活设施、食堂、图书馆。婚姻往往是这种程式化的商业生活的结果，这种生活试图在家庭之外重建家庭。但与此同时，柜台后的女人引起了道德焦虑，因为她们实际上既不完全属于小资产阶级，也不完全属于工人阶级。

各地的百货商店因此创造出了一种新型雇工，他们在店里的逢迎和恭顺好似上层阶级的家仆。顾客绝大多数是中产阶级，但这种服务而非交易的氛围给人一种贵族生活的错觉，旧的阶级和人际关系就以这样的形式存在于新时代中。

实际上，“百货公司是资产阶级的世界，是悠闲的女人们庆祝新消费方式的世界……资产阶级文化在此展示”[1]。它不仅反映了资产阶级的

1　Miller, Michael (1981), *The Bon Marché; Bourgeois Culture and the Department Store: 1869–1920*, London: Allen and Unwin.

生活，而且还创造了它，因为它描画出模范家庭和得体的着装，编织出一个资产阶级应该享受的生活的幻境，并且巧妙地教育客户每天为各种不同的场合和时段准备不同的衣服和家居用品。

百货公司以一种非常实在的方式帮助中产阶级妇女摆脱了家庭的枷锁。它是一个可以让女人在无人陪同的情况下安全舒适地与女朋友见面的地方，她们可以到这里来吃点东西，休息一下。在 19 世纪的最后几十年里，衣帽间、盥洗室和茶点间成为百货公司的重要特色。[1] 这是一个重大的变化，因为在那之前，女性没有丈夫、兄弟或父亲陪同进入普通餐厅是不得体的。梅西百货于 1878 年设立了女士午餐室，到 1903 年已成为一家可容纳 2500 人就餐的餐厅，1904 年还增加了一间日式茶室。芝加哥的马歇尔·菲尔德百货（Marshall Fields）更保守些，但当时在那里工作的哈里·戈登·塞尔弗里奇（Harry Gordon Selfridge）说服公司在 1890 年开了一家小茶室，到 1902 年，又开了一家占了整整一层楼的餐厅。[2]

然而，独立的新女性顾客和女售货员一样，也引发了道德焦虑。一种违背商业精神的新罪行产生了——商店行窃。医学界倾向于将其归为一种“疾病”——盗窃癖。购物被拜物式地性别化为女人，那些沉溺于谈论丝缎的诱人触感、展品的视觉诱惑，并且渴望着拥有它们的女人。[3]

如此狂热的反应也许正预示了一切终将是一场幻觉。资产阶级

1 Adburgham, Alison, 同 185 页注释 1。

2 Ferry, John, 同 188 页注释 2。

3 Miller, Michael, 同 190 页注释 1。

午餐休息时间的伦敦女店员，1890 年法国插画家 Mars 作：
街头时尚——工作的女孩变时髦了

——来自玛丽·埃文斯图片库

的顾客并不是真正的贵族，店员也不是真正的管家。这一切就像一场盛大的表演，魔术般地掩盖了一切围着金钱转的事实。波马舍因其悠久的历史，可能是百货商店的完美代表。它的创始人布希高勒（Boucicault）为了维持购物的幻觉，像一个经纪人那样组织了各种各样的盛会、音乐会、演出，为商店做宣传，模糊了幻觉与现实的边界，将逛百货商店包装成一场异域冒险，而不是俗气的买卖行为。

和展览、博物馆一样，19 世纪的百货商店，以及将购物作为休闲活动和乐趣而非必需的理念，证明了“观看”在资本主义社会中的重要性。一旦摄政街的柱廊被拆除，老式的橱窗被平面玻璃取代，橱窗购物就诞生了。在大商店里，人们能够体验到更刺激的视觉盛宴。

戈登·塞尔弗里奇（Gordon Selfridge）离开马歇尔·菲尔德百货（Marshall Fields）后来到伦敦，开设了自己的百货商店。这家百货商店旨在提供一种更加流畅的美式服务，但它的目标客户群体不像哈洛德百货（Harrods）、怀特利百货（Whiteleys）、马歇尔百货（Marshall）和斯内尔格罗夫百货（Snelgrove）的顾客那么富有。它 1909 年在牛津街开业，尽管做得相当成功，但百货公司的鼎盛时期已经过去了。

两次世界大战之间，主要的发展是现有商店的现代化和连锁店的显著增长，包括美国的西尔斯·罗巴克百货（Sears Roebuck）、蒙哥马利·沃德百货（Montgomery Ward）、彭尼百货（J.C. Penney and Co.）、英国的玛莎百货、英国家用品商店（British Home Stores）和利特尔伍德百货（Littlewoods）。玛莎百货如今是一个国际贸易和制造帝国，但它的创始人迈克尔·马克斯（Michael Marks）曾经只是一名流动的犹太移民小贩。19 世纪 80 年代，他在曼彻斯特开了一家便士杂货铺。到 20 世纪 20 年代，他和他的妹夫 [后来的谢夫勋爵（Lord Sieff）] 创建了一个庞大的综合企业，旗下包含生产符合玛莎百货规格商品的工厂。他们乐观地认为，科学技术会不断提高人类的生活质量，并使满足数百万人的需求和愿望成为可能。[1]

20 世纪 50 年代，百货商店开始显得过时了。一个年轻的、阶级划分不那么明显的客户群体开始不屑送货、电话订购和服装修改等客户服务。他们消费力充足，希望买到便宜、醒目、时髦的衣服，为了迎合这些需求，“小商店”出现了，后来改称“精品店”。切尔西的玛莉官杂货店（Mary Quant’s Bazaar）似乎是这些此消彼长的精品店中的第一家。有的百货公司会有样学样地在自己的商场里开设精品店；尽管他们也预见了这一发展趋势，并创建了“年轻”的时尚品牌，比如纽约波道夫·古德曼百货（Bergdorf Goodman）1955 年创立的“波道夫小姐（Miss Bergdorf)”，但伦敦骑士桥的沃兰德百货（Woollands）开设的“21 时装”似乎更有模仿精品店概念的意识。20 世纪 60 年代初，精品店遍地开花，英国肯辛顿的比芭（Biba）或许是最著名的；伦敦还有公交站（Bus Stop）（在 1970 年前后的鼎盛时期，它在英国各地都有分店）、倒计时（Countdown）和全速（Top Gear）。所有这些商店都有乱哄哄的公共试衣间，在那里年轻漂亮的摩登女孩脱下衣服，只着紧身内衣。人们推搡着争相取下架子上又小又便宜的衣服，随意的趣味配饰展示出疯狂的创意。每个英国小镇都有自己的精品店，而低端时装连锁店以及像塞尔弗里奇及塞尔福里奇小姐那样的大型商

1 Rees, Goronwy (1969), *St Michael: A History of Marks and Spencer*, London: Weidenfeld and Nicolson.

店都会迅速效仿它们的风格。

20 世纪 70 年代，当服装价格开始上涨，服装行业感受到经济衰退的寒风时，迎合年轻人的精品时装店变得更加无所顾忌。一位 20 世纪 70 年代初在精品店工作的女店员曾描述，店里有一种近乎癫狂的气氛。店员每四周就会拿到一批新衣服，并被鼓励打扮得越夸张越好。这种风格的过犹不及最终使一代精品店走向了失败，因为年轻人的时尚异见如此极致，以至于只有新生代设计师做出回应或进行商业开发；而那时高端市场已经越来越重视奢侈品和成功职业女性的服装。

原本走低端市场的连锁店玛莎百货如今销售绒面革、真皮和丝绸材质的服装；不少百货公司关张；销售“套装系列”的新连锁店出现，以加快潜在买家的挑选速度，[1] 这些似乎又是最先从英国发展起来的。其中最成功的是“Next”，属于一家英国大型量产制衣公司赫普沃斯（Hepworths）；伯顿制衣集团（Burton tailoring group）迅速回应，[2] 也推出了类似的连锁店“Principle”。通常这些商店既卖女装也卖男装；另一个典型是威好（Warehouse）的杰夫班克斯（Jeff Banks），伦敦一家售卖中等价位高档时装的连锁店，1984 年在美国开业，地点不在曼哈顿，而在新泽西的一家商场。

旧百货公司的衰落与内城的衰退和铁路的衰落有关，汽车的普及带来了郊区购物中心、城外大型超市和北美的地区购物中心的发展。

1 《观察者报》(*Observer*) 的莎莉・宾顿（Sally Brampton）(1983 年 11 月 6 日) 报道了“市场营销信息”（Source Information Marketing）近期出具的购物偏好调查报告，报告显示，现在的消费者认为百货商店“毫无个性”，并且要求“老式”服务，包括以前的百货商店那种私密的环境和专门的服务，这些正是 20 世纪 60 年代的精品店们要打破的。

2 见《卫报》（*the Guardian*）, 1984 年 9 月 6 日。

这是消费主义新的梦想世界，在“去中心化”的新城市，一个比曾经的波马舍百货更独立于世界的购物天堂自成一体。

问题也产生了：这种新型城市和新的购物方式会扼杀时尚吗？时尚造成了首都及其以外地区之间的巨大区别。大都市的生活高端而时髦；寒酸过时的郊县则是 19 世纪文学作品中的主人公都渴望逃离的地方。

此外，今天的时尚更多地是极端个人主义，而不是某个特定群体的选择，这是极端异化的标志之一；因此，与其说它是承认某种形式的群体归属，不如说它是坚持独立。

然而，群体的反文化时尚也会出现在“乡土”环境中；一群人可能会表现出对小镇无聊生活的集体不满。群体风格，也即反文化的时尚在某种意义上其实是对无聊的回应。他们也的确经常极其无聊地揪着毫无意义的细节不放（领带的结、下垂的袖子），以此对抗乏味，从空虚中创造意义，并在主流文化与他们格格不入的程式化惯例面前坚持自我意志。

今天，所有的时尚都可能是这样，因此在这个意义上，所有的时尚都可以被认为是反文化的。然而，在讨论反文化的时尚之前，有必要先考察一下流行文化——体育、娱乐、舞蹈——对时尚整体的影响。

8 Fashion and Popular Culture

时尚与大众文化

“变化”是大众文化研究的核心……大众文化既不是……反对变化进程的大众传统，也不是叠映其上的形式。大众文化是变化发生的土壤。

——斯图亚特·霍尔《解构“大众”笔记》

工业革命后，生活不再按照农业时令进行季节性划分，代之以机械驱动的工业时令。而按照工业时令，一年中的任何时间，无论哪一天，也无论白天或者黑夜，每时每刻机器都可以进行生产。传统节假日虽然仍在大众观念中保有一席之地，但也逐渐被“工作”和“休闲”这种更严格的划分所取代。生产被广泛接受，消费也得到认可。经济的发展为习俗、信仰和日常经验的革命提供了基础。此后，时尚本身便成为一种表达现代性价值观的媒介。

服装由侧重展示转向了定位身份。19 世纪，随着工业文化高歌猛进，各种将人细致归类的形式激增，不仅是制服，时尚也变成了这类形式之一。人们不再满足于划归某一阶级、种姓或称谓，开始进入自我定义和自我展示的阶段，服装则成了展示独特个性的工具。同时，男女都退回到一种新的无名状态，比以前更严格地困在了天生的性别差异中。但尽管无名状态在城市生活中至关重要，服装还是巧妙地打破了它。服装既可以是展示，也可以是遮掩，甚或两者兼具。大街上的展示，无论是大胆的还是畏缩的，它的另一面其实都指向私密领域。

时尚从来就不是有钱人的专利。尽管时尚是随着 18 世纪个人卫生标准的提高才真正传播开来的，但费尔南·布罗代尔（Fernand Braudel）[1] 发现，有证据表明早在 17 世纪 90 年代，法国就出现了时髦的农民阶级。19 世纪，时尚对劳动妇女来说可能意味着闻所未闻的解放和独立，而不一定是丈夫的财产，因为当时她们挣来的钱可以属于自己，而不再属于家庭。工业革命对许多人来说意味着灾难，它让已婚妇女更难依赖丈夫的收入，但也促使女性独立向前迈进了一步：

> 女工们第一次找到了满足自己服装品位的办法，尽管在服装方面的开支招来了许多刻薄的批评。“我要声明一个我了解到的重要事实”，布尔牧师（G. S. Bull）在 1832 年说，“很多时候，受雇于

1　Braudel, Fernand (1981), *Civilization and Capitalism: Fifteenth to Eighteenth Centuries: Vol. I: The Structures of Everyday Life: The Limits of the Possible*, London: Collins, p. 313.

工厂的年轻妇女根本不自己做衣服；生产区有大量的成衣商店，她们的工作服都是在那里买到的；当然，她们款式漂亮的主日礼服，无论在哪儿买都能负担得起，而且是由有名的女裁缝们做的，她们知道怎样做最好看。”事实上，那种拙劣、不合身的衣服已经无法再满足女性的购买欲，这通常被同龄人（通常是男人）仅仅看作无能和退化。但他们忽视了，从女性角度看，这种现象预示着某种程度上的社会进步。[1]

1862 年埃朗·巴利（Ellen Barlee）在写到北英格兰时注意到：

裁缝……在职业女性的需求中走向兴盛，因为兰开夏郡的少女们很少自己做衣服，但会花很多钱来买衣服，所以对于裁缝来说，做出合身且时尚的衣服变得至关重要。

因此在周日和节假日，总有人告诉我他们对这些女孩们的优雅穿着倍感惊讶。星期六中午工厂就关门了，男男女女们开始尽情享受假期。整个城市都焕发着活力，仿佛一个盛大的节日；男人们穿着高档的绒面衬衫和西装，而姑娘们则穿着收入水平所允许的最时髦的衣服。[2]

19 世纪的雇工汉娜·卡威克（Hannah Cullwick）记录了她和摄

1　Pinchbeck, Ivy (1981), *Women Workers and the Industrial Revolution: 1750–1850*, with a new introduction by Kerry Hamilton, London: Virago, p. 312. (Originally published in 1930.)

2　Barlee, Ellen (1863), *A Visit to Lancashire in December 1862*, London: Seeley and Co., pp. 25–27.

影师的对话，摄影师给她拍了一组身穿工作服的照片，这期间摄影师告诉她：

> 很少有人在乎她们穿着工作服的照片，因为她们都不遗余力地追求时尚。我向摄影师打听其他姑娘的样子，可是他说："哎呀，我实在没办法给她们找到最合适的衣服，因为她们打扮起来都一样漂亮。"[1]

时尚成了大众意识的一部分，而时尚跻身大众文化的重要条件就是服装的工业化大批量生产。

打扮入时成了一种大众现象及休闲活动，时尚自身也受到"机器时代"其他休闲活动的影响，例如体育、音乐、电影和电视，所有"机器时代"的产物都为全新的穿着打扮推波助澜。新闻、广告和摄影则是将时尚注入大众意识的大众传媒。

19 世纪末以来，文字和图像的传播越来越风格化。欲望的形象一遍又一遍地循环播放；人们开始越来越多地为形象以及工业制品花钱。在 1900 年，购买一件便宜的吉布森女士衬衫对于一位年轻女性而言，不仅是买了一件衬衫，更是一种解放、魅力和成功的象征。[2]

时尚是一个神奇的系统，当我们翻阅缤纷多彩的杂志时，我们注意到的都是"表象"。就像广告的发展一样，女性杂志也从侧重说教逐步发展为制造幻想。尽管这些杂志最初的目的是提供有用信息，但今

---

1 Stanley, Liz (ed.) (1984), *The Diaries of Hannah Cullwick, Victorian Maidservant*, London: Virago, p. 231.

2 Ewen, Stuart and Ewen, Elizabeth (1982), *Channels of Desire: Mass Images and the Shaping of the American Consciousness*, New York: McGraw Hill.

天的大众新闻和广告呈现给我们的却是某种生活方式的幻影，我们所参与的也不再仅仅是简单直接的模仿过程，而是一种无意识的身份认同的过程。

20 世纪，相机的出现创造了一种新的观看方式，同时也提出了全新风格的女性美。黑白摄影与时尚的相恋，正是现代主义的感情。

摄影之所以能博得绝对的信任，在于我们相信它所提供的是“真实”。然而，摄影的“真实”只是隐藏在机械眼这个看似公正的媒介背后的人为选择和把戏，它所呈现的不过是一种更令人信服的幻象。时装图纸往往能提供更准确的信息，但摄影图像却能捕捉到现代服装所传达的感受，并因此反过来影响现代服装。拉蒂格（Lartigue）在第一次世界大战之前给当时的时尚女郎们拍非正式的照片，迈耶男爵（Baron de Meyer）在两次世界大战之间迅速走红，史泰钦（Steichen）的工作一直持续到第二次世界大战后期，他们都通过拍照再现了当时社会变革的幻象，而这些社会变革的图景成了时装上的关键元素。黑白摄影强化了线条、对比以及抽象形式感与建筑形式感的重要性。[1]

摄影反倒增强了时尚的神秘感和启发性，同时时尚杂志更像是一种色情杂志；它纵容了那些读图的“读者”的欲望，使他们想要成为照片中那样的完美存在。与此同时，这些“读者”们也不断被重新定义的女性气质（以及在杂志中逐渐变多的男性气质）唤起性冲动。

摄影是工业时代，尤其是 20 世纪的一门新艺术。对于普通大众来讲，这也是一种新的消遣方式。家庭快照非正式、“偶然性”的风格不

1 Hollander, Anne (1975), *Seeing Through Clothes*, New York: Avon Books,

仅影响了专业摄影师，也让个人在日常生活中更加自觉，更注重和精于外貌、打扮以及在日常生活中的表演，时尚在这其中扮演了极其重要的角色。

反过来，大众文化也影响并改变了 20 世纪的时尚。第二次世界大战结束以来，时装与大众文化的互动进入了新的阶段，尤其是从 20 世纪 60 年代开始，时尚实际上已经成为一种休闲娱乐的形式，而设计师则晋级为大众明星。近年来，时尚崇拜本身已经成为一种行为艺术。

詹姆斯·拉韦尔（James Laver）认为男性服饰的变化发生在工业时代初期，其形式是适应上流社会穿着的运动装。据说，香奈儿在 20 世纪初就将运动装与女装相结合。

直到 19 世纪末 20 世纪初，女子体育才开始迅速发展。整个 19 世纪，妇女们都被鼓励进行射箭、骑马和槌球等运动。维多利亚时代的女人们绝不像人们所想象的那样被动，也不像人们所想象的那样被勒紧的服装束缚。无论人们印象中的维多利亚时代多么保守，雨衣的确在 19 世纪早期得到发展并逐渐改进为舒适且有保护功能的外衣。18 世纪，一位衣着时髦的女人不可能让自己暴露在风雨之下，而在 19 世纪，资产阶级女人们在任何天气都可以到大城市的街头散步，乡村踏青也是她们最喜爱的消遣方式。

摩托车在 19 世纪末诞生，并在 20 世纪初流行起来，巴宝莉和雅格狮丹（Aquascutum）的防护服也随着这股浪潮更加流行。起初，骑摩托车是一项危险的活动，但同时也高贵而迷人。骑摩托时你凌驾其上而非身处其中，防尘外套、披风、手套、护目镜、帽子和摩托面罩装备齐全，无惧“铁蹄”扬起的沙尘。一家公司打出广告宣传有可拆

20 世纪第一个十年巴宝莉设计的摩托装

20 世纪 20 年代的运动装

——来自巴宝莉公司

卸法兰绒衬里的皮质摩托短裤，并设计了皮衣皮裙与之搭配。巴宝莉在产品目录中将骑摩托归为一种运动，并针对各种天气状况设计了不同材质的服装。一些可调节的面罩戴起来像养蜂人，令人联想到老式的“肉类安全箱”或是带着金属网的橱柜；有些面罩甚至在正面装有小门帘。当时，摩托车的正常速度约为每小时 12 英里，不过早期的“车手”多萝西·莱维（Dorothy Levitt）在 1906 年创下了每小时 91 英里的纪录。她写了一本给女司机的建议书；建议之一就是手边要有一面化妆镜，不仅是为了时刻保持漂亮自信，还可以用作驾驶镜。[1]

在 19 世纪 70 年代的“现代”运动中，草地网球最先吸引了大批（中产阶级）女性参与。最初大家都穿着裙撑、长裙和紧身胸衣玩。这些服装只是根据主流时尚的变化进行了一些改良，直到 1920 年，法国网球冠军、杰出网球明星苏珊·朗格伦（Suzanne Lenglen）才以她革命性的比赛服震惊了温布尔登网球公开赛。当时她没有穿长筒袜和衬裙，上衣也没有袖子，蹦蹦跳跳地走向球场。但在这之前的很长一段时间，女人们一直穿长袜和衬裙，也不会穿无袖的上衣。朗格伦在 20 世纪 20 年代中期的服装由帕图（Patou）设计，球场内外都穿，全套由小百褶裙、直开襟羊毛衫和背心或短袖衬衫组成。

女子体育在 19 世纪 90 年代取得了最为显著的进步。1890 年第一夫人板球俱乐部成立，1893 年女子高尔夫球联盟成立，1897 年第一夫人国际曲棍球比赛举行。但时尚并没有紧随着新兴活动改变自身。例如，V 领直到第一次世界大战前才开始流行（许多人认为它完全不

1 Adburgham, Alison (1981), *Shops and Shopping: 1800–1914*, London: Allen and Unwin.

1887 年温布尔登女士的网球装。

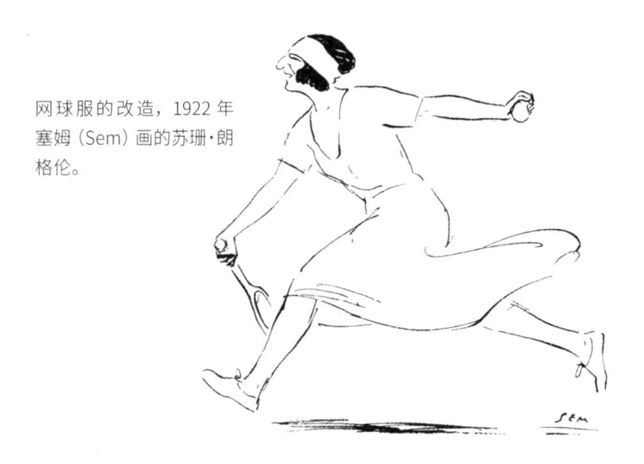

网球服的改造，1922 年塞姆（Sem）画的苏珊·朗格伦。

——来自玛丽 · 埃文斯图片库

得体)，所以在过去的一二十年里，女人们在进行需要剧烈运动的游戏时，也仍然穿着束手束脚的服装，脖子上甚至还紧紧包裹着鲸骨和布带。但是骑自行车远比骑摩托车普遍得多，并且自行车不像摩托那样仅限于少数敢于违抗传统的贵族女性，它的兴起带动了新服装的出现。起初，人们只是认为骑自行车很“快”，但不久自行车就使长期受嘲笑的灯笼裤受到追捧[1]，长裤也在19世纪末和20世纪初的运动热潮中成了女性的流行服饰。

女裤的发展可能是20世纪时尚界最重要的变化。几个世纪以来，西方女性的双腿都是被遮住的，只有女演员、杂技演员和其他道德品质可疑的人才穿裤子和马裤。伊斯兰文化正相反，女人穿裤子，男人穿长袍。直到20世纪前，西方世界还只有职业女性、通常只从事粗活的女性以及娱乐行业的女性才穿裤子或露出腿来，但这在道德上是受谴责的；煤矿里的女工、约克郡海岸的拾荒女，或者那些下地劳作的村妇会穿裤子；再比如那些在外流浪的游民人群，尤其受到道德质疑：

> 这些游民有时会离开村庄跋涉好几英里，早上和晚上通常会在路上遇到，她们一身短打，穿着合身的外套和靴子，有时穿裤子，看起来十分强壮健康，但是有违传统道德，并且完全不在意这种繁忙而无着的生活会给不幸留守家中的孩子们带去怎样的后果。[2]

1　见第10章。

2　Marx, Karl (1970), Capital, Vol. I, London: Lawrence and Wishart, p. 399. (Originally published in translation in 1886.) 引自 Dr H. J. Hunter's Report on rural housing, P.P. 1864 (3416) XXVIII, *6th Report of the Medical Officer of the Privy Council*, Apps. 13–14, p. 456.

朗达夫人（Lady Rhondda）是两次世界大战之间著名的女权主义者，她在自传中评论道，即使在第一次世界大战前加拿大西部的荒野中，“女性化”的欲望仍然存在：

> 通常认为，离文明中心越远，女性的打扮就越实用、越不循规蹈矩。但在某种程度上，情况并非如此。例如，在和平河渡口（Peace River Crossing），妇女们的衣服即便不是最新潮的也是最夸张的，她们穿着又高又尖的高跟鞋，走在泥泞的道路和坑坑洼洼的半完工人行道上，扑满粉的脖子上挂着硕大的珍珠项链……
>
> 更远的地方则又符合这个规律。你不可能穿着细高跟鞋、搽着粉在荒野里经营一个农场，同时还养着六个婴儿。河边的女人都很实际，不讲究穿着。许多妇女像男人一样穿着棕色裤子和工装裤。[1]

然而，第二次世界大战后很长一段时间，女性仍然只能在沙滩上、运动场上或休闲场合穿长裤，否则很难受到尊重。20 世纪 20 年代的著名巴黎女同性恋者，包括拉德克利夫·霍尔（Radclyffe Hall）、罗曼·布鲁克斯（Romaine Brooks）和娜塔莉·克利福德·巴尼（Natalie Clifford Barney），以及许多其他的艺术家和作家，都穿着男士夹克和背心，戴着领带和眼镜，同时穿着裙子。在 20 世纪 30 年代，布拉赛（Brassai）有关巴黎夜生活的照片就拍到了蒙帕纳斯女同性恋俱乐部的情侣，但在同性恋伴侣中，“男性的”一方要承受很大压力。

1 Rhondda, Margaret Haigh, Viscountess (1933), *This Was My World*, London: Macmillan, p. 278.

女性裤装：在矿坑工作的女工。来自 1863 年 11 月 9 日至 14 日在利兹举办的英国全国煤炭、石灰和铁矿工人协会的效益汇报
——詹姆斯·克鲁格曼（James Klugman）的收藏，经马克思纪念图书馆许可使用

狄奥多拉·费兹本（Theodora Fitzgibbon）回忆说[1]，第二次世界大战期间，穿裤子的平民女性仍不常见，但她当时就在伦敦穿着旧马裤和骑手夹克御寒，时尚杂志也已经讨论过很多穿“裤子”的好处。

1　Fitzgibbon, Theodora (1983), *With Love: An Autobiography 1938–1946*, London: Pan Books.

在战争期间被动员到军火工厂和其他工厂的妇女早已习惯了穿工装裤去上班，没有理由去声讨穿裤子。南希·米福（Nancy Mitford）在1945年的《追求爱情》（*The Pursuit of Love*）一书中，拿其中的一个角色开起了玩笑：

> 她的举止古怪过时，好像20世纪20年代的人一样。仿佛到了三十五岁，她就不肯再长大了，成天把自己灌得醉醺醺的……她有一头淡黄色的短发……穿着裤子，一副蔑视传统的神气，却不知道每个乡下女店员都跟她一样。[1]

20世纪50年代，裤子成了青春的象征，尤其是牛仔裤。尽管真正对女人们产生吸引力的是牛仔裤所代表的年轻和休闲，但巴黎高级时装设计师中的明星安德烈·库雷热（André Courrèges）在1960年代早期推出的牛仔裤还是成了20世纪60年代较为正式的裤装，预示了牛仔裤如今会被更好地接受。直到1970年，穿裤装的女性才被允许进入阿斯科特的皇家围场（同一时期，离婚也合法化），在一些职业场合、银行、生意场以及一些非常正式的社交场合，女性仍然不能穿裤装。但从1945年开始，人们从原则上接受了女性可以穿长裤，这比裙摆长短的变化更加意义重大。

解释这一变化最直接的方法是用简单的进化论观点，将其视为男女平等的一个指标，并且男性也适用同样的规则。这并不完全令人满

1 Mitford, Nancy (1974), *The Pursuit of Love*, *in The Best Novels of Nancy Mitford*, London: Hamish Hamilton, p. 134. (Originally published in 1945.)

意。首先，女性仍然不平等。尽管女性穿裤装已经被接受，这在西方社会也可能象征着女性已获得解放，但这并不能理解为她们的社会地位问题已经得到解决。如果只从字面上理解这一变化，那么我们肯定会得出不少女权主义者相信的结论，即女性权利已经在公共领域取得进展，因为女性已经可以在社会中得到带薪工作，而这曾是以“阳刚之气”衡量的男性专属权利。这种局部的解放同样反映在文化（通常指的是欧美文化）中，尤其是那些对“阴柔之气”抱有恐惧态度的文化。在这个“解放”的时代，一个穿裙子的男人会引起相当大的焦虑和敌意。20 世纪 60 年代的反主流文化就在反复挑战这种观念 [米克・贾格尔（Mick Jagger）在一次音乐会上把超短裙穿在裤子外面，那场音乐会上，一些男人也穿着卡夫坦长袍]，但一般来说，男人要想穿裙子，得先把自己定义成易装癖，或者承认自己是个性变态。

解释女性选择裤子的第二个理由是从功能主义的角度来看：裤子在很多方面都比裙子更舒适、更实用。但我已经论证过时尚不能从功能主义角度来解释。安妮・霍兰德（Anne Hollander）从美学风格的角度来解释这一问题（不过她论述的是光腿而不是穿裤子），她认为，在 20 世纪，女性的腿象征着运动，而运动是现代主义的一个重要特征。所有这些解释可能都有一定的道理，但每一种解释似乎都不够充分。

体育运动因为崇尚强身健体和快速高效而走上神坛，并且成为西方主流文化的一部分。女性因此借由裤子表达渴望有运动员般的身体。出于相似的原因，无论男女，家里都会有慢跑服、T 恤和跑鞋。运动已经成为日常生活的一部分，可能对 20 世纪的时尚产生了最重大的影响，不过舞蹈对服装演变的影响更为持久。

戴维·库兹尔（David Kunzle）认为，时尚“总是与当前的舞蹈风格紧密相连”，舞者、舞蹈和服装总是融合在一起，共同创造出一种统一的效果。例如：

> 服饰仍保留了洛可可风格，紧贴着躯干并延长，但在臀部的一侧被裁掉，这是由舞蹈的特点决定的。在18世纪早期，舞蹈在技术上趋于成熟，在社交中日益重要……（衣服）在上躯干从一边斜绕到另一边……从紧身胸衣强加的约束起，支撑和控制上躯干、手臂和头部的方式逐渐演变，并影响了舞蹈套路和步伐的表现惯例与风格。[1]

1812年，华尔兹风靡上流社会的舞厅。一些女招待拒绝跳华尔兹，因为这涉及男女之间前所未有的亲密身体接触，据说它会引发危险的性兴奋，很可能会导致不道德行为。而当时带有“不雅”标签的贴身服饰成了19世纪舞厅的永恒标志，并在100年后更大胆的新舞蹈热潮出现时，显得端庄可敬。

19世纪下半叶，一些为女性创造的优雅运动逐渐流行起来，这其中就有健美操、达克罗兹（Dalcroze）音乐教学法，以及后来艾莎道拉·邓肯（Isadora Duncan）所提倡的服装轻盈、动作优美的自由舞蹈，以及艺术体操。但在第一次世界大战前突然流行起来的舞蹈则纯粹是享乐主义的，很少声称自己为了健康或艺术。有趣的是，在1914

1 Kunzle, David (1982), *Fashion and Fetishism*, *Totowa*, New Jersey: Rowman and Littlefield, pp. 84–85.

1964—1965 年库雷热的革命性款式

——来自 Courrèges 时装屋

年之前的十年里，美国中产阶级的饭后口号是“拿起毯子，跑起来”。

同一时期，艾琳·卡斯尔（Irene Castle）和弗农·卡斯尔（Vernon Castle）在弗农 1918 年早逝以前就已蜚声国际，他们使交际舞成了娱乐奇观。艾琳 · 卡斯尔是引领 20 世纪装扮和行为的女人之一。和香奈儿等人一样，她声称自己是，或者说曾被认为是第一个留波西米亚发型的女性（事实上这种发型几年前就开始在波西米亚圈子里流行）。在塞西尔 · 比顿看来，她无疑是现代性的化身：

> 她身上有一种非常健康和干净的东西……她完美地平衡了女人味和纯真的孩子气，这正是女性的最新理想。
>
> 卡斯尔夫妇……加速了现代主义的发展。他们所象征的舞蹈热潮，使男女之间的社交更加自由。[1]

第一次世界大战前夕，来自哈莱姆区和纽约黑人文化的爵士乐席卷了美国。不过美国并非爵士乐的发源地。哈莱姆文化是矛盾的；他们有狂野不羁的一面，但也有自己的社会阶层，其中的上层阶级渴望并确实实现了像曼哈顿白人那样“优雅”的生活方式，流连于沙龙、咖啡馆、探戈舞会——也像纽约白人那样对因卡斯尔夫妇流行起来的现代舞“如痴如醉”。

“但在哈莱姆区的大众之中，探戈更加风靡——这是一种新潮的消遣，或时髦的休闲，舞池中流出的音乐如此活跃、挑逗，就像黑臀舞、

1 Beaton, Cecil, 同 160 页注释 2。

灰熊舞、鹰岩舞、火鸡跑[1]、兔抱步[2]、德州汤米舞、《刮沙砾》和《孤注一掷》一样。当哈莱姆区高雅的白人市民说到“黑鬼的舞蹈”，他们指的就是这些……哈莱姆区居民喜欢探戈，既因为它新颖，也因为他们喜欢探戈与上流社会的联系，还因为他们意识到黑人音乐家对探戈的发展和流行做出了贡献。”[3]

[德州汤米舞似乎预示着林迪舞（Lindy Hop）的到来；林迪舞是 20 世纪 20 年代末和 30 年代最著名的哈莱姆区舞蹈之一，两者似乎都与 20 世纪 40 年代的吉特巴舞相似。]

在那个时代的评论家看来，新的舞蹈和女性服饰革命与一种轻浮的道德观联系在一起，但这种联系并不准确。20 世纪 20 年代进入“爵士时代”，这意味着一套全新的切分音式舞蹈动作，同时也是对紧身衣的激进修正。它跳跃的节奏表达了一种机器意识。然而，基于欧美科技发展的文化依然保持着对身体的压抑，更何况这一舞蹈形式是由其最受剥削的群体之一发明的。现代主义将技术和城市浪漫化，也将它所认为的“原始”浪漫化。但这并不意味着解放身体，因为西方犹太基督教文化仍然深受禁欲主义影响，对身体充满不信任。但通过舞蹈这一媒介，我们得以用一种神奇的非科学方式修复与身体的关系，舞蹈因此获得了一种“特殊的声望”。[4]

20 世纪 60 年代以来，在时装表演中，音乐和舞蹈越来越多地由

1　感恩节活动。——译者注

2　一种 20 世纪早期在美国流行的交谊舞。——译者注

3　Anderson, Jervis (1982), *Harlem: The Great Black Way 1900–1950*, London: Orbis, p. 72.

4　Benthall, Jeremy (1976), *The Body Electric: Patterns of Western Industrial Culture*, London: Thames and Hudson.

商业表演变为娱乐。这并不是什么新鲜事，早在 19 世纪，剧院就是一种时尚场景，无论是严肃的戏剧，还是综艺节目或音乐会，都是展示时装的借口。许多男男女女去剧院就是为了看明星们的礼服，而明星们又影响着服装和美的时尚。

电影拥有更多的观众，相应地，在为男男女女们创造新的活动、舞蹈、穿着、性爱和生活方式方面，它的影响力也更大。电影在美国起初是无产阶级的娱乐活动，但自从向好莱坞转移，电影就开始了魅力升级的过程。无声电影中出于叙事需要的风格化手势和表情，不仅促进了新的走姿、坐姿和手势的使用，也促进了与个性相适应的风格的发展。希坦·芭拉（Theda Bara）是吸血鬼的化身，莉莲·吉许（Lillian Gish）是纯洁的处女，路易斯·布鲁克斯（Louise Brooks）则更独立，有着顽强的生命力，甚至像个假小子，是“商界女性”的前身。她穿的办公室套装和简约套装影响了 20 年代的时尚；好奇心旺盛的香奈儿曾被吸引到美国西岸为电影设计服装，但并没有取得太大的成功，因为她的服装过于低调，不适合银幕展示。

通常认为 20 世纪 30 年代是好莱坞时装的“鼎盛”时期。大众媒体展示出夸张华丽的戏服，冲击力大得仿佛将古代宫廷的盛景直接摆在观众眼前。服装制作本身费时费力，但和其他地方一样，好莱坞的剪裁工和裁缝的报酬都非常低。[1] 虽然这些服装并不总是很精致，但毕竟消耗的是“真材实料”，而且大明星们会坚持购买有手工刺绣和

1　Bailey, Margaret J. (1981), *Those Glorious Glamour Years*, Secaucus, New Jersey: Citadel Press, 引用数据：裁缝每周工作 40 小时，周薪 16.5 美元，舞台布景设计师伊迪斯 · 海德（Edith Head）每周工作 6 天，周薪 30 美元起，他后来成了米高梅的主设计师。另见 Hertzog, Charlotte and Gaines, Jane (1983), ‘Hollywood, Costumes and the Fashion Industry’, *Triangle Cinema Programme*, Birmingham, April–June。

花押字的真丝内衣这类奢侈品——即便观众们永远看不到这些。制衣会用很多精致而昂贵的装饰。比如埃莉诺·鲍威尔（Eleanor Powell）1936 年在百老汇音乐剧《红伶秘史》（*Broadway Melody*）中穿的一件串珠礼服，就有近 25 磅重。（串珠礼服不能挂起来，因为串珠的重量会撕裂手工缝制的脆弱布料。）制作古装则要花上几个月的时间进行研究。米高梅的顶级设计师阿德里安（Adrian）在为《绝代艳后》（*Marie Antoinette*，1938 年）设计诺玛·希勒（Norma Shearer）的服装之前，到法国研究了 18 世纪的原始服装和材料，制作中使用了真丝、绸缎、锦缎和宝石。奥利弗·梅塞尔（Oliver Messel）是英国研究 16 世纪文艺复兴时期意大利服饰的权威，他被带到好莱坞为诺玛·希勒的《罗密欧与朱丽叶》（*Romeo and Juliet*，1936 年）设计服装，但最终这位明星更喜欢艾德里安的设计。电影中古装的最终效果通常与历史不符，总会适当修改以适应当代的品位。通常认为"尊重史实""重现风情"和"引人遐想"是为历史电影设计服装的正确方式。安妮·霍兰德（Anne Hollander）甚至认为，"在公众意识中，尽管不那么清晰，但的确已经存在了一个舞台造就的虚假服饰史"。因此电影中或舞台上的服装首先是一系列信号——"施粉发式"是 18 世纪特有,"轮状皱领"代表着伊丽莎白时期，而"朱丽叶帽"则意味着文艺复兴时期的意大利（其实朱丽叶帽是 1916 年为希坦·芭拉设计，这种帽子在 16 世纪根本不存在）。

黑白胶片电影造就了那个时代特有的装饰派艺术美学：

"色彩脱去了优雅……那从一侧垂挂下的亮片缎子在人眼中仿佛

> 光的溪流，滑过嘉宝（Garbo），迪特里希（Dietrich），哈露（Harlow）和伦巴第（Lombard）匀称的腰和大腿。这般画面依赖于动态的无色质感带来的全新而强大的感官享受……亮片、羽毛、白纱网和黑蕾丝在这个没有色彩的幻想世界里，发展出一种新的强烈的性意味。”[1]

然而，好莱坞并不拘于迷人和壮观。好莱坞风格也影响着时装生产以及街头的女性们。

“粉丝杂志和工作室的宣传照帮助传播了一种本土的好莱坞‘户外’风格。”露背泳衣、休闲裤、吊带背心和毛衣等运动休闲服饰得到改进。这些款式诞生于 20 世纪 20 年代的巴黎，现在被本土化，更适合加州海滩，甚至更适合美国小镇的生活。”西海岸的时尚产业在 20 年代末开始腾飞，并成了运动休闲服装的中心。电影也变成了展示橱窗，专门展示时尚前卫的服装和室内装饰。人们对那些背景是百货公司、美容院或豪华住宅的电影更感兴趣。一些明星被宣传为“时装明星”，琼·克劳馥就是一个典型的例子。影星的服装成为电影的重要特征，并直接影响了时尚。时尚成了电影和大企业之间的强大联系之一，有人认为好莱坞电影在很大程度上促进了“消费主义”并成就了美国这个消费大国。商家滥用“电影热中毒款”[2] 来推销米丽娅姆·霍普金斯（Miriam Hopkins）的睡衣、琼·克劳馥的套装，或她在著名电影《情重身轻》（*Letty Lynton*）中所穿的连衣裙。这件白纱裙有夸张的垫肩，配上荷叶边的

1　Hollander, Anne, 同 203 页注释 1, pp. 342–343。

2　Eckert, Charles (1978), ‘The Carole Lombard in Macy’s Window’, *Quarterly Review of Film Studies*, *Winter*; Gustafson, Robert (1982), ‘The Power of the Screen: The Influence of Edith Head’s Film Designs on the Retail Fashion Market’, *The Velvet Light Trap:Review of Cinema*, no. 19.

短袖。镜头中琼·克劳馥站在门廊，袖子格外醒目，就像一对粉扑，或是初生的翅膀。艾德里安为克劳馥设计了很多服装，垫高肩膀也是为了平衡她的身材。这种风格流行起来的同时，巴黎的夏帕瑞丽也开始让宽垫肩回归时尚，审美品位在这一过程中渐渐发生变化。一条标准的形成绝不仅仅是某一个人或一件热门连衣裙的结果。

著名的电影和影星一直影响着时尚。20 世纪 50 年代末，碧姬·芭铎穿着格子衫和英格兰刺绣裙结婚时，这两种面料立即成为时尚。当她和珍妮·莫罗（Jeanne Moreau）在《江湖女间谍》（*Viva Maria*）中穿着爱德华七世时期的连衣裙亮相时，也引发了一整季的模仿风潮，但这两位明星对荷叶边裙子、华丽的衬衫和系带靴子的诠释大相径庭；莫罗穿着紧身胸衣，便于保持正确的走姿和站姿，而芭铎则选择 60 年代式的大步行走。60 年代初，珍妮·莫罗在《祖与占》（*Jules et Jim*）中普及了 20 年代的风格；值得一提的是，电影中的麻袋款连衣裙、水手服、男式开襟羊毛衫和金丝眼镜都与当时纪梵希 / 卡丹（Givenchy/Cardin）的不收腰风格一致。1967 年，《雌雄大盗》（*Bonnie and Clyde*）带火了 30 年代的贝雷帽造型和修身长裙与“老式”运动外套的搭配，而费·唐纳薇（Faye Dunaway）的一头直发，像极了 60 年代的打扮。

电视在普及“复古”服装方面具有特别的影响力，尤其是针对不太久远的复古。通过对小说、纪录片和戏剧的戏剧化改编，20 世纪 20 年代到嬉皮士时期（20 世纪 80 年代初）的各种风格都开始流行起来。嬉皮士风格“复古”了十年前的时尚；理发师们“复刻”了“耳机”发型（像棕榈叶餐垫一样，把辫子盘在耳朵上）、贝蒂·格拉布尔（Betty

Grable）的大背头发型，以及那种在脑后松松挽就，刻意营造慵懒感的发型，这种发型与 20 世纪 70 年代复古风和 40 年代印花“连衣裙”完美搭配。《重返布莱兹海德庄园》（*Brideshead Revisited*）是“摩登时代”戏剧中最晚近最普及的一部剧［另一部是《王冠上的宝石》（*The Jewel in the Crown*）］，该剧的服装经常被模仿，不过这个时期，《重返布莱兹海德庄园》中的板球裤、费尔岛毛衣和蓬松短发不仅适合男性，也适合女性。

这种痴迷复刻的“怀旧模式”可以联系到 20 世纪六七十年代高定的垄断是如何被打破的。在后现代时期，已经不再有某一种风格绝对占据主导，取而代之的是不断尝试重建某种氛围。在 80 年代的幻想文化中，没有真实的历史，也没有真实的过去；只有一种瞬间的、奇妙的怀旧情绪，一种对过去莫名而无目的的挪用：

> 模仿就像戏仿一样，借助特殊的面具，用一种死去的语言说话；但这是一种中立的模仿行为，没有任何戏仿的居心……不为博君一笑；除了暂时借用的反常腔调，也没有任何定则。这并没有影响到健康的语言常态。因此，模仿是一种空白的戏仿，是有着失明眼球的雕像。[1]

这种模仿与对大众文化的普遍挪用有关，我在前面已经提到过。但对大众文化形式“女权主义的”和“进步的”改造，与其说是挪用，

1 Jameson, Fredric (1984), ‘Postmodernism, or the Cultural Logic of Late Capitalism’, *New Left Review*, no. 146, July/August, p. 65.

更像是在做作地为庸俗、堕落和陈腐庆祝。但时尚可以用独特的派头来做到这一点。的确，甚至时尚本身也成了一种模仿。

美国私立预备学校风、英国的斯隆尼风（Sloane Ranger，以伦敦SW1区斯隆尼广场的名字命名，那里住着上流社会的年轻男女）实际上已经变成了自我模仿。曾经这样的风格本该隐没在“经典时尚”的一般范畴中；像标准英语一样，时尚也存在常态标准。波西米亚风或其他离俗的着装方式都暗含着时装的共同语言。经典时尚本身就是矛盾的；它通常的定义是：真正时尚的造型是超越过去的时尚，以达到某种永恒的境界，在那里时尚接近于一种理想状态。这种时尚遭到的讽刺，如今正在颠覆“不再有占主导的服装样式”的观念。这大概就是记者们谈论时尚乱象时的意思：“经典时尚”已经不复存在。然而，在它的位置上还存在着其他东西：对“时尚”的模仿与矫揉造作的演绎。即便穿着杰明街（Jermyn Street）定制的伦敦金融城股票经纪人，也无法再保持自然。现在所有的风格都是拙劣的自我模仿。一个衣冠楚楚的绅士，如果他的衣服从未引起过他人注意，那么他就不可能顺利地成为一个衣冠楚楚的绅士；我们都如此熟于表演，以至于我们能够机智地识破那些刻意装作不费力、装作没想留下好印象的诡计。不再有任何时尚看起来正常或“自然”。

然而，巴黎高级时装的主导地位开始被打破的时期，的确早于当前对模仿的狂热，因为早在20世纪50年代，美国的休闲装和青少年时装就已经吸引了“富裕社会”，形成了一个新的年轻人市场。这个年轻人市场逐渐和叛逆划上等号：“任何人都有权在任何地方做任何事，无论他们是谁，也无论他们穿什么衣服。这种想法在60年代十分热门。”[1]

无论是高级定制时装还是量产时装，都迅速将年轻人的口味纳入了主流时尚。鉴于英国人出了名的穿衣保守，又出了名的喜欢和高端时尚没什么关系的“经典”服装，这一潮流开始于伦敦实在令人惊讶。珍妮·艾恩赛德（Janey Ironside）在 1956 年至 60 年代末在英国皇家艺术学院（Royal College of Art）担任时尚教授，她从英国的福利政策和第二次世界大战后“社会革命”的角度阐述了这一潮流的起源——地方政府的教育补助使得很多过去曾被忽视的人才得以上大学。此外还有英国人的怪癖。[2]

20 世纪 50 年代末，《星期日泰晤士报》（*Sunday Times*）的欧内斯廷·卡特（Ernestine Carter）、《每日邮报》（*Daily Express*）的艾瑞斯·阿什莉（Iris Ashley），以及克莱尔·伦德尔舍姆（Clare Rendlesham）等时尚记者们，通过为玛莉官和其他英国年轻设计师宣传并提供支持获得了很大的影响力。克莱尔·伦德尔舍姆当时在 *Vogue*，后来又跳到 60 年代流行的《女王》（*Queen*）杂志工作。克莱尔·伦德尔舍姆在 60 年代向大众评价妥协，可见在这个时期，传统已经被打破了：

> 我当时是 *Vogue* 的年轻创意编辑，那时候伦敦的昆特、塔芬（Tuffin）和福奥勒（Foale）、巴黎的伊曼纽尔·汗（Emmanuelle

1 Warhol, Andy and Hackett, Pat (1980), *POPism: The Warhol '60s*, New York: Harcourt Brace Jovanovich, p. 43.

2 Ironside, Janey (1973), *Janey: An Autobiography*, London: Michael Joseph, p. 126.

Khan）、伊利·雅各布森（Ili Jacobson）和米歇尔·罗齐尔（Michel Rosier）等激动人心的人都在创造新鲜、年轻的服装。*Vogue* 杂志的其他人都觉得我古怪，因为我觉得那些衣服棒极了……

在《女王》担任时尚编辑时……克莱尔·伦德尔舍姆重申了她的观点。在一个印着黑色边框的页面上，她宣布了高级定制时装的终结，并为巴黎世家及其门徒纪梵希写了一篇“过早”的讣告。（《卫报》1984 年 2 月 9 日）

在珍妮·艾恩赛德的指导下，英国皇家艺术学院培养出了一批 60 年代的重要设计师，如奥西·克拉克（Ossie Clark）和萨利·塔芬（Sally Tuffin）。另一方面，来自伦敦南部戈德史密斯学院（Goldsmiths College）的玛莉官在学院里遇到了未来的丈夫和赞助人亚历山大·普朗凯特·格林（Alexander Plunket Green），他有着上流社会的古怪风格：

他似乎没有自己的衣服。他拿母亲的睡衣当上衣，一般是那种山东绸常见的古金色。裤子也来自妈妈的衣柜。拉链在侧面，剪裁精美，款式合衬，有紫色、梅子色、深红色和浅灰褐等各种颜色，长度到小腿肚……后来我发现，他的穿着产生的戏剧性效果……绝对是无意的。[1]

1955 年，他们在切尔西国王大道（Kings Road，Chelsea）开设

1 Quant, Mary (1966), *Quant by Quant*, London: Cassell, p. 2.

了第一家“精品店”芭莎（Bazaar)。乔治·梅利（George Melly）称这是“从摇滚乐到披头士乐队的几年里唯一真正的流行文化事件”。重要的是，他们长于社交，也可以利用“切尔西圈”成员的社会关系，“这个组织的聚会和日常生活方式吸引到了当时八卦作家的全部关注”。但不论这些聪明的年轻人人脉有多广，他们也必须工作，往往会从事艺术品创作和与艺术有关的生意。因此开一家精品时装店是“一件非常切尔西式的事情”。[1]

乔治·梅利言之凿凿这一现象与政治无关，玛莉官本人也从民主角度发表了看法：

> 曾经只有富人、权威能够引领时尚。而如今，引领时尚的是大街上的女孩们，她们穿着最便宜的小礼服。这些女孩……充满青春活力……注意看，留心听，随时准备尝试任何新事物……他们可能是公爵的女儿、医生的女儿、码头工人的女儿。她们对身份象征不感兴趣，也不担心口音和阶级……她们代表了当今英国的全新精神——一种从第二次世界大战中崛起的无阶级精神……她们是摩登派（mods)。[2]

玛莉官和普朗凯特·格林（Plunket Green）的意义在于，能够从“不谙世事”的学生成长为商业大亨。学生们的精品店仅仅是一种为朋

---

1 Melly, George (1972), *Revolt Into Style: The Pop Arts in Britain*, Harmondsworth: Penguin, p. 147.

2 Quant, Mary, 同 222 页注释 1, p. 75。

友开的长期聚会，而商业大亨则是那些运用最现代的美国尺码和大众营销将自己的时尚天赋发挥到极致的人。正如乔治·梅利所说：

> 玛莉官从一个相对传统的角度影响了时尚，一个天才的时装设计师把一个特定时代的氛围转化成了颜色、形状和质地……
>
> 男性流行时尚则是另一种情况……起初，它更多地是一种单纯的潮流展示，一种普遍的热潮，而不是某一个人的作品。[1]

另一个影响了 20 世纪 60 年代时尚的设计师是来自巴黎的库雷热（Courrèges），他用老方法工作，但他的服装却似乎预示着太空时代的到来。珍妮·艾恩赛德认为，他 1964 年推出的前两个系列“粉碎”了时尚界，是他而并非玛莉官引领了迷你裙的潮流，并让裤装成了高级时尚。

在这个时期，60 年代服装受到 20 年代时尚回潮的影响，也受到“欧普艺术”（op art）和“波普艺术”（pop art）的影响。它们模仿画家蒙德里安的作品，边缘硬朗，色彩鲜艳，或者黑白相间，四四方方，二维平面。但这种风格并不像 20 年代风格那样具有现代感。库雷热、皮尔·卡丹（Pierre Cardin）和帕科·拉巴那（Paco Rabanne）设计的未来主义风格使用了塑料圆片、锁子甲来装饰连衣裙，这被视为是对科幻漫画（也对波普艺术有影响）老套服装和视觉的改造；它们几乎是一种文学的仿制品，具有未来主义的复古风格。60 年代的时尚界

1 Melly, George, 同 223 页注释 1, p. 148。

也回到过去寻找迷人的形象，或采用应召女郎克里斯汀·基勒（Christine Keeler）的高筒靴和黑皮衣——这被称为“挑逗”风（kinky styles）。

随着英国首相由哈罗德·麦克米伦（Harold Macmillan）变为哈罗德·威尔逊（Harold Wilson），英国也从“从没这么好过”（50 年代保守党的口号）的社会，变成了威尔逊的“技术革命白热化”（1964 年他凭此口号为工党赢得了大选）的社会。光明的承诺掩盖了犬儒主义；在普罗富莫丑闻中，保守党大臣被曝与克里斯汀·基勒有婚外情，而基勒不仅与苏联武官有染，还涉嫌参与黑社会。这似乎象征了浮华和繁荣终结时的疯狂。60 年代的时尚潮流并没有拒绝风月场的黑暗魅力，它聚集了黑帮、摄影师、流行歌星和妓女。

但英国开创的风格仍保留了一定的纯真。玛莉官饰演的无阶级特征的年轻女子至少很机灵，看上去更像是五年级的毛丫头，而不像某个流行乐队的集体情妇，也不像一个吸毒成瘾的失足少女。

“宽容的社会”的服装通常“不分男女”，但回溯起来，它看起来既不男性化也不男孩子气。当女孩们（那些日子所有的女人都是女孩）穿着超短裙，留着及腰长发，或穿着隐隐露出乳头的透明装和针织的露脐吊带背心，以及将将盖住臀部的紧身短裤时，她们看起来不像男人或男孩，而像孩子。就像 20 年代某段时间的那样，那是一个男色时期，尽管相比 20 年代克里斯托弗·罗宾（Christopher Robin）的形象来说，60 年代的人们更喜欢颓废的洛丽塔形象。作为新晋名模的化身，这是布娃娃的十年，小可怜的十年，青春期前的崔姬（Twiggy）的十年，她在长到合法结婚年龄之前蹿红，而这个年纪的玛莉官还是个穿运动服和黑色长筒袜的女学生，格蕾丝·柯丁顿（Grace Coddington）还在演丑角。70 年代初，英格丽德·博尔廷（Ingrid Boulting）将自己打扮成比芭新艺术派和装饰艺术派的化身，这让小可怜甚至更颓废了。

在大西洋彼岸，安迪·沃霍尔（Andy Warhol）也在演绎着同样的老套美学，一切都是表面的。但到了纽约，这个狂躁、面无表情、被崔姬推向完美的小丑形象变成了伊迪·塞奇威克（Edie Sedgwick）的不幸的虚无。她是安迪·沃霍尔（Andy Warhol）的“明星”之一[译者注：安迪·沃霍尔经营着艺术工作室“工厂”（Factory），除了画作和印刷物，还发掘并包装了一大批人，他们被统称为“沃霍尔巨星”（Warhol Superstar）]。

“水妖”（Ondine）和“公爵夫人”（Duchess）会在一群人中脱颖而出……大教堂那边的孩子们看起来状态不错，他们穿着塑料、绒面革和羽毛材质的衣服；穿着短裙、靴子和色彩鲜艳的网袜；穿着特制的皮鞋、金银相间的迷你裙、帕科·拉巴那牌装饰塑料圆片的连衣裙，以及喇叭裤、海魂衫、短裤和不过膝的露肩短裙，个个魅力四射。

有些孩子……看上去那么年轻，我很好奇他们哪来的钱买那些时髦的衣服。我猜他们没少干入店行窃的事：我会听到小女孩……这样说：“我为什么要为它付钱？我的意思是它明天就过时到没法再穿了。”

“孩子们可能在试衣间里塞满背包，要么就是钱包，因为新衣服实在太薄了。”[1]

60 年代后期流行颓废风格，比芭的时尚让吸毒般恍惚的状态成了时髦，模仿拉斐尔前派发型的希坦·芭拉妆风格和已经褪色的 30 年代

1　Warhol, Andy and Hackett, Pat, 同 220 页注释 1, p. 163。

风格后面紧跟着被太空时代风格，这是继歇斯底里的高潮之后不幸的堕落。这位恍恍惚惚、身患结核的新艺术派女神，取代了 60 年代那个总是充满“乐趣”的空虚活泼的女孩。20 世纪 70 年代，吸血鬼般永不满足的时尚摄影复活了珍・哈露（Jean Harlow）在 40 年代黑色电影中的风格，同时随着情趣内衣回归时尚，女同性恋、妓女和软色情的摄影也卷土重来。

20 世纪 60 年代的风格亦是“关于”风格的，这种风格是作为生活方式的风格，作为自我的风格，也是作为娱乐的风格。因此，它不仅仅表达了繁荣的技术革命白热化时期迸发的创造精神。这个时期服装设计师、美发师和时装模特一跃成为新的社会明星。人们痴迷于为“街头普通女孩”设计的流行时尚，把衣服等同于美好的生活，也等同于现代、突破陈规与民主。

工作、运动和娱乐改变了 20 世纪女性的穿着，在某种程度上也改变了男性的穿着。时尚本身成了目的。时尚也成为所有其他流行表演和活动的一部分。20 世纪 20 年代，大众时尚的到来颇受欢迎，因为它被视为民主化和国际化的象征。它的支持者认为，它将变化和季节更替引入了美国单调的工业生活之中。另一方面，对一些激进的清教徒来说，时尚不过是“表面的民主”，是海市蜃楼，它将“真实”欲望转化为商品，将个性转化为一致性，反映的是扭曲后的“真实”欲望。从这个角度看，大众时尚只不过是社会的外衣，在这个社会里，民主只是一个时髦的词汇，用来掩盖财富和机会的严重不平等。按照这种观点，即使是服装上的反抗，也不过是对自由的嘲讽。

这些论点会在第 10 章讨论。但在将当代时尚描述为“大众文化”

的一种形式时，我试图提出另一种观点。正如我之前想要指出的，最近关于大众文化形式的著作已经反驳了这种把流行视为大众虚假意识形式的宏观观点。相反，他们把各种大众娱乐描述为斗争的场所，在那里社会冲突以半象征性的形式上演，这些形式可能会增强而并非麻痹受压迫的意识。

时尚，作为既集体化又高度个人主义的事业，也是一种广泛团结和群体认同的表达方式。所以我们现在必须要在对立的风格中看看异化、反常和叛逆的服装。

9 Oppositional Dress

反叛的着装

左派在 20 世纪六七十年代初陷入一种华而不实的风格……他们可能会死于那把特殊的剑，而这一切都始于时尚、源于成年自由主义者装扮的欲望，这似乎无害。然而，随后就绪的新一代却没有任何矛盾的情感；一些激进的时尚、激进的右翼和明显不公平的东西对他们来说就像禁果。

——彼得·约克《反动的时尚》

在 20 世纪 60 年代之前，“只有妓女和同性恋者穿的衣服反映了他们是什么样的人”[1]。性向认同固然重要，而纨绔主义确立了更为死板的男子气概的标准，引领了一种新的现代城市男性“制服”并把着装

1 Melly, George (1972), *Revolt Into Style: The Pop Arts in Britain*,*Harmondsworth*: Penguin.

引向了叛逆的方向。自 19 世纪以来，社会反叛常常与性行为和性向认同紧密相关，并以着装这种恰如其分的方式来表达。

当然，着装在早期可能明示着民族主义或政治叛乱。例如，16 世纪，英国禁止爱尔兰人穿自己的传统服装；18 世纪，在卡洛登战役和英国平息苏格兰高地叛党战役之后，苏格兰高地人遭到了同样的待遇——被禁止穿苏格兰短裙和方格花呢长披肩。

然而，服饰在 19 世纪可以象征群体和个人的区别，尤其是对男性而言，这可能是因为普通男装变得更加素净且克制。在这场男装变革中，最关键的人物是纨绔子弟[1]。19 世纪的男装是对 18 世纪乡村服装和运动服的改造，正是纨绔子弟们使这种风格成为主流。

纨绔主义有时会被误解为过度打扮的阴柔气质——18 世纪，“通心粉”（Macaronis）指的就是穿着夸张的褶边、锦缎，涂脂抹粉的纨绔子弟，他们的着装风格实际上是对英国乡村服装风格的反抗。但纨绔子弟们开始接受这种英国乡村风格，并将其确立为日常男装。博·布鲁梅尔（Beau Brummell）总结了这种新风格：“不喷香水……但是使用大量上好的亚麻布和乡村洗涤用品。如果英国佬转身打量你，认为你穿着不得体，通常是因为你穿得要么太僵硬、要么太紧身，要么太时髦。”[2]

纨绔子弟的角色意味着对自我和自我展示的强烈关注：形象就是一切。纨绔子弟通常是一群没有家庭生活、没有使命感、也显然没有性生活且不能通过有形资产获得经济收入的人。他们正是不知来处的

---

1 Laver, James (1968), *Dandies*, London: Weidenfeld and Nicolson; Moers, Ellen (1960), *The Dandy: Brummell to Beerbohm*, London: Secker and Warburg.

2 Laver, James, (1968) 出处同上 , p. 21。

新都市人的典型，对他们来说，只有外表才是真实的。他们献身于一种朴素而神圣的装扮理想，并开创了一个时代，这个时代不是没有男士时装，而是只有把剪裁和合身看得比装饰、色彩和陈设更重的时装。纨绔子弟的紧身马裤非常性感，他们新鲜纯粹的阳刚之气亦然如此。纨绔子弟都是自恋狂，他们不会放弃对美的追求，也改变了人们所欣赏的美。

新的纨绔主义风格爱用羊毛布，而非旧贵族用的密织丝绸和绸缎；羊毛布更加柔顺，可以在裁剪时伸缩成型，英国的裁缝最早完善了这些新技术。纨绔子弟确立了早就流行过的时尚风格，这种风格最重要的元素是合身。他们每天花费数小时梳妆打扮不是为了创造一个五颜六色、俗不可耐的生物，恰恰相反，他们在梳妆台上刮脸、擦脸，把靴子擦得锃亮，系上最好的领巾以塑造一种冷漠的印象。纨绔子弟们发明了酷，其高冷的姿态自然很吸引人，他们的时尚风格兼具反叛与古典元素。

从政治角度来说，纨绔主义是 18 世纪后期革命剧变的结果："当财富和血统等坚实的价值观被颠覆时，人们会提倡诸如风尚和姿态等短命的东西来证明社会分层的合理性。"[1] 纨绔主义跨越了英吉利海峡，被"奇装男"[2]——法国后革命青年先锋派所延续。他们把纨绔主义变成了新共和政治的"反制服"，她们的女性同行"非凡姐"[3] 推动了英国妇女休闲、宽松的棉布裙转变为古希腊服装，回顾古雅典和罗马以

1 Moers, Ellen, 同 51 页注释 1。

2 Incroyables，穿着奇特、说话做作的年轻人。——译者注

3 Merveilleuses, 穿古希腊或罗马服装的时髦妇女。——译者注

表现共和民主。

这群纨绔子弟凭借他们的反抗姿态成为浪漫主义英雄的翻版。然而，尽管这一姿态吸引了共和派激进分子，它同样也代表反动派——不满的贵族。纨绔子弟是一群既有历史又跨时代的人。他们即便是浪漫主义英雄的翻版，也不是艺术家，而是艺术家的另外一面。虽然，19 世纪一些伟大的小说家和艺术家崇尚纨绔主义，如狄更斯和巴尔扎克，但真正的纨绔子弟毫无成就。正如哈兹利特（Hazlitt）所说，“纨绔子弟的成就仅仅只是做他自己。”他们对生活中所有无关紧要之事的完美要求都是一种贵族的表现。现代贵族经常隐姓埋名，然而却中看不中用，他们的举止总是很优雅，对待最卑微的人也像对待上流社会的人一样彬彬有礼。他们从不做不得体的事——打嗝、吸烟或行为出格：

> “贵族的生活习惯……是生活中所有不属于其他阶级特色的小活动都要抓，并在这些小活动中加入性格、权力和等级的表达。”[1]

最初的纨绔子弟既不工作也不养家。在这一点上，他们就像是高级妓女，在沃斯成为时装领域的霸主时开创了法兰西第二帝国的时尚。一个靠性生活的女人会远离性生活，而纨绔子弟们并没有出卖自己的身体。但是，他们像妓女一样依靠自己的风趣生活，依靠纯粹的个人魅力影响社会，如妓女一般强迫自己。这些行走着的情欲符号比所有自恋狂还过分；艾伦·莫尔斯（Ellen Moers）认为，当纨绔主义在

---

1 Goffman, Erving (1969), *The Presentation of Self in Everyday Life*, London: Allen Lane, p. 29.

1815 年的法国“奇装男”

——经维多利亚和阿尔伯特博物馆许可使用

19 世纪末公然地与同性恋联系在一起时，它就被玩坏了，变得粗俗了。

性取向成谜的拜伦（Byron）与纨绔主义和“现代服装”都有关系。事实上，拜伦有时被认为是用裤子代替马裤配长袜的发明者。他是伦敦社交界一位爱好文学、崇尚浪漫的英雄，在一首迎合当时夸张哥特风格的诗《哈罗德公子》（*Childe Harold*）出版后，他成了第一位现代流行明星，甚至有可能是第一个穿牛仔裤的人：

> 拜伦勋爵当时系着一条很窄的白绸领带，衬衫领子垂在领带上；穿着黑色的外套和背心，一条很宽的白裤子遮住跛脚——早上穿俄罗斯细亚麻布的，晚上穿牛仔的。[1]

19 世纪中叶，迷上纨绔主义的波德莱尔身着黑衣以抗议法国波西米亚圈子的粗俗服装。他认为，纨绔主义是对完美的追求，也是严苛的纪律，更是一种灵性；他还认为纨绔主义是对“那些民主尚未健全而贵族地位只是部分被推翻和贬低”的社会的回应。[2] 像巴尔扎克一样，波德莱尔将纨绔子弟看作叛逆者，他们落魄、怨愤，不再抱有幻想，又试图为新贵族树立天才形象。然而，波德莱尔也把纨绔主义看作“腐朽中的最后一朵英雄主义火焰……是夕阳……精彩绝伦，没有温度且充满忧郁。”[3]

1 Smith, James (c. 1820), note appended to seventeenth edition of *Rejected Addresses*. I am indebted to Tony Halliday for this reference.

2 Baudelaire, Charles (1859), ‘Le Dandy’, *Écrits sur l’Art*, Tome 2, Paris: Le Lirre de Poche, P. 175.

3 同上。

纨绔主义过去和现在都与孕育它的社会一样矛盾。因为正如所发生的那样，资本主义这个“短暂的时代”永远是短暂的，注定要不断变革，不断地孕育不清醒的反叛者。他们的反叛绝不是革命，而是对自我的再次肯定;纨绔子弟无论是贵族、艺术家还是浪漫主义激进分子，或者如拜伦一样三者结合，古往今来都首先是反资产阶级者。

然而，纨绔子弟们发明的风格有两个不同的方向。其中之一指向传统男装，故而旨在“反时尚”，朝着相反的风格发展。反时尚是一种“真正的时尚”，过去被定义为永不引人注意的优雅、轻描淡写的简约，但这正是它如此惊人出挑的原因。这种轻描淡写的时尚正是摄政时期的布鲁梅尔（Brummell）为男装发明的。香奈儿则为女性重新诠释了这一点。而正如我们所见，英国的时装业因生产反时尚的经典产品如巴宝莉、苏格兰短裙、粗花呢、羊绒、费尔岛毛衣和经典男装等蓬勃发展。反时尚尝试了一种无时效的风格，试图完全摆脱改变时尚的基本元素。

纨绔主义也包含着一些叛逆风格的迥异元素。叛逆的时尚旨在表达一个群体的不同意见、独特观点或对墨守成规的多数派的反对看法。19 世纪早期的一种时尚是不留长、不打理、不分男女的发型。领带松垮地系着，随意地打结；一种凌乱美的气质暗示着矛盾的理论：思想高于衣着；从此，凌乱就成了艺术或智慧的表现，直到 1968 年一代的牛仔裤——人们通常会买通过打补丁、石头磨等方法做旧的牛仔裤。然而，尽管 19 世纪 30 年代的法国波西米亚男性穿着浪漫主义风格的服装，他们的情妇、都市少女、妓女和巴尔扎克笔下巴黎歌剧院的女郎仍然坚持传统的优雅，直到 19 世纪四五十年代，英国拉斐尔前派画家的笔下才出现了一种特殊样式的女性服装。

美国也有自己的波西米亚，在格林尼治村，移植自最初的巴黎文人亚文化。有美国人说："波西米亚是格鲁布街的浪漫化、教条化和自我意识化，它是格鲁布街上的游行。"[1] 就像它的法国和英国版本一样，格林尼治村是记者、写手、艺术家和画家的天地，这些人专注于转瞬即逝之物，专注于描绘表现瞬息即逝的社会情景的素描和插图。19 世纪 50 年代至 70 年代，他们住在下百老汇附近；到 1900 年，他们已经聚集到格林尼治村。

在 20 世纪的前二十年间，格林尼治村是政治和社会骚乱的中心，也是生活方式实验的中心。第一次世界大战之前与第一次世界大战期间，作家、艺术家朱娜·巴恩斯（Djuna Barnes）在格林尼治村度过了大部分青年时光，她是那儿最引人注目的人物之一。在一种以世故老练为标准来反对一切资产阶级的氛围中，巴恩斯相当与众不同——她以有限的手段表现自己在时尚领域的世故老练。而格林尼治村的多数年轻女性都鄙弃化妆品，喜欢穿男装或飘逸的长袍。[2]

无论男女，当街头每个人都戴帽子的时候，这些"波西米亚人"（放荡不羁的艺术家）就不戴帽子，留着短发，穿宽松的女学者制服，搭配棕色袜子。朱娜·巴恩斯则让黑斗篷成了她的"独特标志"。她的外表有时古怪到街上的孩子都嘲笑她。自称巴洛宁·冯弗雷塔格 – 冯洛

1 Cowley, Malcolm (1951), *Exile's Return*, New York: Viking, p. 55. See also Parry, Albert (1960), *Garrets and Pretenders: A History of Bohemianism in America*, New York: Dover Publications. (Originally published in 1933.)

2 Field, Andrew (1983), *The Formidable Miss Barnes: The Life of Djuna Bames*, London: Secker and Warburg, p. 59.

林霍芬（Baronin von Freytag-von Loringhoven）的女人是格林尼治村里最极端的女人之一，她涂黑色口红，擦黄色脂粉，还剃了光头。[1]

然而，在 20 世纪 20 年代末，许多人认为真正的激进主义已经被一种模糊的“另类”消费主义所取代，所谓的妇女解放在这种消费主义中主要被用来促销：“自我表现和异教信仰刺激了人们对各种产品的需求”。[2] 这是第一种真正的消费文化，也是第一种青年文化；在这种文化中，服装能够很大程度上决定一个人在同龄群体中的成员身份。

在英国，“唯美服饰”（将在第 10 章中讨论，与服装改革有关）已经演变成另一种形式的叛逆服装。当露西尔（Lucile）为爱德华时代的女士们穿上柔软的雪纺和迷人的丝绸时，布鲁姆斯伯里团体里的画家、同时也是弗吉尼亚 · 伍尔夫（Virginia Woolf）的妹妹——凡妮莎 · 贝尔（Vanessa Bell），在市场上寻找异国情调的布料和老旧的服装，创造了一种另类的装扮：

> “凡妮莎个子高，有点笨拙，穿着从意大利服装市场上买的料子做的奇装异服……被温德姆 · 刘易斯（Wyndham Lewis）嘲笑为有私人收入的波西米亚，一个模仿奥古斯都 · 约翰（Augustus John）画中女人风格的伦敦西区女士……但她对那件过时的衣服却没什么自知之明……她喜欢浓重的色彩，无论是在绘画上还是在服装上，她都喜欢浓重的紫色和朱砂色。”[3]

1 同 236 页注释 2。

2 Cowley, Malcolm, op. cit., p. 62. See also Ware, Carolin (1935),*Greenwich Village 1920–1930: A Comment on American Civilisation in the Postwar Years*, Boston: Houghton Miflin.

3 Spalding, Frances (1983), *Vanessa Bell*, London: Weidenfeld and Nicolson, pp. 244–245.

纵观 20 世纪二三十年代，波西米亚的“切尔西”风格在伦敦国王路随处可见，如奥古斯都·约翰所画的多丽亚（Dorelia）那样的阿尔卑斯村姑式连衣裙、收腰款式、头巾和放荡不羁的吉卜赛人造型，与现代主义随性女郎的风格形成鲜明对比。在 30 年代，珍妮·艾恩赛德（Janey Ironside）回忆起浪漫主义时期所触及的“附庸风雅的”时尚：

> “当时，艺术界流行的是把头发在头顶上盘一个圆发髻，脖子上戴一条天鹅绒丝带以搭配口红——通常是仙客来或夏帕瑞丽的新颜色——艳粉红色，他们还将维多利亚时代的思想融入自己的服装中。”[1]

——不过当时浪漫的维多利亚主义正影响着夏帕瑞丽本人。浪漫主义在战争初期仍然风靡波西米亚圈，当西奥多拉·菲茨吉本（Theodora Fitzgibbon）第一次见到迪伦·托马斯（Dylan Thomas）的妻子凯特琳（Caitlin）时，“她看起来像文学作品中所有女主角的化身……玫瑰色的天鹅绒连衣裙衬托着她美丽的脸庞和身材，脖子和袖口都有古老雅致的生麻色花边，这令她看起来就像天鹅绒盒子中的名贵珠宝，整个人仿佛是一幅活灵活现的 17 世纪油画”[2]。

切尔西的另类风格一直延续到 50 年代，在艾瑞丝·默多克（Iris Murdoch）1958 年的小说《钟》（*The Bell*）中，女主角多拉只是几

1 Ironside, Janey (1973), *Janey: An Autobiography*, London: Michael Joseph, p. 39.

2 Fitzgibbon, Theodora (1983), *With Love: An Autobiography 1938–1946*, London: Pan Books, p. 124.

千名收集了“五颜六色宽松裙子、爵士唱片和凉鞋”的艺术生之一。不久之后，随着“垮掉的一代”将苍白的嘴唇、笔直的头发和黑色的衣服夸大为反叛标志，切尔西风格分裂成两个不相干的方向，而玛莉官变成了最新的时尚。虽然黑色长期以来是反资产阶级的起义信号，但“垮掉的一代”对黑色的使用源于战后巴黎左岸的存在主义时尚。同样地，正是纨绔子弟和浪漫主义者的共同影响使得黑色成了能够引起共鸣的异议声明。

纨绔子弟作为英雄出现在许多英国的摄政小说中，其中最著名的是爱德华·鲍尔·莱顿（Edqward Bulwer Lytton）的《佩勒姆》（*Prlham*, 1928 年）（1828 年）。莱顿勋爵本人是一个纨绔子弟，他开创了黑色服饰的潮流，尤其是男性黑白晚礼服的潮流，因为黑色最适合现代英雄必备的“被摧残的生命”，也最适合“为自己哀悼的世纪”。

20 世纪 40 年代末，存在主义如同浪漫主义一样是鼓吹穿深色学生休闲制服的一种思想叛逆运动。作为一种哲学，尽管它与浪漫主义有着同样的模糊性，但却更严肃；作为虚无主义和绝望的道德或非道德，它广为流传。但战后名声大噪的存在主义发起者让 – 保罗 · 萨特（Jean-Paul Saetre）和西蒙娜 · 德 · 波伏娃（Simone de Beauvoir）总是否认他们是存在主义者，波伏娃在她的回忆录中对这一现象作了消极的描述：

“萨特的小资产阶级读者已经不再信任永恒的和平与持续的进步……他们以最可怕的形式发现了历史。他们需要一种意识形态，包含这样的揭露，而不必迫使他们抛弃老借口。”[1]

年轻诗人安妮 – 玛丽·卡扎利斯（Anne-Marie Cazalis），左岸一家夜总会的老板，也投入了存在主义的潮流：

“她属于……圣日耳曼的文学世界，也属于地下的爵士乐世界……她洗礼了以她为中心的小团体，以及作为存在主义者在塔布（Tabou，她经营的俱乐部）和凉亭（另一个夜总会）流连的年轻人。新闻界对塔布进行了大量宣传，尤其是对萨梅迪·索伊尔（Samedi Soir）的成功感兴趣的媒体……人们也开始对她的朋友感兴趣……一个美丽的黑发少女：朱丽叶·格雷科（JulietteGréco）……她穿着新的“存在主义者”服装。来自各个咖啡馆的音乐家和他们的歌迷在夏天来到蔚蓝海岸（Côte d’Azur），带回了从卡普里（Capri）引进的新时尚，而卡普里最初的灵感来自包括黑色毛衣、黑色衬衫和黑色裤子在内的法西斯传统。”[2]

朱丽叶·格雷科被达丽尔·扎努克（Daryl Zanuck）吸引进入电影行业，她的鼻子挺拔了，头发也变红了——但她从未在电影中获得成功。在 20 世纪 50 年代扮演“左岸”角色的是奥黛丽·赫本（Audrey Hepburn），她的艳丽姿色、黑色短发、小鹿般的眼睛和芭蕾鞋将一种

1 Beauvoir, Simone de (1963), *Force of Circumstance*, Harmonds-worth: Penguin, p. 47.

2 同上。

虚假的存在主义转译成了电影。

在此，尝试将黑色服装与它早期更常见的丧葬品功能联系起来很有意义。哀悼与反叛是一种奇怪的关系。服丧在早年是一种习俗，尽管黑色并不总是唯一的丧葬颜色，但在整个 19 世纪，可能由于任何年龄的死亡都不再被看作理所当然，服丧得到了特别的重视。早夭依旧常见，但已不再是常态。资产阶级比以往任何时候都更加强大繁荣。丧葬仪式也不仅仅是滥而无效的“炫耀消费”的实例，它同时表达了维多利亚时代宗教情感的严肃性和文化中普遍的大惊小怪。卢・泰勒(Lou Taylor)[1] 从妇女作为丈夫财产的角度，解释了寡妇的丧服为何如此夸张。他认为长期甚至是永久的服丧显示了已故一家之主的财力；在 19 世纪的中产阶级群体中，做寡妇的吸引力的确不如从前。寡妇们经常抱团取暖，利用这种“优势”安排再婚——通常是与比自己年轻的男子再婚。但在 19 世纪，做寡妇就会成为边缘人，因为寡妇没有男性保护者，这是一种危险的处境。当然，寡妇是值得尊敬的。服丧不仅关乎财产和所有权，也关乎贞操。许多维多利亚时代的寡妇的确再婚了，不顾礼数地抛弃了黑纱和黑玉；但是对那些满足于独处甚至更愿意独处的人来说，寡妇的黑纱可能是一种善意的伪装，一种撇清关系的方式，一种不受任何羞辱地离开交配游戏的手段。

服丧在 19 世纪是项大生意，大到每一家百货公司都有自己的丧葬区，在那里可以定制丧服，甚至还能加急。服丧在第一次世界大战后不再是人们生活的必需，大概是因为有太多人逝去，以至于人们觉得

1 Taylor, Lou (1983), *Mourning Dress: A Costume and Social History*, London: Allen and Unwin.

服丧是对逝者的嘲弄。事实上，巴黎在第一次世界大战期间一如既往地保持时尚：

> “年轻女人现在整天戴着高筒帽到处走动……出于爱国的责任感，她们穿着笔直而灰暗的埃及无袖短袍，非常有‘战争感’，下身穿着很短的裙子；脚踩夹脚拖……或者使人想起亲爱的前线战士的长筒靴；她们自称这是因为她们没忘取悦这些前线战士的眼睛是她们的责任，为此她们不仅穿着飘逸的衣服，还戴着军队主题的珠宝……现在流行由75毫米子弹的弹片或铜圈制成的戒指或手镯……这也是因为她们从未停止过对前线战士的思念。她们说，当她们的亲人倒下时，她们几乎不为其哀悼，理由是‘她们的悲痛与骄傲交织在一起’。”[1]

虽然服丧在法国和南欧的历史比在英语国家要长，但发展了服丧热的资产阶级比工人阶级或贵族阶级更早地抛弃了它。如今，服丧文化几乎消失不见了，它与同时代的其他文化一样已经从死亡的概念之中脱身。

自从我们不再服丧，黑色便成为愤怒而非悲伤的颜色，成了侵略和反抗的信号。它不仅与法西斯主义有关，也与无政府主义有关；不仅与存在主义有关，也与20世纪60年代初荷兰和丹麦的激进派“反主流文化主义”有关，阿飞族（Teddy Boy，常穿紧身裤、长上衣、

1 Proust, Marcel (1981), *Remembrance of Things Past: Vol. III: Time Regained*, p. 744.

尖皮鞋，并热衷于摇滚乐的青年男子）在欧洲大陆就叫作“黑夹克”（blousons noirs）。

黑色引人注目、哗众取宠，是抗议的服装必备的元素，能够锦上添花。它与年龄相关，在年轻人身上呈现出萦绕不去、深入人心的一面。它是一种与城市环境相宜的颜色，比起批量生产且过于鲜艳的“工业服装”与利伯缇百货公司（Liberty）不够雅致且色调“自然”的丝绸、粗花呢和毛织物，黑色与城市的红砖、花岗岩、玻璃幕墙更加相配。前者适合柔和的室内布光或北方乡村，但在明亮的灯光或人工环境中会显得单调乏味。

黑色是资产阶级的严肃色彩，但却被颠覆扭曲、变得古怪反常。现代“审丑”热爱骇人的黑色所给予的一切，这种给予自从法西斯主义将制服色情化并创造了一种拜物教的理想后变得愈发强大。统治、虐待和非理性的整体哲学在金发碧眼的雅利安人形象中显现出来，那是一个穿着光亮的黑皮衣、隐约露出刀锋的男武神。

存在主义与 19 世纪的旧波西米亚时代有关。战后 40 年代，伦敦爆发了一场新的服装起义，一场不是由学生和艺术家主导，而是年轻工人阶级主导的起义：阿飞族。这个名字来源于“爱德华时代”，其风格模仿了战后英国的上流社会，他们的裁缝说服他们穿上带天鹅绒领的窄克龙比式外套，穿更窄的裤子、更贴身的夹克，戴头盔，随身一把收好的雨伞。这种风格是保守党对经济紧缩和福利政策的回应，因为它正是精明练达的保守派政治家安东尼·伊登（Anthony Eden）的缩影，他塑造了一种上流社会的优雅形象，而时装艺术家弗朗西斯·马歇尔（Francis Marshall）普及了这种风格并使之成为新绅士风度的典范。阿飞族将其与一种来自美国西部片的风格相结合，采用城市混混的领带、连鬓胡和双排扣大衣；[1] 这种搭配意外地适合一个被文化保守主义束缚的国家，以至于美国文化相比之下显得既反叛又先进。

第二次世界大战后，英国许多作家和社会学家 [2] 被一种强烈的恐惧笼罩，担心英国的“生活方式”将被美国文化所淹没（其他欧洲国家也表达了类似的恐惧）。然而，在用美国文化符号创造异于主流价值观的青年文化方面，英国的阿飞族融入了本土特征，这种新元素就是阶级。阿飞族是工人阶级的新成员，他们相对宽裕，受过教育，拿着战前来看相当优厚的工资，却也生活在一个不曾为年轻工人阶级提供社会保障的世界，在这个世界里，旧的工人阶级社区正在变化甚至瓦解，但却无关紧要，因为钢筋水泥的开发区将会取代它们；这个世界也与美国非常不同，在文化上由上层资产阶级的作风和价值观主导；它最终会被挤在一个小岛上，没有反对美国者的藏身之处。

大多数社会学家已经通过英国人对阶级的迷恋诠释了英国青年风格惊人的多样性和特殊性。[3] 这种风格是对“阶级桎梏”的反抗，但一些人感觉这种风格与其说是阶级对抗，不如说是青春与成熟的对抗，或者时髦与正统的对抗。科林·麦金尼斯（Colin MacInnes）《初生之犊》（*Absolute Beginners*）的男主角，一个生活在 1959 年的青年摄影师说：

1 Frith, Simon (1983), *Sound Effects: Youth, Leisure and the Politics of Rock and Roll*, London: Constable.

2 Priestley, J. B. (1934), *English Journey*, Harmondsworth: Penguin, p. 375.

3 Frith, Simon, 同注释 1。

“像我这样有一份工作意味着我和那一大群被剥削的傻瓜们不一样。在我看来，人类的区别只在于是不是傻子，这与年龄、性别、阶级或肤色都无关——也与你出生时是不是傻子无关，而我衷心地相信我生来不是傻子。”[1]

他穿着一件冰凉的意大利夹克，心中明白风格即将转变，阿飞族正在被新鲜事物挤到一边：

首先就是那些“小乞丐”们、传统爵士乐手风的娘们儿唧唧的衣服。凌乱的长发、硬浆白色衣领（相当脏），身着条纹衬衫、戴同色领带，搭配短小老旧的夹克和非常修身的宽条纹紧身裤，不穿袜子，脚蹬靴子。还有现代主义者眼中的“迪恩（Dean）”们。——男大学生式的平顺短发，分明的发缝，整洁的白色意大利圆领衬衫，修身的短罗马夹克（两个小衩口，三个纽扣），不折裤脚的紧身裤搭配最大不超过17英寸的尖头鞋，旁边放着一件折叠的白色雨衣……

我要补充一点，如果他们的女朋友在场，也会穿得各自登对儿。传统爵士男孩的女朋友留着长刘海儿，她们的长发蓬乱邋遢，衣服不可能好看：牛仔裤、宽松的大毛衣，没有花饰的艳色连衣裙……目的就是看起来脏兮兮的。现代爵士男孩的女朋友则身穿短裙、无缝长袜、脚踩尖头细高跟鞋，身着漂亮的绉纱尼龙衬裙，搭配徽章

1 MacInnes, Colin (1959), *Absolute Beginners*, London: Allison andBusby, p. 17.

风短夹克，发型精致，脸色苍白且带着死尸般的淡紫色，睫毛膏浓黑。[1]

摩登派（尤指 20 世纪 60 年代英国的穿着时髦整洁、骑小型摩托车的青年）像阿飞族一样有自己的音乐和生活方式。关于阿飞族，曾经有一种“同性恋”[2] 的说法——所有为了得到其他同性而非异性赞赏而穿搭的自恋男性群体，都处在出柜的边缘。摩登派更自恋。乔治·梅利认为有一种“强烈的同性恋元素”——但这也确实是自恋：“女孩无关紧要。摩登派将彼此用作镜子，高冷得像冰。”[3] 他们打理出整洁的形象，再增添妆容，涂抹发胶：

摩登派似乎有一个使成年人变得目空一切、傲慢自恋、愤世嫉俗、紧张不安的秘诀；他们像胜利者一样登台，消费对他们来说既是最后一招，也是一片乐园；他们疯狂地从商店到商店，从俱乐部到俱乐部，嗑药、跳舞、赶时髦。摩登派事实上已经普遍成为 20 世纪 60 年代的消费象征。他们的风格被用于变革购物（时装店的兴起）、收听（非法转播的兴起）和舞蹈（爵士灵歌的胜利）。[4]

西蒙·弗里斯（Simon Frith）认为摩登派源自“一群小资产阶级

1 同 244 页注释 1。

2 Fyvel, T. R. (1961), *The Insecure Offenders*, London: Chatto and Windus.

3 Melly, George, 同 229 页注释 1, p. 150。

4 Frith, Simon, 同 244 页注释 1, p. 220。

的孩子和注重衣着的犹太服装商家庭的孩子”，50 年代末他们在休斯敦街南部的咖啡馆里与“半垮掉的一代”厮混在一起，他们渴望特立独行，期待从美国文化中汲取属于自己风格的元素。

对青年人反叛风格或时尚风格的分析有时会忽略这些风格与最新的主流时尚之间惊人的紧密联系。摩登派的风格鲜明、方正简约，与香奈儿和皮尔·卡丹所启发的 60 年代早期女性时尚相似。到了 60 年代中期，这些风格逐渐衰落。摩登派的领带很窄，但这种领带在 1964 年早已有了新款——利伯缇百货公司制造的印花棉领带。随着喇叭裤的出现和长发的流行，不久后这些花哨的领带也变得又宽又长。

第一批美国嬉皮士采用了一种自然主义的飘逸风格，这种风格显然与主流风格完全相左；然而，它就像拉斐尔前派风格一样，是逐步发展而非幡然变革而来，这预示着所有服装的演变方式。20 世纪 60 年代晚期，嬉皮士的时尚转而对抗直线式风格，因为它是时兴的新艺术派爱用的螺旋形化用而来。无论男女，发胶定型的短直发都变成了长卷发；贴身的短袖变成修长飘逸的褶袖；喇叭裤变宽了，看起来像裙子；而短直筒裙则变成了拖地长裙。18 世纪，夹克突然花哨起来，锦缎和天鹅绒也开始流行；摩登派和玛莉官都不甚了解的围巾，在脖子上缠成几圈，一直耷拉到膝盖上；衣领越来越大、越来越长，就像兔子的耳朵一样；妆容起先是朴素的，随后因比芭普及了 30 年代的风格，妆容变成了吸血鬼般的夸张风格。模特女郎和碧姬·芭铎（Brigitte Bardot）担负起反虐待动物的事业，拒绝穿由濒危物种制成的外套；化妆品公司迎合了“天然”护肤护发的需求，推出了以草本原料为特色的新产品线。

比芭风是一种有趣的过渡风格，它贯穿了 60 年代早期的摩登派风格和 70 年代早期的华丽摇滚风格。芭芭拉 · 胡兰尼克（Barbara Hulanicki）创办了邮购公司比芭，销售廉价的摩登派服饰。公司的成功使她和丈夫很快将其发展成为 60 年代第一批精品店之一，并且两次迁往更大规模的经营场所，最终他们接管了肯辛顿的一家大型百货公司德瑞和汤姆（Derry and Toms）。他们保留了百货公司内 30 年代风格的漂亮家具（后来在一次意外的破坏中被洗劫一空），以此作为比芭风的标配——但这种风格根本就不适合整个商店中的商品（有多少人真的想要一个紫红色的冰箱？或者想买比芭牌的番茄酱烘豆？）1975 年，这家商店关门了。

比芭风将摩登派和嬉皮士的风格联系起来，它通过精简和夸张，将高级却转瞬即逝的时尚与另类文化联系起来，其中特别使用了独特的配饰和浮夸的颜色。早在 1966 年，比芭已经开始推出圆形大毡帽、色彩鲜艳的羽毛长围巾以及拖地背心裙。比芭很快就像玛莉官一样使用诸如绉纱和内衣绸缎之类的“老式”材料。比芭的服装有其独特的风格特征：窄肩上的窄袖和帆布夏靴一样都是纯比芭风格的。也许最重要的特征是比芭自己做的“另类”黄绿色，以及李子色、茄子色、鼠尾草色、深鸭蛋青色、深仙客来色、深褐色、奶油色、砖灰色和玫瑰色。

比芭的衣服符合嬉皮士的审美。这些衣服的风格和二手小“连衣裙”一样庸俗，它们被堆在杂乱的慈善义卖场和乐施会的商店里，等待人们进行漫长而艰辛的搜寻。这些服饰与民族服饰的样式相似——庞乔斗篷、海华沙流苏、编结腰带、羽毛项圈、利伯缇百货公司的围巾……它们被人们搭配成嬉皮士的风格。随后，民族风样式在 70 年代成为主流时尚。许多巴黎设计师在他们的作品中引入了阶层等级、民俗时尚和各种各样的异域风情元素。

“嬉皮士”一词源自美国，20 世纪 60 年代的反文化和反越战学生运动孕育了嬉皮士及他们的摇滚乐。嬉皮士风格的含义在英国与大西洋彼岸有所不同，但两者都与学生激进主义有关。英国的嬉皮士传达了反资本主义的理念，将二手衣服、手工艺品和军用剩余装备混用，创造出独一无二的装扮以讽刺和抗议消费社会的浪费。英国嬉皮士拒绝大规模生产方式的同时也拒绝奢侈浪费，并产生了自己的原创风格。尽管这是秉持反消费主义精神进行的，但它却在省钱的同时耗费了大量时间，并且唤回了自我优越感，从那以后，找到一条“仅此一件”的“连衣裙”就犹如买了一件正品迪奥。

这种美感虚无缥缈，而非鲜明夺目。比芭女孩并未回归困窘境况，而是飘摇在纸醉金迷中。与此同时，李·本德（Lee Bender）推出了她的巴士站（Bus Stop）连锁店，这更像 40 年代的风格——带夹层的大垫肩，撞色，大胆使用“便宜”的闪闪发光的材料。70 年代早期的许多打扮就像“魅惑摇滚（流行于 20 世纪 70 年代，男歌手穿着打扮怪异）”一样，都带有一种甚至更多的情调，带有将一切装腔作势都抛诸脑后的怪里怪气。同时，随着民族时尚和复古时尚的融合，二者的整体基调首先变成了反文化的时尚，它们随后成了主流时尚中的一员，加入了俗不可耐的阵营。

这样的阵营喜欢矫揉造作，认可在时装中刻意展现自我的元素并会将其夸大。另一方面，嬉皮士风格的本质则恰恰相反：信仰自然与真实。然而，在嬉皮士的“吸睛之处”之外，这两种叛逆的风格可能会乍现：一种是模仿的发展，这潜藏在老式服装追求新兴风格的洗礼之中；另一种是对真实的崇拜，这种崇拜排斥时装业强加的时尚。但是它又像这种阵营的风格一样，允许且已经被模仿 [特别是被罗兰·爱思（Laura Ashley）公司模仿]。

英国嬉皮士是城市游牧人；美国嬉皮士 [就像电影《胡士托疯狂实录》（*Woodstock*）中的那样] 则生活在另一个梦中，完全不同于英国城市衰败区那些偷住空屋的人。切尔西嬉皮士是前几十年切尔西艺术生的精神后裔，美国嬉皮士是先驱者。对于 20 世纪 80 年代的观众来说，1970 年伍德斯托克的摇滚迷看起来像昔日的西部居民，现在看来可能比当时更明显 [当时人们被花之力（20 世纪 60 年代和 70 年代初期年轻人信奉爱与和平、反对战争的文化取向）风格的珠光宝气和裸体彩绘转移了视线]。这些形象是多么保守：女人留着长发，穿着长裙，天生可爱迷人；男人留着男子汉风度的长发与胡须，穿着李维斯（levis）牛仔裤，戴着斯特森（stetsons）宽边帽。美国嬉皮士伦理中，即使是裸体，也意味着以梭罗 (Thoreau) 或沃尔特·惠特曼 (Walt Whitman) 的方式回归自然——那里没有英国人堕落的气息，因为美国的激进反文化被深深地注入了英国人所无法想象的对城市世界的排斥。而英国人却拒绝了这个城市的世界，并从美国广阔的腹地中得到灵感。在拥挤的英国，嬉皮士群体仅仅意味着在另一个城市贫民区，或者最多在一片乡村农舍中生活；在美国，嬉皮士群体实际上在野外生活。美国嬉皮士提供了一个人类与自然统一的叛逆形象，而这在英国文化中根本不存在。

在美国，嬉皮士风格留存下来的时间比任何西欧国家都要长，因为现在仍然有可能在美国西海岸找到嬉皮士。在某些情况下，在加州空旷的山丘上种植大麻已经成为一种商业行为，但种植户们仍然是嬉皮士；他们穿着印染长袍，戴着西式的大帽子，留着长长的头发，那被太阳晒黑的脸庞和成群的裸体儿童现在看起来倒不像校园里的激进分子。正如宾夕法尼亚州的阿曼门诺派（北美洲戒律严谨的宗教团体，过简朴的农耕生活，拒绝使用某些现代技术）团体一样，整个城镇仍然穿着 19 世纪德国移民先辈的长袍、套装和太阳帽。

相比之下，英国的嬉皮士世界可能转变为朋克，而这不费吹灰之力。朋克在 1976 年漫长炎热的夏天走上了伦敦街头，并且将现代主义带到了摩登派从未达到的境界，这等同于现代主义艺术中的时尚：

> 像马塞尔・杜尚（Marcel Duchamp）的“现成制品”一样，这些产品之所以具有艺术性，是因为他选择将它们称为“最平庸和最不妥的物品”——胸针、塑料衣夹、电视部件、剃须刀片、卫生棉条——都可以带到朋克（反）时尚圈内。[1]

这种“叛逆的打扮”旨在惊人，但也旨在“搞怪”，这正是 20 世纪早期的现代主义艺术家（比如俄罗斯形式主义者）在尝试的事情——以一种新的方式看待日常世界并迫使其他人也这样做：

> 从最肮脏不堪的环境中借用的物品在朋克服装中找到了归宿：

1 Hebdige, Dick (1979), *Subculture: The Meaning of Style*, London: Methuen, p. 107.

> 盥洗室的排水塞链以优美的弧线覆盖在用塑料内衬包裹的垃圾箱上。从朋克的居家用品中取出安全别针，穿过脸颊、耳朵或嘴唇，做成可怕的配饰。“便宜”、设计粗俗又有着肮脏颜色的劣质织物（聚氯乙烯、塑料、卢勒克斯金属丝织物等）……被朋克们挽救并制成服装（飞行员瘦腿裤，常见的迷你裙），他们还对现代性和品位的概念进行了自觉的评论。[1]

重要的是，没有什么看起来理应是自然的。从这个意义上讲，朋克与主流时尚相反，主流时尚总是试图将陌生事物自然化而非将自然事物陌生化。这就是朋克的精妙之处——它的超现实主义和真正意义上的现代主义：它从根本上质疑自己的能力，质疑什么是时尚、什么是风格，粉碎人们对美的固有观念，并抨击“魅力”或“品味”的概念。

反文化风格的朋克很快就失去了其固有的工人阶级的优势；在 80 年代早期，一头粉红色、黄色或绿色的刺头更可能成为中产阶级激进女权主义者或后新马克思主义（post-neo-Marxist）学生的标志。一套连身衣上装许多拉链或一只耳朵戴两个耳饰成为主流时尚。与此同时，还有一些人仍然认为自己是朋克，就像前一代人仍然认为自己是阿飞族一样。

由于朋克剃光的头、绿色头发和破烂使人忧伤，因此总是让人回忆起一群走上忏悔之旅的中世纪朝圣者，或者至少是一群看起来像朝圣者的电影群众演员——一种普遍的虚无主义在蔓延，人们倾向于把

1 同 251 页注释 1。

它简单地理解为一种对核战争的焦虑和对后工业、后现代主义生活徒劳的恐惧表达——也许 80 年代的孩子是女巫的世俗同类，抑或是中世纪晚期的死亡之舞，另一段时期，人们认为世界末日的善恶大决战即将来临。然而，从这个角度来看朋克忽略了这样一种可能性，即以一种惊人怪异的方式创造一个人的身份，这种方式得到了亚文化的鼎力支持。虽然这种方式处于一种普遍的悲观主义中，但它实际上很可能利于建立自信与个性，甚至建立乐观主义。

朋克风潮之后出现了大量的原创设计风格和青年时尚热潮。精心打扮成为一种流行，甚至连 *Vogue* 都刊登了一个专题（1983 年 8 月）。任何风格都有其立足之地。大多数人仍然紧随着一种音乐风格、一支乐队或一个明星，其中一些人还重新运用了以前的青年风格。新摩登派在《四重人格》（*Quadrophenia*）之后出现，这部电影由最初的摩登派乐队之一制作而成。谁人乐队（The Who. Singers）的双性风格甚至比大卫·鲍伊（David Bowie）的 *Ziggy Stardust*（大卫·鲍威 1972 年发行的概念专辑）时期更进一步。多年来，有很多歌迷观众的目标是重现“自家”明星的形象，但是，作为迄今为止最著名的双性恋流行歌手，乔治男孩设计了一种混搭的服装风格，这使一群女孩趋之若鹜地效仿这个毫无男子气概的男明星——头戴（犹太教）哈西德派的黑帽，用卷发布扎起“骇人”长发绺，身穿难看的日式短袍和裤子，还化着大浓妆。

之后出现了“新浪漫主义者”，他们创造了一种宽大懒散的领子（也融入了戴安娜王妃的风格）、黑色天鹅绒和夸张的妆容。新浪漫主义有一些奇怪的“恐怖电影”和“吸血鬼”风格，所有这些风格本质上都是浪漫主义衰落的变形，这终归与魅惑摇滚有关，这些风格也使用各种技巧，尤其是化妆技巧，它们是戏剧化且以表演为导向的时尚。

凯文·桑普森（Kevin Sampson）和大卫·里默（David Rimmer）在 *The Face* 杂志中写道，与足球俱乐部追随者的风格略有不同，这类“街头时尚”始于 1977 年大卫·鲍伊和朋克的混搭风格：身着马海毛搭直筒裤，脚蹬塑料凉鞋，配粗呢大衣，还顶着“上一次大萧条”时的“楔形”发型。起初，作为另一种被足球迷们所接受的音乐社团风格，它风靡一时；随着时尚的发展，它以一种模仿经典反时尚的怪诞方式达到高潮，并且重点以时尚为标签。这种外观是：

> 由耐克运动鞋、磨损的 LOIS 牛仔裤和 Lacoste 衬衫组成的格格不入的混搭，搭配山羊绒围巾和针织套衫，配以长款巴宝莉雨衣。[1]

这就是“足球风尚”。学校的孩子们和领取救济金的小孩们渴望得到这些昂贵衣服，他们会尽一切努力得到这些衣服；凯文·桑普森曾描述过，商店里的 Lacoste 品牌产品被洗劫一空时，英国零售商绝望不已：“他们甚至用剃须刀刀片割下鳄鱼标，把衬衫撕出大口子！”

迪克·赫布迪奇（Dick Hebdige）认为这种风格既不随意，也不一定是政治的代替物，更不一定与“现实世界”密切相关。对朋克和

1　Sampson, Kevin and Rimmer, David (1983), ‘The Ins and Outs of High Street Fashion’, *The Face*, July, pp. 20–22.

光头仔（尤指暴虐、好斗的青年种族主义者）来说，亚文化风格重新解释了更广泛的社会冲突：种族主义。朋克确实渴望与黑人并肩作战——“我们是黑鬼”；而剃了光头的光头仔讽刺传统工人阶级的老式衬衫、紧身背带裤和笨重的“(流氓穿的)街斗钉靴”，这样的种族歧视似乎“代表了保守的无产阶级对新浪潮激进的‘工人阶级’姿态的强烈反对”。

黑人和其他少数民族也发展出了自己的叛逆风格，但他们的风格通常都引人注目且自然从容。随着哈莱姆区在 20 世纪早期的扩张，出现了许多流行服装的夸张版本。到 20 世纪 40 年代，城市的年轻黑人已经形成了一种非常独特的风格：佐特装（流行于 20 世纪 40 年代的男装，裤管宽大、上衣长而宽松、肩宽）。这种衣服有夸张的垫肩和脚踝收窄的陀螺形裤，夹克和裤子都有奢华的装饰。“佐特”一词来源于 20 世纪 30 年代的城市爵士乐文化，但这种风格本身的起源尚未明确。有人提出了几种解释，但这种风格似乎最初是由墨西哥移民工人的第二代子女发展起来的。

第二次世界大战期间，佐特装在 1943 年导致了严重的暴乱。一群身穿佐特装的帮派（由墨西哥和黑人青年组成，以墨西哥人为主）公然无视配给规定，激怒了驻扎在太平洋港口的军人。种族骚乱首先在洛杉矶爆发，然后沿西海岸蔓延。根据一种解释——不出所料这是当时最流行的解释——佐特装源自小混混团伙，他们逃避征兵（尽管其中许多人被证实有医疗豁免），迷恋传统的男子气概。

但并非所有穿佐特装的人都是男性。据报道，至少有两个女性帮派，一派是妙龄女郎（Slick Chicks）(尤指时髦的新潮派)，另一派是黑寡妇（Black Widows）。黑寡妇之所以如此命名，是因为她们穿着由佐特夹克、短裙和网眼长袜组成的黑色服装。这些年轻女子所扮演的带有挑衅意味的活跃角色表明，骚乱可能表现出比少年越轨更为激进的东西：社会对贫困的反抗，对美国生活的异化（尤其是对少数民族的异化）。骚乱还孕育了战争时期的混乱，导致了妇女角色的迅速变化。

佐特装是一个象征性的反主流文化风格的明例：它们引起道德恐慌，并且导致街头的实际暴行。佐特装是一种蔑视，一种民族自豪的声明，一种拒绝屈从的态度。[1]

马尔科姆·利特尔（Malcolm X）年轻时是一个佐特族，那时他确实靠小偷小摸、拉皮条和吸毒度日，后来他拒绝了这种风格的一切积极含义。他谴责任何企图以风格为手段表示反抗的矛盾态度：

> 当我穿过中央车站下午高峰时段的人群，许多白人会突然止步，然后看着我通过。假如你个子高，佐特装的剪裁就能显示出最大的优势——而我的身高超过了6英尺。我的鼻子是火红色的，我真的是个小丑，但我的愚昧让我觉得自己很“敏锐”。我那双“走路拉风”（kick up）的圆头橘鞋只不过是当时贫民区的“凯迪拉克”（Cadillac）——富乐绅（Florsheim）鞋。

“直发（conk）”是在家里用碱液顺直的，这可能会灼伤头皮：

1 Cosgrove, Stuart (1984), ‘The Zoot Suit and Style Warfare’, *History Workshop Journal*, Issue 18, Autumn.

"肖蒂让我站起来照照镜子，只见我的头发犹如柔软的、潮湿的丝线一般下垂着。我的头皮还烫得通红……我看镜子的第一眼就让我消除了伤痛。我看到过一些漂亮的直发，但当历经磨难的我第一次拥有这样漂亮的发型时，这种转变令人难以置信……

我顶着一头浓密光滑的正宗红色亮发，和所有白人的头发一样直……

这是我迈向自我堕落的第一大步。"[1]

后来，马尔科姆进了监狱。他在那里成了一名黑人穆斯林（尤指美国的黑人民权运动支持者），获释后成了一名黑人政治领袖，直到1965年被暗杀。后来，对主流白人文化的拒绝与反抗采取了一种更加刻意和明确的形式。自然的非洲发型和"黑皮肤就是美"的口号在意识形态上更加公开地重新肯定了黑人的独特气质。在20世纪60年代前，西方大多数黑人男女只能以白人模特的美貌为基准来塑造自己的容貌。诸如至上女声组合（The Supremes）和雪莉·贝西（Shirley Bassey）这样的歌星要么拉直了头发要么戴了假发。

尽管时尚界允许异域风情的多样性，但这通常还是因为它是"异域风情"，正如20世纪20年代一样。实际上，在20世纪60年代，作为第一个黑人国际时装名模，唐耶尔·露娜（Donyale Luna）不仅以异国情调为"卖点"，而且以"奇异"为标识（"她是飞机吗？""不。""她是不同寻常的人吗？"对的……她是唐耶尔·露娜），但她自己也没能

1 Malcolm X (1965), *The Autobiography of Malcolm X*, Harmonds worth: Penguin, pp. 164, 137–138.

在这种人格物化中幸免于难。[1]

不过，各种独特的黑人风格在 20 世纪 60 年代到 80 年代得到了发展，其中一些截然对立，另一些则适当混搭了其他风格，比如源自非洲的西方时尚风格。在英国，拉斯塔法里（Rastafarian）教徒[2]留着卷曲的“骇人”湿发辫，戴着高顶帽子或红色、金色、绿色的针织帽。这种风格代表开放与从容，标志着隶属关系，黑人与白人都承认这一点。这种装束经常引致街头和监狱的骚乱，长发辫在此可能会被强行剪断。同样地，将长发藏在头巾帽之下的锡克教徒有时也会或已经受到了惩罚，例如，因骑摩托车时未戴安全帽而被起诉。[当然，留着长发的白人也受到了仪式上的惩罚：20 世纪 70 年代初，当《奥兹》（*Oz*）杂志编辑部的两名成员被送进伦敦的监狱时，他们剪短的头发上了全国新闻的头条。]

长发对人的象征意义——至少在当代西方文化中超越了时尚，也超越了黑人少数群体对它的使用和颠覆。尤其是在女性时尚中，时尚和异见可能会结合在一起。加勒比黑人流行的串珠发辫是对非洲风格的改造，他们以非洲血统为荣；他们也会重新诠释西式风格，例如，将一根窄辫子别在 20 世纪 40 年代的侧翻卷发上，或者做成 20 世纪 20 年代的波波头。

就像叛逆着装反对最初的非洲风格对黑人身份的直接表达，也许反文化的特点，或者被政治宗教团体采纳进实际上的制服的，正是叛

1 Keenan, Brigid (1977), *The Women We Wanted to Look Like*, New York: St Martins Press, p. 178.

2 把前埃塞俄比亚皇帝海尔·塞拉西奉为神的牙买加宗教团体成员，通常留长发。——译者注

逆着装的模糊性。在哈莱姆区扩张的早期，贫民区的时尚似乎表达了特别受压迫的城市大众对生活的欢乐和魅力的渴望，而反文化着装通常在同时表达享乐主义和叛逆时最为独特。

不同寻常的着装具有模糊性，但它有时也可能只是为了表达模糊性。像大卫·鲍伊这样双性化的摇滚明星乍一看令人震惊不已。当一个男人化妆或者一个女人剃光头的时候，大胆的新界线已经被确立。但这些风格也可能只不过是新形式的纨绔主义。纨绔主义既表达反叛，也表达差异与解脱。20 世纪 50 年代美国贫民区的纨绔主义对新兴的音乐风格影响极大，这显示了精英意识而非群体认同：

> “这位潮人是下流社会典型的纨绔子弟，他打扮得像个皮条客，装出一副非常冷静理智的腔调，这是为了区别他和那些在贫民区围绕着他的粗俗之人，也是为了追求生活中更美好的东西。”[1]

此外，没有什么比纨绔主义更加神秘，也没有什么比双性恋更加故作忸怩。这种关系不能公开。因此，20 世纪 80 年代早期的同性恋男星中没人“出柜”。他们“故作姿态”，暗示自己是双性恋，还特别暗示“爱有多种形式”。在 1983 年底的一次大促销活动中，文化俱乐部（Culture Club）乐队的主唱乔治男孩（Boy George）在社会层面淡化甚至驳斥了所有关于同性恋身份或“同性恋生活”的观点。他承

1 Goldman, A. (1974), *Ladies and Gentlemen, Lenny Bruce*, London: Panther, quoted in Hebdige, Dick, op. cit.

认过去和男人上过床，但现在“我宁愿喝杯茶”[《妇女》(*Woman*)，1983 年 10 月 8 日]。他实事求是地声称自己是英国大怪人传统中的一员，而且也是久负盛名的英国变装艺术家传统的一员。

表面上来看，如此骇人听闻的性别似乎正是因此而不再是一种隐秘的性取向和一个谨慎保护的隐私领域。然而，也许这种难以捉摸的模糊性代表了对所有 70 年代最时髦的性“真相”的忠诚，即性别和欲望终归不稳定。我们所培养的固化的性别认同，通常被认为是“自然的”、天生的，但这实际上更像是由 19 世纪的性学家精心写成的侦探小说；这些小说只是禁锢了欲望的任性，限制了我们的性别和社会角色。

20 世纪 70 年代，可能的矛盾之处在于与反常的性行为有关的服装款式大量增加。作为一项政治运动，同性恋解放运动（GLF）始于格林尼治村，发展到英国后成为第一个将服饰提升到政治实践中心的政治运动。1970 年的同性恋解放主义者还没有放弃对性身份的信仰；他们仍然相信自己是同性恋者。因此，同性恋解放运动的成员首先的典型行为就是“出柜”——公开宣布自己是同性恋。最引人注目的方式之一就是颠覆娱乐界的传统“乏味之事”，在公共场合化妆和穿连衣裙（frock）。（自 20 世纪 40 年代以来，“frock”这种裙子就一直在过时的边缘徘徊，它在嬉皮士们开始穿 40 年代的二手复古装时回潮。）

同性恋解放运动的理念是变装的形式打破了刻板的性别角色；穿裙子和高跟鞋就是放弃“男性特权”，但这场运动甚至比这更进一步。总的来说，所有的传统分歧都将被打破，一种彻底变革的生活方式将会粉碎个人主义：

漫漫长夜，人们在交谈、哭泣、忏悔，伴着痛苦的崩溃，心事随之而来。自尊心受到了难以置信的打击……因为我们在集体中不可能一直待在一个房间里，所以我们决定，如果我们中的两个或两个以上的人聚在一起交谈，那么说的话应该重复说给听不懂的人，这有助于我们打击小团伙。

“实际上，一些美好的事情开始发生。看到理查德（Richard）穿着洛娜（Lorna）的羊毛衫，珍妮（Jenny）穿着理查德的内裤，茱莉亚（Julia）穿着我的鞋子，真是太好了。人们可能很快就会觉得某件特定的物品不属于任何人。”[1]

因为社会已经把同性恋者的性取向变成了一个问题，也许年轻的同性恋者比其他人更容易采取攻击性别的行动。男扮女装的问题仍然大规模存在：尽管它描绘了传统的变装行为，但它仍然经常讽刺女性，而且可能是冒犯性的性别歧视。

在男同性恋者中，有一项运动重新强调了男子气概。20 世纪 70 年代中期的同性恋者想声明男同性恋者并非都是体弱的人，男子气概与性取向没有必然联系，由此产生了“模仿者”的形象。模仿在某种程度上是对男性气概的夸张描绘。模仿者穿着牛仔裤、格子衬衫和夹克、复古皮衣和厚靴子，尽管脸刮得很干净，但还留着小胡子。[2] 这种几乎统一的风格有许多优点。模仿者一眼就能被其他同性恋者认出，但却不会招致对同性恋的暴行。这种装束在工作中不会冒犯别人，因为大多数同事都会忽略它的意义；但这让穿戴者感到满足，即使大多数异

1 Walter, Aubrey (ed.) (1981), '*Fuck the Family*', *Come Together: The Years of Gay Liberation 1970–1973*, London: Gay Men's Press, pp. 156–157.

2 See Altman, Dennis (1982), *The Homosexualization of America*, Boston: Beacon Press.

性恋者没有意识到他在某种意义上是公开的同性恋。模仿者的服装强调同性恋的阳刚之气，还具有防老抗衰的优势。一个秃顶的模仿者看起来比一个秃顶的伽倪墨得斯（Ganymedes，为众神酌酒的美少年）好得多，而沉甸甸的腰带和飞行夹克可以遮盖相当大的肚子。

但皮革的狂热粉丝和 s/m（施虐受虐狂）及女同性恋穿着更大胆的款式。一些女同性恋回到了 20 世纪五六十年代的俱乐部和酒吧中夸张的“男性化”风格和“女性”风格，但却与 70 年代的双性恋和女权主义者格格不入。众所周知，美国同性恋甚至在放置手帕和钥匙串的基础上制定了一套性密码。因此，尽管性别已经被动摇，但是对性取向的一贯淡化至少在前卫的圈子里已成为一种习惯，同时，一个愈加精确的性欲尺度被完全精确地表示出来。

然而，如果认为这比实际情况更具颠覆性，那就大错特错了。（《泰晤士报》，1984 年 5 月 1 日）苏熙·曼奇斯（Suzy Menkes）报道了 1984 年的“中性内衣”时尚和女装的男子气，暗示这些都是“关于性革命的终极时尚宣言”。但他接着透露，这种“变装”的形式正为专卖店中“性别模糊”的男女通用部门开辟道路，这只不过是一种新的时尚而已，而且值得注意的是，它所针对的市场是富有的异性情侣市场。中性风的服装对他们来说象征的不是对性别的攻击，而仅仅是对中产阶级和睦相处的再次肯定。

为什么叛逆的服装会如此频繁地出现在工业世界的生活中？即便如此，流动的社会中仍然存在着严重的不平等，个人和群体找到了新的方式来区分自己；此外，个人主义受到鼓励，持不同意见的人在某种程度上是可以被包容的。在这种“财富民主”中，每个人都可以自由地让自己变得不平等，社会在公开展示和自我两极之间摇摆，在政治机构的铁律秩序和自我任性的无法无天之间开辟了一个空间。

当然，每一个新的想法在这样一个社会里都会成为利润的源泉，风格异常和风格创新也不例外，而那些穿着惊人的人一定会被当作最新事物受到热烈欢迎。在资本主义晚期，“审美生产……已经普遍地融入商品生产中：以更高的货物周转率生产更多新奇的商品（从服装到飞机）的迫切性，这种迫切性现在赋予审美创新和实验越来越重要的结构功能和地位。”

这会造成什么后果?

“认为今天的文化不再被赋予曾经享有的相对自主权……并不一定意味着它的消失或灭绝。恰恰相反，我们必须坚持声称，文化自主领域的解体应该更确切地比作一场爆炸：文化在社会领域的惊人扩张，达到了我们社会生活中的一切都可以说已经成为文化的地步。”[1]

叛逆的风格在这个充斥着文化的世界里继续着，甚至比以前更加狂热，它们试图颠覆主流意识形态，利用大众消费手段来构成或促进意识形态的形成。诸如斯图亚特（Stuart）和伊丽莎白·伊文（Elizabeth Ewen）等激进分子对此表示谴责，他们认为“反叛时尚”只是抗议的一种休养生息：

“也许有人会说，这种改变的欲望在协调一致的社会行动领域中会得到更有意义的追求，而时尚则提供了一个不断变化的出路，

1 Jameson, Fredric (1984), ‘Postmodernism or the Cultural Logic of Late Capitalism’, *New Left Review*, no. 146, July/August, pp. 56, 87.

它将个人的成就感，自我意识和社会渠道整合在一起。”[1]

——形象的民主只是一个形象。然而，这种批评所漏掉的恰恰是文化的“爆炸”，这种对时尚的特殊谴责在逻辑上只能导致法兰克福学派对通俗文化隐晦的全面批判。伊文夫妇并不理解在一个“社会行动协调一致”的世界里，传统的社会行动本身可能被后现代主义文化吞噬［甚至布尔什维克革命也变成了一部由沃伦·比蒂（Warren Beatty）］和黛安·基顿（Diane Keaton）主演的票房大片——《烽火赤焰万里情》（*Reds*）。无论多么“堕落”，手头的工艺品在总是有危险的情况下都必须被用于所有批判，乔治·梅利（George Melly）本人对流行文化的同情有所暗示：这将使“反叛”转变为“风格”。

瓦尔特·本雅明将这种政治审美化看作法西斯主义倾向。[2] 当政治被美化时或者说当政治活动是以其“美”而不是其效果来评价时，一种法西斯式的超越人性的风格和超越苦难的效果就产生了。本雅明提到了未来派艺术家，他们赞美炮弹爆炸、炸毁骑兵营、杀害人马所形成的“魅力”模式。另一个例子是莱尼·里芬斯塔尔（Leni Riefenstahl）关于 1934 年纳粹党纽伦堡党代会的电影《意志的胜利》。这部电影将狂热的纳粹队伍转变为引人注目的光影模式。这是对事件性质的否定，也是以风格的名义对残忍和死亡进行辩护。

一般来说，詹姆逊（Jameson）所定义的后现代文化必须接受这

1 Ewen, Stuart and Ewen, Elizabeth (1982), *Channels of Desire: Mass Images and the Shaping of the American Consciousness*, New York: McGraw Hill, p. 237.

2 Benjamin, Walter (1973b), ‘The Work of Art in the Age of Mechanical Reproduction’, *Illuminations*, London: Fontana, pp. 243–244.

种冲击，而时尚永远在它的边缘徘徊。然而，由于时尚像资本主义一样如此矛盾，只要我们采取批判一致的政治立场（后现代主义话语所缺乏的），它至少就有潜力挑战那些自身所依附的意识形态——正如所有流行的文化形式一样。

毫无疑问，20 世纪 20 年代的布尔什维克艺术家认为服装设计值得关注。建构主义者瓦瓦拉・史蒂潘诺娃（Varvara Stepanova）是一位受过训练的服装设计师，她谈到时尚时就像巴杜（Patou）或香奈儿所说的那样：

> "今天的着装必须受到瞩目——除此之外，没有着装就像无法想象机器不能正常地运转一般……接缝本身（对剪裁至关重要）赋予了礼服造型。暴露衣服的缝制方式，纽扣拉链等就像在机器中一样清晰可见。"[1]

其他在这一时期转向服装设计的建构主义艺术家还有塔特林（V.Tatlin）和马列维奇（K.Malevich）。不幸的是，由于内战所带来的经济困难，这些艺术家旨在批量生产的服装设计并不能真正地批量生产，但是它们是一种全新风格的革命性服装的原型，正如一位作家在 1923 年所描述的，它结合了农民服装的多功能性、生动的色彩以及流线型剪裁，适合工业生产和城市生活。这一时期的苏联服装设计师也对运动装以及日常生活服装感兴趣。但他们同样致力于将工业和传统

1 Anscombe, Isabelle (1984), *A Woman's Touch: Women in Design from 1860 to The Present Day*, London: Virago, p. 95.

风格与 20 世纪 20 年代高级时装的几何现代主义相结合。

共青团报纸 *Komsomol's skaya Pravda*1928 年 6 月的论述证实，着装在意识形态上的重要性并没有被忽视。作者批评共青团员所穿的“制服”，尤其是“单调的卡其色”，因为“它可能会成为一道屏障，将高层共青团员与群众切离开来”。据这位作者所说，这种问题的解决方案是创造出真正的苏联时装，与莫斯科商店里陈列的外国高级时装竞争，并使年轻人中的“纨绔子弟”效仿这种风格。[1]

许多乌托邦式和社会主义的改革者认为时尚不适合一个进步的社会，因此试图废除它，这是对时尚更典型的“革命”态度。

1 Museum of Modern Art, Oxford (1984), *Art Into Production: Soviet Textiles, Fashion and Ceramics 1917–1935*, Oxford: Museum of Modern Art.

苏联建构主义者的革命风尚，柳博芙
——叶卡捷琳娜·波波娃的杂志封面设计，1924 年

10 Utopian Dress and Dress Reform

乌托邦服饰与服饰改革

“我只是惊讶于化妆和服装的魔力……我将形象看作是包装。为什么不这样呢？这是一件值得玩味的事，人们把服饰看得太重了。”

——安妮·蓝妮克丝，
舞韵合唱团主唱《星期日泰晤士报》1984 年 4 月

19 世纪的科学精神有力地影响了从资本主义内部发展起来的社会主义。由马克思、恩格斯提出的马克思主义政治理论，旨在论证资本主义生产方式的规律。他们将这些理论命名为科学社会主义。

19 世纪的社会主义者在批判资本主义者及其设想的替代方案时，也意外地赋予了服装重要的地位。凡勃伦的著作受到了马克思主义和功利主义的双重影响。他对女性所遭受的剥削和女性作为财产和消费者的双重角色有自己的理解，而这种理解正是源于马克思主义。他的著作是一场反对压迫妇女的论战，不幸的是，他的时尚观和女权主义混淆了。

服饰改革是一项独特的事业，体现了利亚时代的诚意（不过这项事业比 19 世纪更久）。最初，它与美国的一些宗教团体有关。19 世纪早期，人们受到诸如贵格会（Quakers）信徒朴素服饰的影响，普遍对服饰改革感兴趣。服饰改革也与其他进步观点有关。欧文主义者和其他社区居民，如布鲁克农场（Brook Farm）、奥奈达（Oneida）和新和谐社区（New Harmony）的居民，尝试了简化的服装，这些社区的妇女不再穿紧身胸衣，并且把裙子做得更短，有时则穿某种形式的裤子。[1] 英国欧文派社区的女性似乎也穿着非传统的服装。例如，1840 年，当地一家报纸报道称，马尼埃芬社区（Manea Fen community）的妇女穿着裤子，头发扎成小卷（不过这里并不清楚“小卷”是否意味着短发）。[2]19 世纪 30 年代，法国也有社会主义团体“设计了一种男女统一的制服，纽扣一直扣到后背，通过这样的设计来防止一个人单独脱掉它，这进一步加深了他们之间的相互依赖。”[3]

因此，服饰改革很容易与女权主义联系在一起。1851 年，一群美国女权主义者对女装进行了一次改革，这次改革也被认为是最著名的一次。她们下半身穿着土耳其风格的裤子，上身搭配一件又长又宽的

1 Banner, Lois (1983), *American Beauty*, New York: Alfred A. Knopf.

2 Taylor, Barbara (1983b), *Eve and the New Jerusalem*, London: Virago, p. 255.

3 Kunzle, David (1982), *Fashion and Fetishism*, Totowa, New Jersey: Rowman and Littlefield, p. 122.

束腰外衣。外衣上系着腰带，紧身胸衣裁剪得很有女人味。这种风格以美国女权主义者阿米莉亚·布鲁默（Amelia bloomer）的名字命名，被称为“灯笼裤装”（bloomer costume）；她的朋友，同样是女权主义者的伊丽莎白·卡迪·斯坦顿（Elizabeth Cady Stanton）推广了这套服装。[1]然而，她们最终被迫放弃了它，因为这套装束招致了太多嘲笑，而矛头都指向了她们为之奋斗的女权主义事业。灯笼裤装在女权主义和男性主义之间建立了联系。在英国，《笨拙》（*Punch*）杂志无情地利用这一点来抨击女权主义者的观点，他们认为女权主义者在某种程度上是非自然的。[2]

在英国，有另一种反对当时时尚的声音。这种声音来自 19 世纪 40 年代开始的拉斐尔前派运动（pre-Raphaelite movement）的艺术家们。他们主要以真实地描绘自然为目的。他们还受到文艺复兴早期绘画的影响（“拉斐尔前派”的名字即来源于此），与此同时，一种女装风格基于对中世纪简约风格的浪漫想象应运而生。乔治·瓦茨（George Watts）写过关于服装的美学原则。米莱（Millais）的母亲对他的画进行了研究并基于此制作了服装。伊丽莎白·西达尔（Elizabeth Siddal）和简·莫里斯（Jane Morris）是拉斐尔前派的“情人”和模特。她们做模特时不仅摆造型，而且习惯穿一种特殊风格的服装。这种设计既取消了衬布，也放弃了时髦的垂肩缝和紧系带，这两种设计一同限制了穿着时髦的女性将手臂完全抬起或伸展。前拉斐尔风格的袖圈

1 Banner, Lois, 同 269 页注释 1。

2 Adburgham, Alison (1961), *A Punch History of Manners and Modes*, London: Hutchinson.

很高，而且袖子本身的上部通常很饱满。拉斐尔前派女性不再穿紧身衣；作为 19 世纪 70 年代在品味和风格上的元老级人物，哈维斯夫人（Mrs. Haweis）强调了这种风格的这一观点：

> “服装美丽的首要原则是不应与人体的自然形态相抵触……人体自然形态最重要的特征之一是优雅的身材，因此拉斐尔前派最引人注目和最有价值的创新之一是腰部。第一个目标是要有一个‘仿古腰’——粗俗的人会说它粗得可怕——粗得像美第奇的维纳斯（Venus de Medicis），像高贵得多的米洛斯的维纳斯（Venus de Milo）。”[1]

值得注意的是，哈维斯夫人选择的例子并不出自自然，而是来自古典艺术。希腊艺术深深地影响了维多利亚时代。爱德华·威廉·戈德温（E. W. Godwin）是后维多利亚时期的希腊复兴建筑师，他将希腊风格与 19 世纪最后几年流行的日本风格结合起来。也因此他的情妇，女演员艾伦·特里（Ellen Terry）“只在和服和希腊长袍之间做选择”[2]。20 世纪初，利伯缇的商品目录也向读者展示了如何搭配希腊风格的服装。

目录中还描述了其他时期各种各样的几乎是奇装异服的服装——例如中世纪或 18 世纪风格的晚礼服。从某种意义上说，这是维多利亚时代爱打扮的传统。现代生活强化了自我意识，这使得男人或女人很

1 Haweis, Mary Eliza (1878), ‘Pre-Raphaelite Dress’, quoted in Newton, Stella Mary (1974), *Health, Art and Reason: Dress Reformers of the Nineteenth Century*, London: John Murray, p. 53.

2 Jenkyns, Richard (1980), *The Victorians and Ancient Greece*, Oxford: Basil Blackwell, p. 301.

阿米莉亚·布鲁默(Amelia bloomer)，1851 年
——来自玛丽·埃文斯图片库

难在他们的社会角色中感到完全放松。也许“盛装打扮”提供了一种有趣的方式来驱散这种不安（这也与“流行服装”和恰当的时代感在舞台美术和绘画中变得更为重要有关）。

然而，与此同时，维多利亚时代的人相信，最好的艺术是最忠实地反映自然和“真实”的艺术。在整个服饰改革的历史中，这种对自然与艺术关系的困惑一直持续到今天。我们已经不再相信艺术应该复制自然的有形表象，人们却仍然强烈希望建立一种“自然”的服装形式。然而，在服装中寻找“自然”必然是徒劳的，因为这种“工程”试图否认，或至少没有认识到，服装不仅仅是对身体这一生物实体的适应，也不仅仅是对地理或气候的适应，更不仅仅是将两者联系起来。服装是一种复杂的文化形式，就像人类这个概念对于自身本体一样。

斯特拉·玛丽·牛顿将服饰改革描述为“试图摧毁文明基本原则的极少数尝试”。然而，并非所有的服饰改革家都坚决反对时尚本身。例如，艾达·巴林（Ada Ballin）在 1885 年的一篇文章中指出：服饰改革必须考虑到时尚，因为“女性……害怕，而且有理由害怕被嘲笑。”[1] 她的主要目标与其说是废除时尚，不如说是使服装变得“健康”。她提倡锻炼，并且主张紧贴着皮肤穿羊毛衣服，因为她认为棉花吸收水分的能力很差。她提醒人们注意染过的衣服的危险，因为当时染料中确实含有有毒物质，但她也认为“一个没有胸衣的胖女孩看起来很像一堆没有形状、颤抖的脂肪”，因此她并不反对紧身胸衣。她还承认，保守主义和对不断创新的渴望同时限制了服饰改革。

1 Ballin, Ada (1885), *The Science of Dress in Theory and Practice*, London: Sampson Low.

自 19 世纪初以来，一些医学界人士就一直在为男性和女性的健康着装而奔走。人们普遍认为，维多利亚时代的服装不仅不卫生而且过分拘束。1884 年在伦敦南肯辛顿，举办了一场国际健康展览会（*International Health Exhibition*），简称“健展会”，这一博览会的走红表明人们对健康和服饰改革普遍感兴趣。食物和服装部分都特别受欢迎——一条裤裙吸引了大量的人，而血汗劳工（制作手套和裙子）展引起了震惊的评论。19 世纪 80 年代中期，理性服装协会成立了，其宗旨是追求一种健康、舒适和美丽兼具的服装形式。[1]

两例美的服装，1881 年
——来自《笨拙》杂志

1 Newton, Stella Mary (1976), ‘Couture and Society’, *Times Literary Supplement*, 12 November.

正是在这一时期，斯图加特大学的动物学和生理学教授古斯塔夫·吉加博士（Dr Gustav Jaegar）认为仅靠动物纤维就可以防止身体积存“害气”，并成功发起了羊毛紧贴身体（并睡在羊毛床单上）的风潮。当时，《泰晤士报》的一篇报道（1884 年 10 月 4 日《泰晤士报》，再版于 1984 年 2 月 7 日）称吉加的理论“被科学实验和实践经验所证明”。像许多服饰改革家一样，吉加的观点基于错误的信念，即“作为动物，我们应该穿动物纤维制成的衣服”——如果我们抛弃文化，我们会更健康。他设计了一套特殊的卫生服，完全由羊毛制成，且精心设计以防止所有的风吹到皮肤上。这套衣服在英国知识界非常流行。奥斯卡·王尔德（Oscar Wilde）和萧伯纳（George Bernard Shaw）（据说萧伯纳穿起这套衣服时看起来就像一个白萝卜）都是虔诚的信徒，对于一代人或更多人来说，“贴身穿羊毛”几乎成了一种道德上的要求。

吉加坚信，工业染料像植物纤维一样，对人体有毒害。拉斐尔前派则是出于审美原因反对化学颜料。19 世纪五六十年代，德国从煤焦油中开发出苯胺染料；他们创造了一系列明亮的酸性新颜色，如靛蓝色、品红（以一场战争命名）、石灰绿、芥末绿、硫磺黄、克里米亚蓝等等。拉斐尔前派强调自然，他们使用植物颜料，同时也使用和改进各种饱和的鲜艳宝石色以及褪色的低饱和度颜色。他们以这样的方式来抗议他们所厌恶的丑陋。哈维斯夫人引用了艺术史学家约翰·拉斯金（John Ruskin）的话，说：“没有哪种色彩和谐是更高阶的，除非它包含了难以描述的色彩。”她自己也相信，颜色会随着时间的推移染上岁月的痕迹，这会使颜色越来越美丽，相应的，色调也不会再有那么高的纯度。利伯缇公司基于这种审美开发出独特的“黄绿色”系列，被吉尔伯特

（Gilbert）和沙利文（Sullivan）在她们的轻歌剧《耐心》（*Patience*）中嘲笑了一番，并在女性杂志上挖苦道：

> “懂艺术的顾客们都知道利伯缇。看这位身穿暗绿色‘利伯缇丝’的女士，我怀疑她的丝巾、腰带、帽子更接近黄色（令人想到拌坏了的沙拉），她正跟她年轻的朋友大谈特谈“色调的价值”和优劣，还有半色调的妙处。那位朋友正穿着一件赤褐色的外套，在奇怪的位置绣着古怪的橙粉色纹样。”[1]

到了 19 世纪 90 年代，许多艺术服饰的特点逐渐融入了当时的时装之中。大裙摆和衬裙终于让位于又长又窄的裙子，垫肩流行起来，不久又变成夸张的羊腿袖。锻炼、舞蹈和运动，以及不断变化的女性身份观点，开始对高级时装产生影响。凯瑟琳·安东尼（Katherine Anthony）在其 1915 年的著作中指出，保罗·波烈受到了斯堪的纳维亚和德国女权主义者改良服装的影响，尽管他本人并不承认这一点。但早在 1900 年，比利时设计师亨利·范德维尔德（Henry van der Velde）就在德国纺织业中心科尔菲尔德展示了“改良服装”。他的设计不屑利用紧身胸衣，而是做成高腰，并且建立在“建筑原则”上，听起来和波烈的设计非常相似。[2]

甚至美国的“吉布森女孩”都可能自称是拉斐尔前派的继承者。

1　同 274 页注释 1。

2　Katherine Anthony 被引用于 Banner, Lois, op. cit. 有关亨利·范德维尔德（Henry van der Velde）的批注见 Anscombe, Isabelle (1984), *A Woman's Touch: Women in Design from 1860 to the Present Day*, London: Virago, p. 95.

1905 年与 1910 年的利伯缇风格

——经维多利亚和阿尔伯特博物馆许可使用

当时的许多女权主义者认为，吉布森女孩是 19 世纪 90 年代和 20 世纪初“新女性”的原型。她的创造者查尔斯·达纳·吉布森（Charles Dana Gibson）拜访了当时正在欧洲游览的乔治·杜·莫里耶（George du Maurier），他是拉斐尔前派的最初成员之一，也是当时最著名的平版印刷家之一，后来成了《笨拙》杂志的知名插画家。[1]

在 19 世纪 90 年代的英国，社会主义常常与服饰改革联系在一起。社会主义艺术家沃尔特·克兰（Walter Crane）和威廉·莫里斯（William Morris）认为服装是社会关系的表现。儿童故事作家、著名费边派作家休伯特·布兰德（Hubert Bland）的妻子 E. 内斯比特（E. Nesbit），留着短发，穿着“社会主义长袍”。这种艺术的或波西米亚式的服装似乎常常和对传统和资产阶级生活方式的普遍排斥联系到一起。这一时期的一位社会主义演说家被描述为“穿着、举止自由而不落俗套，蓬乱的头发上戴着一顶破烂不堪的帽子，雨天披着一件画面感很强的斗篷”[2]。爱德华·卡彭特（Edward Carpenter），作为一位自由社会主义者、同性恋者和亲女权主义者，则经常穿着灯笼裤和凉鞋。他光脚穿凉鞋的样子在他定居的村庄引起了恐慌，而他选在那里定居是为了寻找更真实的生活方式。1894 年，一位移居美国西海岸的社会主义者写信向他要凉鞋；他在信中热情地谈到把脚从鞋中解放出来的效果……“一个人终于开始拥有自己的身体”[3]。

1　Banner, Lois, 同 269 页注释 1。

2　Rowbotham, Sheila and Weeks, Jeffrey (1977), *Socialism and the New Life: The Personal and Sexual Politics of Edward Carpenter and Havelock Ellis*, London: Pluto, p. 68.

3　同上，p. 116。

约瑟夫·索思豪尔于 1910 年制作的玛瑙画。画家在这幅肖像画中描绘了自己及妻子，展现了一种混搭的反时尚风格及美学特征，这一点在艺术家穿的马裤上尤为突出。

——由简（Jane）和大卫·列文斯敦提供

斯特拉·玛丽·牛顿认为，到这个时候，这种服装的含义已经发生了微妙的变化。她认为，改良服装现在不再体现道德或卫生，而是成为穿着者品味和政治立场的象征。你穿“社会主义长袍”，不仅因为你指望它既漂亮又舒适，更是因为它表明了你是谁。服装从社会的一部分逐渐转变为身份的一部分，正是这种转变才真正让服装变为最“现代”的表现形式。

1914 年以后，女性服装的改革变成了一个死命题。20 世纪 20 年代，女装的简化使其看起来比男装更理性、更健康。男人们依然被禁锢在又高又硬的衣领、沉重的布料、紧身衣、内衣和靴子里，更不用说那些被服饰改革家们痛恨的裤子了，他们认为这些裤子遮住了腿部的自然线条，阻碍了充分的通风。1914 年以前，服饰改革家倾向于选择马裤，现在他们提倡男士穿短裤。

1930 年，J.C. 弗吕格尔（J. C. Flugel）出版了一本关于服装的书。J.C. 弗吕格尔既是一位服饰改革家，也是一位精神分析学家。他希望通过服装来表达民主理想，也是男装改革的领导人物。弗吕格尔认为，20 年代末女性裙子的加长（最初是让·巴杜设计的）确实激起了人们对女性服饰改革的新兴趣；他提到了一个理性的服装社会，这个社会“直接受到保留短裙的愿望的启发”。

弗吕格尔认识到审美因素在服装中至关重要，他认为服装可以表达他所支持的民主价值观：

“服装必须从毁灭性的竞争和时尚的商业主义中解放出来，从‘固定’服装的不可适应的保守主义中解放出来。服装的设计应当考虑目的和手段的合理性，以及最高标准的当代审美情趣，而不是不惜一切代价疯狂地追求新奇或盲目地坚持传统。”[1]

与大多数精神分析学家不同，弗吕格尔甚至对服装性别分化即将终结的前景保持冷静。他更喜欢强调个体之间的差异，而不是性别的差异。

弗吕格尔的书以他对集体主义乌托邦的愿景结尾。在这个乌托邦中，服装生产受到国家的严格监管，从而生产出优雅、实用、平等的服装，这恰好是对第二次世界大战公用事业计划的一种设想。事实上，他甚至走得更远，因为他最后表达了一种观点，这种观点在两次世界大战之间，在有科学头脑的知识分子中普遍存在，而且是当时流行的一种奇怪的理想化观点：不仅要废除时装，还要废除服装本身。

现实原则要求……我们始终让自己对自己的身体有一个真实的认识。因此，随着审美趣味的发展，服装越来越趋向于与自然的人类形态相协调，并寻求衬托和揭示其美，而不是掩盖其不足之处，或替代其他与解剖学无关的美。如果这一过程继续下去，就意味着重点必须越来越多地落在身体上，而不是衣服上……与身体的完全协调将意味着由衣服产生的身体的审美变化、修正和强化将不再必要或可取；事实上，意味着不需要衣服了……当人们认识到服装本质上的矛盾性质时，对裸体的阻碍就不再合理；从长远来看，经济

1 Flugel, J. C. (1930), *The Psychology of Clothes*, London: Hogarth Press, p. 218.

也是如此。[1]

弗吕格尔支持这一观点的理论是“优生学的新科学”：

> 强调性选择对未来人类福祉的重要性，也为卫生和美学提供了论据，并要求我们适当地重视身体，即使不为我们自己，也至少为后代考虑。[2]

20 世纪 30 年代，“科学繁衍”是整个政治领域的主要关注点。它的动机是希望通过所谓的科学手段而不是社会手段来改善人类，并认为人类是由基因而不是环境决定的。它在共产主义科学家和政治右派中都很受欢迎，它影响了当时作家们所想象的乌托邦[3]。第二次世界大战后，这一理论由于痴迷种族改良，在种族纯洁性观点方面倒向法西斯主义，从而名誉扫地。

服装在文学乌托邦中一直扮演着核心角色。有一种观点认为理性、公正和幸福的社会不会有时尚，实际上这在维多利亚时代并不新鲜。托马斯·莫尔发明了“乌托邦”这个词（它的意思是“不存在的地方”——源自威廉斯·莫里斯的《无中生有的消息》）；莫尔的《乌托邦》（1551 年）中的居民穿着没有颜色、款式相同的衣服。这是清教徒主义的一种表达，

1　同 281 页注释 1，pp. 234–235。

2　同 281 页注释 1，p. 233。

3　关于优生学和左派讨论的延伸参见 Werskey, Gary (1978), *The Visible College: A Collective Biography of British Scientists and Socialists of the 1930s*, London: Allen Lane。

也是对都铎王朝铺张浪费的讽刺，同时也讽刺了贵族的过分行为和都铎商业资本主义的不平等。莫尔还受到北美印第安人简朴生活的影响，其中一些印第安人阿美利哥·韦斯普奇（Amerigo Vespucci）已经发现并描述过。[1]

莫尔这样的清教主义在一个依赖手工艺的社会里是合理的。在莫尔的乌托邦里，没有人一天工作超过六小时，这就不允许生产生活必需品以外的任何东西。

丹尼尔·笛福（Daniel Defoe）在《鲁滨逊漂流记》中含蓄地承认了人类对服饰的需求。然而，乔纳森·斯威夫特（Jonathan Swift）在《格列佛游记》中的观点达到了比弗罗格尔更极端的程度，即服饰改革急于让人类摆脱服装。因为格列佛最理想的种族是一群超级理性的马。

随着时间的推移，文学乌托邦的政治寓意发生了变化。到了浪漫主义时期，乌托邦式的批判总是针对资本主义。从那时起，想象中的社会要么是为了表达对社会主义的渴望，要么就是为了攻击它。

功利主义的费边社会主义尤其同情优生学、优胜劣汰和超理性的人生观。在 20 世纪早期许多虚构的未来中，人类的终极形态是机器，因为毕竟机器比人类更理性。有些作家把社会主义等同于科学；他们相信，社会进步不是由政治努力带来的，而是由“科学奇迹”带来的。

H.G. 威尔斯（H. G. Wells）就持这种观点，杰拉尔德·希尔德（Gerald Heard）也一样。希尔德后来去了加利福尼亚，成了一名佛教

1 Morton, A. L. (1952), *The English Utopia*, London: Lawrence and Wishart.

徒［克里斯托弗·伊舍伍德（Christopher Isherwood）成了他的信徒］，但1924年他出版了《那喀索斯：服饰剖析》(*Narcissus: a Anatomy of Clothes*)。在这本书中，他显然为服装着迷，但他不仅主张废除服装，而且主张废除身体本身。他认为，服装在某种程度上是人体进化的一种投射形式，人体已经达到自身发展能力的极限，因此服装现在必须推进进化，无论作用大小。随着进化的推进：

> 难道建筑不会变得像服装那样吗？主要的结构将由一个支撑循环系统的骨骼结构提供，这个循环系统已经开始模仿身体的精细构造……如果我们像一只被附身的蜗牛一样学会匆忙地带着自己的房子到处奔波，那这所房子就将是我们的服装和习惯。[1]

手术和激素对身体的改变将相当于我们对“剃刀和束身衣等笨拙器物”的改进，最终：

> 我们的身体可能正在消失……确实，是什么阻止我们实现威尔斯先生的惊人预言，变成火星人那样有触手的大脑呢？[2]

著名科学家、共产党员J.D.伯纳尔（J. D. Bernal）在30年代末也写过类似的乌托邦。在他笔下的未来世界里，理性主义也会取得胜利；

1 Heard, Gerald (1924), *Narcissus*: *An Anatomy of Clothes*, London: Kegan Paul, p. 142.

2 同上，p. 155。

生物学的“肉体”和人类心灵的“恶魔”最终将被理性征服，人类将变得“完全空灵”[1]。这些奇怪的观点只是建立在过分科学、过分理性的意识形态基础之上，成了机械观的一种极端形式。

另一种不同但更合理的改革是关于反对虐待动物的抗议和运动。动物、鸟类和爬行动物的皮毛、羽毛和皮革曾为时尚女性的外表做出了很大贡献，西方统治的一个特征便是在全球范围内对动物的捕杀。在1860年到1921年之间，女帽上装饰羽毛的风潮引发了一场可怕的屠杀。最初的受害者是英国鸟类如海鸥和三趾鸥（它们会被撕下翅膀，缓慢又痛苦地葬身大海），后来是来自大英帝国和第三世界的物种。到1898年，委内瑞拉出口的白鹭羽毛已达2 839公斤，可能导致多达250万只白鹭被杀。虽然也有家养的鸵鸟，但这些动物，连同极乐鸟和更稀有的七弦琴鸟、来福鸟、绿咬鹃和红比蓝雀，都被轻率地宰杀了。

1889年，鸟类保护协会成立，但直到1921年，英国才通过立法限制羽毛交易。但在那个时候，往帽子上插羽毛装饰已经过时了。[2]

近年来，人们再次发起运动，反对虐待动物，保护野生濒危物种，反对将稀有动物毛皮用于制作大衣，反对象牙装饰，反对在动物身上或以动物产品为基础的残酷试验。这已成为更广泛的动物解放运动的一部分。在这场运动中，人们认识到，无论是用水貂制作高档毛皮，还是用饲养的母鸡来生产食物，都与在野外灭绝动物一样残忍。

---

1 Bernai, J. D. (1929), *The World the Flesh and the Devil: An Enquiry Into The Three Enemies of the Rational Soul*, London: Kegan Paul, p. 57. quoted in Wood, Neal (1959), *Communism and British Intellectuals*, London: Victor Gollancz, p. 139.

2 Haynes, Alan (1983), 'Murderous Millinery: The Struggle for the Plumage Act, 1921', *History Today*, July, pp. 26–31.

19 世纪 70 年代捕猎鸵鸟（不能飞）
——来源于曼塞尔收藏

另一种反对奢侈、特权和剥削的形式是拒绝在高端或正式场合穿正式、“得体”的服装。1906 年，独立工党议员基尔·哈迪（Keir Hardie）戴着工人帽来到下议院，震惊了他的同事。20 世纪 40 年代末，在工党政府任职的左翼分子安奈林·比万（Aneurin Bevan）前往白金汉宫就餐时拒绝穿晚礼服。最近，学校、职场、监狱和教堂都在为着装上的放松而斗争。穿得不正式的是激进的医生，不穿制服的是最“进步”的监狱。

研究表明，在着装上蔑视传统意味着与自己的角色规范有一定距离，或者拒绝将自己投入到相关的信仰体系中。社工由于在任何情况下角色都是模糊的，特别清楚地说明了这一点。近年来，社工通常穿着非正式的服装，以示与服务对象站在一起，或让他们感到自在。这有时也使他们在警察、治安官和公众的眼中落下坏名声。1983 年，《社区关注》（*Community Care*）报道了大伦敦区的一场旷日持久的论争："在贝克斯利（Bexley）的邋遢社工被告知要打扮自己。"该地区的社会服务负责人向所有社工发函，批评他们"过于随意的穿着和'节制理发'的习惯"。（目前还不清楚"节制理发"是指秃顶，还是说不爱理发）。报道引述谢菲尔德社会服务局局长的话说，奇装异服是伦敦的一种现象，他也承认自己的衣服过去曾受到指责："作为一名新任命的社工高层，有人说我的钢铁工工装并不适合我的岗位。"（《社区关注》，1983 年 6 月 16 日）

可能正由于社工的身份不确定，他们的着装引发了不安。与学生和女权主义者一样，社工也面临着性别模糊的问题。这是因为他们被期望与服务对象建立信任和亲密的关系，显然，性必须完全排除在这种关系之外。然而，与医生和护士不同的是，他们并没有建立起严格的服装体系来设置距离。

社工角色的模糊性和职业地位的不确定性，使其往往被解读为"妇女职业"和"非正式职业"。妇女在公共场合的地位本身就是不确定的。因此，在公共生活中，女性总是因着装被关注，并常常对此感到矛盾。总有一些女权主义者自矜打扮时髦、出场惊艳。例如 19 世纪的前卫女医生伊丽莎白·加勒特·安德森（Elizabeth Garrett Anderson），以及艾米琳·潘克赫斯特（Emmeline Pankhurst），她们总是打扮出众。伊丽莎白·卡迪·斯坦顿（Elizabeth Cady Stanton）也对服装饶有兴趣，并对自己的品味十分自信。有一种观点认为，如果女权观点不是由那些脏兮兮的黑衣“月台妇女”提出来的话，女权主义者可能会赢得更多支持。

女性眼中的乌托邦主题可能比男性眼中的更加人性化。1915 年，女权主义作家夏洛蒂·帕金斯·吉尔曼（Charlotte Perkins Gilman）出版了小说《她乡》（*Herland*）[1]，描绘了一个只有妇女和女童居住的虚构乌托邦。书中的女性种族生活在拉丁美洲的丛林中，但并不像神话中的亚马逊人那样好战。她们穿着适合不同体重的修身连体衣，有时还裹着收腰外衣，这是一种既符合女权主义又符合服饰改革理想的款式，因为它健康、穿着舒适、美观、一成不变。

E. 内斯比特（E. Nesbit）在 1901 年的《护身符》（*The Amulet*）中想象了未来的伦敦，在那里，“人们的衣服都是明亮、柔和的颜色，所有的衣服都做得漂亮而简单”。似乎没有人戴帽子；但有很多人会打着日式遮阳伞。[2] 这当然是一种很有美感的衣服。

第一次世界大战后，新一代女性似乎拒绝接受女权主义的许多理想。战争的阴影仍然笼罩着他们的生活，男人和工作都短缺，难怪渴

1 Gilman, Charlotte Perkins (1979), *Herland*, London: The Women's Press. (Originally published in 1915.)

2 Nesbit, E. (1959), *The Story of the Amulet*, Harmondsworth: Penguin, p. 224. (Originally published in 1901.) See also, Moore, Doris Langley (1967), *E. Nesbit: A Biography*, London: Ernest Benn.

望充实生活的女性更注重女性气质，而不是女权主义。但她们的冷漠让一些年长的女性感到痛苦：

> 一些为投票而战的人并不满意；那些为争取性别解放而奋斗并取得胜利的人看着今天的女孩，心中不只有苦涩，还带着一丝失望。亮丽的外表并不能使为投票而战的女性们平静下来。在战斗中，她们无暇打扮；事实上，她们中的许多人认为，而且仍然认为，任何为好看做出的努力都是奴役的包装，而奴役已经不是什么新鲜事了。这些女性在其中嗅到了性诉求的味道。[1]

第二次世界大战后，新风貌引起了更大的恐慌，工党政府本身也卷入了围绕这种奢侈新时尚的争议之中。英国设计师协会主席斯塔福德·克里普斯爵士（Sir Stafford Cripps）请求英国创意设计师协会（British Guild of Creative Designers）抵制它；来自工党的女议员们公开反对工党对女性自由的攻击，反对工党“笼中鸟”的态度，反对工党强调“过分性感”[2]，并引发了刊载在左翼周刊《新政治家与国家》（*New Statesman and Nation*）上的通信往来。专栏作家“评论家”评论了女性追随“丑陋”新时尚的绵羊心态 (1947 年 9 月 20 日，第 225 页)。作家莫莉·科克伦（Molly Cochrane）回应道（1947 年 9

1 Hamilton, Mary Agnes (1936), ‘Changes in Social Life’ , in Strachey, Ray (ed.) (1936), *Our Freedom and Its Results*, London: Hogarth Press, p. 237.

2 Quoted in Phillips, Pearson (1963), ‘The New Look’, in Sissons, Michael and French, Philip (1963), *The Age of Austerity 1945–1951*, Harmondsworth: Penguin.

月 27 日，第 252 页），男人和女人一样墨守成规，无论如何，长裙更方便，也更“合宜”：“芭蕾教会了我们大多数人长裙的美学优势。”记者吉尔·克雷吉（Jill Craigie），1982 年工党领袖迈克尔·富特（Michael Foot）的妻子也参与了通信（1947 年 10 月 4 日，第 270 页）。（富特曾在纪念两次世界大战阵亡将士的纪念仪式上，因服装不整洁陷入麻烦。）像莫莉 · 科克伦（Molly Cochrane）一样，她明白新风貌裙子的诱惑，但又觉得时值经济危机，她有责任反对它对材料的过度使用，因为当时英国的纺织品需要用于出口。她悲叹 1947 年秋季伊丽莎白公主（现在的女王）结婚时穿的裙子只有小腿那么长（“时装公司既得利益的一个重大胜利”），并引用了乔治 · 奥威尔（George Orwell）的话（他曾表明阶级壁垒正在被打破）：

> 他将这种现象部分归因于当时盛行的女性时尚，这种时尚使得职业女性看起来与富人无异。但如果这种新时尚流行起来，很明显，有钱人会找到翻新衣柜的劳动力和手段，大多数职业女性则不会。这可能会再次扩大阶级之间的鸿沟。

不过，她指出，有一个令人鼓舞的传言称，阿瑟兰科电影公司（J. Arthur Rank film company）将继续让其明星穿及膝长裙，尽管米高梅已经屈服于这种新时尚。

事实上，在美国，人们似乎有组织地抵制这种新的长裙。《时代》杂志（1947 年 9 月）称，全国各地的妇女都举起了反抗的旗帜。1947 年夏天，民意调查显示美国女性不喜欢裙子；得克萨斯州达拉斯市的女性尤其反对这种新造型；1 300 名妇女组成了一个“略过膝俱乐部”，乔治亚州的立法机关宣布他们打算提出一项禁止长裙的法案（就像一些州在 20 年代早期试图禁止露出脚踝一样）。[1]

由于战争造成的混乱，新风貌比原来显得更新了。许多时尚界的美国人可能感到不快，因为法国高级定制时装在敌对状态结束后很快就重新占据主导地位，而人们曾普遍希望美国在时尚领域能永久性地压倒巴黎。在英国，女性似乎对这种新造型表示欢迎，认为这是对紧缩政策的一种摆脱，一位记者甚至将其解释为女性对男性的反抗——女性对男性强制实行配给制和物资短缺的抗议。[2]

20 世纪 60 年代末，当中长裙开始取代迷你裙时，也出现了一些抗议的迹象。但在那个时候，时尚已变得更加多元化，裙子是否变长没那么重要。20 世纪 50 年代，新风貌是贵族服饰的最后阵地，“低调的时髦”不得不被灌输给女性杂志的读者，因为“女士”终于从人们的视野中消失了。1984 年，一位保守党议员仍然会在下议院抱怨工党的邋遢着装，并谈到影子内阁成员哈里特·哈曼（Harriet Harman）：“她前几天穿着毛衣和牛仔裤来上班。她身上任何一个像女人的地方都完全是碰巧。”（《卫报》，1984 年 3 月 12 日）但每个人都知道他只不过是在开玩笑。

像工党中许多年轻女性一样，哈里特·哈曼感受到了当代女权主义的影响。这并不是说女权主义的声音已经明确表达了对服装的看法；

---

1 Lang, Kurt and Lang, Gladys (1961), ‘Fashion: Identification and Differentiation in the Mass Society’, in Roach, Mary Ellen and Eicher, Jane Bubolz (1965), *Dress Adornment and the Social Order*, New York: John Wiley.

2 Phillips, Pearson, 同 289 页注释 2。

但人们普遍认为，一方面女权主义者确实有特定的穿着，另一方面，他们对所有女性应该如何穿衣有自己的看法。一种错误的、最终是极端保守的哲学主导了这场辩论。审视它，就会引发更广泛的问题，涉及服装的整体审美，以及时尚在当代生活中的地位。

11 Feminism and Fashion

女权主义与时尚

普鲁斯特知道时尚的表达有多么转瞬即逝……这可以反映超越时间维度的某些事物。这些事物回荡着对人类无常的怀旧之情，并反映了人类的……命运。

——塞西尔·比顿《时尚透视》

时尚史的维度之一是个体的历史，是创造了这个虚实交错、以梦为装的世界的个体的历史。这个世界既有宏伟的姿态，也有微观的细节；既有一见钟情，也有不渝深情；既有狂热的激情，也有深切的绝望。

每个人都需要服装。而对服装的需求又将个体引入两种极端：一种极端讨厌服装，如果没人管就完全不在乎自己穿得好不好看，并且将时尚看作束缚；另一种将时尚看作义务，不时尚就浑身难受，是对时尚和打扮自己上瘾的“时尚受害者”。

许多“时尚受害者”因痴迷时尚而从事时尚相关的工作。在 19 世纪 70 年代的伦敦，有一位时髦却贫穷的牧师夫人，名叫玛丽·伊丽莎·哈维斯（Mary Eliza Haweis）。玛丽女士通过撰写与时尚、服装和室内装潢相关的文章和书籍来维系她破败的家庭，其中一些书籍甚至获得了不错的销量。她热爱时尚，也知道错误的搭配有多恐怖。她婚前在日记中写道：“当我一夜暴富的时候，我就会失去一切我珍惜的事物了。我会忘掉我的白鞋，只能穿着牛津鞋嘎吱嘎吱地跳舞。真可怕！”她将有品位且敏感的人看作是被霸凌的人：

那些品位养刁了的人，会对别扭的外表和不协调的色彩搭配非常敏感。对这些人来说……这是对心理乃至生理上的伤害。[1]

如今，意大利时尚记者安娜·皮亚吉（Anna Piaggi）已经将“时尚成瘾”发展到了更极端的地步。《观察家报》（1983 年 5 月 1 日）如是说：

她（安娜·皮亚吉）是一个时尚奇才，只因夸张的裙撑通不过飞机舱门，她干脆花几个月的时间坐火车。时尚狂在这位女士面前

1　Haweis,Mary Eliza (1818), Pre-Raphaelite Dress。引自 Stella Mary Newton(1974), *Health, Art and Reason: Dress Reformers of the Nineteenth Century*，London: John Murray, p. 9。日记语录来自 Bea Howe (1967), *Arbiter of Elegance*, London: The Harvill Press, p. 69。

都要相形见绌。

许多男性“时尚受害者”同女性一样，穷极一生从事时尚工作，极端如博·布鲁梅尔（Beau Brummell）一般，穿着上的完美已然成为一种符号形式的哲学；时尚界的杰出代表保罗·波烈也是如此。20世纪30年代和40年代活跃在巴黎的一大批艺术家和设计师：克里斯汀·贝拉尔（Christian Be’rard），让·谷克多（Jean Cocteau）和克里斯汀·迪奥（Christian Dior）都是这样。

这些人中的大部分因“时尚成瘾”付出了沉重的代价，从某种意义上说，他们将生命献给了“所有事业中最困难的事业——把自己变成一件艺术品”[1]：波烈和布鲁梅尔都死在济贫院；许多佳丽香消玉殒，她们或神秘地死于罕见的疾病，或悲惨地死于酗酒或吸毒，甚至两者兼而有之。有些人成了他们那个时代的缩影，却无法随着时代的变迁而向前。这些男女将自己的生命奉献给追求时髦的“悲剧游戏”，似乎有些疯狂。

用诸如神秘、沉溺、着魔之类的词来表达我们对时尚的热爱是不太得体的。时尚介于爱好和仪式之间，纵情于私下，却也公开炫耀，它的不确定身份被打上了不完全是艺术，但却也不是现实生活的烙印。

然而，许多人(或许是大多数人)处在“纵欲”和“禁欲”之间。他们对时尚和精美服饰的热爱令他们产生了强烈的矛盾心理。这种矛盾心理在当代女权主义中以一种特殊的方式再现。

1 Cecil Beaton *The Glass of Fashion*, London: Weidenfeld and Nicolson.

我们很难把时尚和当今盛行的女权主义联系起来讨论。纵观妇女运动的整个进程，关于服装的意识形态似乎从没有被明确阐述过。这可能是自 1970 年妇女解放运动开始以来至今，时尚话题都会引起强烈愤怒和困惑的原因之一。

引起愤怒的原因之一是一幅针对女权主义者的讽刺漫画，大众媒体从当代女权主义的早期开始就在宣传这幅漫画。漫画中，身穿男装却憎恨男性的妇女解放运动成员烧掉了自己的胸罩。这幅漫画的尺度与 19 世纪的杂志《笨拙》相比几乎没有什么不同，只是“烧胸罩”的形象似乎是媒体杜撰的。这幅漫画在英国和美国都引发了许多示威活动：示威者们反对媒体的性别歧视，反对将刻板的审美观念强加于女性，反对将女性仅仅视为性交对象，而非人类个体[1]。这是当代妇女运动早期的一个重要主题，但是大众媒体总是故意混淆反性别歧视和反性主义。

同时，女权主义者内部也出现了两种不同的文化认知。一种是全面批判所有重现性别歧视的思想或妇女娇弱形象的、在某种意义上显得“暴力”和“色情”的文化；另一种是民粹自由主义的：她们认为批判任何广大妇女喜闻乐见的娱乐方式——无论是读低俗言情小说还是穿时尚的衣服，都是不接地气的。这种民粹自由主义的态度是之前

1 我记得我读到过一篇报道，在纽约华尔街举行的示威游行中，胸罩被象征性地烧掉了。1968 年 8 月大西洋城发生了一场反对美国小姐大赛的示威活动，并附有选集编辑的一张便条，上面写着“胸罩从未被烧毁”；然而，示威活动的一个特点是“像一个巨大的自由垃圾桶”（我们将把胸罩、腰带、卷发器、假睫毛、假发、国际性杂志、女性家庭杂志、家庭圈等代表性刊物扔进垃圾桶里。把你家周围的任何此类女性垃圾都带走丢掉）。见 Robin Morgan (1970) *Sisterhood is Powerful: An Anthology of Writings from the Women's Liberation Moveme*, New York: *Random House*, p. 521. 可同时参阅 Sue O'Sullivan (1982) Passionate Beginnings: Ideological Politics 1969–82，1982 年发表于 *Feminist Review* 11 期，了解关于 1970 年 11 月在伦敦阿尔伯特大厅举行的反对世界小姐比赛的示威游行。

讨论过的大众文化中一种普遍的知识兴趣的分支。

这两种认知隐藏着根植于文化史的话语。一方面，19 世纪对自然科学的崇拜持续影响着我们，我曾在乌托邦章节中就此讨论过；另一方面，女权主义者同时受到 19 世纪自由主义及其 20 世纪重释的影响，尽管这些信仰与更为专制的“费边功利主义”相矛盾。但女权主义者内部没有任何辩论充分说明这两种观点是相互矛盾的。这可能反映出更深层次的分歧。有人认为，这种分歧是当前许多政治争论的深层原因：

> 一群人崇尚“认同文化”和实现真实自我与表达；另一群人坚持城市的核心价值：不可预测、规章制度不稳定，并对它们肆意玩弄，信奉“人际交往依赖于人性虚伪”的原则，并基于这一原则行动。[1]

“真实”和“现代主义”之间的这种区分可以应用到我讨论过的许多时尚类型中，特别是当代反文化时尚中。例如，嬉皮士是“真实的”，朋克，如我所说，是“现代主义”。19 世纪的服饰改革家是“真实的”，而像法国第二帝国的交际花一样的纨绔子弟，是“现代主义者”——他们专注于创造一个形象，而不是发现“真正的”自我。这种分歧间接表明了人们看待世界——以及时尚——乃至两种截然不同的政治的两种方式。时装是女性压迫的一部分，还是成年人的游戏？它是空洞的消费主义的一部分，还是以着装规范为象征的权力较量的场所？它压抑自我，还是创造自我？

1 Martin Chalmers (1983), *Politics of Crisis*，1983 年 8 月发表于 *City Limits*, 19–25 August。

“真实”与“现代主义”之间尚未解决的紧张关系困扰着当代女权主义。女性与自然的关系、女性乌托邦以及“女性价值观”占主导地位的世界的愿景……这些主题的反复出现表明，我们渴望一个更“真实”的世界，一个与“自然”紧密相连的世界，在这个世界里，我们将找到真正的自我。而参与政治斗争、使用前卫艺术、女性乐队“挪用”爵士乐和摇滚乐、女性漫画“挪用”无政府主义的“梗”，以及对性别自我的社会建构的信念，代表了“现代主义”的方法。(两者有时会产生交集，在格林汉姆就是这样。)

这种未解决的紧张关系导致了女权主义者的一些争论，比如关于异性恋者的争论，关于色情和浪漫小说的争论，以及关于着装和女权主义者对个人装扮的态度的争论。举例来说，一些女权主义者将男性——至少在所谓的“父权社会”中——定义为女性的压迫者，并将男性对女性情欲的构建定义为女性从属地位的核心；由于他们也承认大多数女性，包括大多数女权主义者，确实希望在性和情感上与男性建立联系，因此他们设置的是一个无法解决的问题。正反双方永远不能融合，辩证法只会加深彼此间的创伤。当然，也有一些人认为，女性可以随心所欲地追求自己的欲望，女同施虐受虐狂便是最常见的力证，而这种观点同样适用于任何形式的异性恋。[1]

在文学领域，尽管一些女权主义者认为色情作品实际上构成了对女性的暴力，但另一些女权主义者则主张女性有权去看，甚至可以被色情作品所吸引。在关于低俗小说的讨论中，道德家和享乐主义者之

1 有关上述问题的讨论，参阅 Ann Snitow，Christine Stansell，Sharon Thompson (1982) *Desire: The Politics of Sexuality*, London: Virago。

间也存在着类似的争论。道德家谴责低俗小说宣扬错误的价值观，称其是女性思想从属的一种形式；而享乐主义者更看重低俗小说的幻想和唤起性冲动的潜能。

同样的道理也适用于服装：正方认为时尚是一种压迫，而反方则发现时尚是令人愉悦的。同样，两方融合也是不可能的。所有这些争论都围绕道德主义和享乐主义：要么做自己的事别人不该管，要么错误意识就该被人指责。大众文化产品要么是对单一男性意识形态的支持，要么就是合理的、应该被欣赏的。

这些争论的另一种稍微不同的版本承认，对消费社会“没有任何价值”的艺术品的欲望以某种方式植入了我们的内心，我们必须通过某种温和的中间道路来解决由此产生的内疚感。这种观点认为，在意穿着和外表是令人压抑的，我们对衣服的爱是一种错误意识的形式——既然我们真的爱它们，我们就陷入了矛盾之中。这种情况下，我们所能做的最好的事情，就是找到某种既不奢侈、自我物化、虚荣，也不土的有吸引力的服装。

苏珊·布朗米勒（Susan Brownmiller）的《女性气质》（*Femininity*）就是这种错误逻辑的“典范”。她在书中表示性吸引力与严肃、实用是直接冲突的，并让女权主义者只能在两者之间做出选择：

“为什么我坚持不穿裙子？因为我不喜欢这种人为的性别差异；因为我不想再刮腿毛了；因为我不想再回想起我在尼龙丝袜上花了多少钱，它给我带来多少烦恼；因为我受不了女鞋的不适感……因

一些女权主义者已经成功地设计和制作出时尚且价格合理的服装，从而避免了人们被众多的廉价服装所剥削——正如这些来自《褴褛的罗宾》（*Ragged Robin*）中的插图所示。

——经《褴褛的罗宾》允许转载

为女性服饰的本质是肤浅的。”[1]

然而，她发现不刮腿毛她就毫无吸引力，穿低跟鞋也不性感（尽管在 1984 年，也就是本书原著出版的那一年，低跟鞋确实很流行）。她开始怀念被她丢掉的礼服，怀念它的优雅和美丽的色彩。

无论是清教徒式的道德主义，还是以“自由”之名支持任何习俗的享乐主义，都不合乎流行文化的需要。我称为“功利主义”的理论体系（或意识形态）促成了这种僵局的形成。功利主义体系的机械哲学影响不为人知、不被承认。功利主义美化职业道德，并且不能在人类文化中给予快乐一个适当的位置（这点受凡勃伦的影响）。19 世纪后期的女权主义者，同今日的功利主义者一样，以这种反对美的费边精神为标志。这一观点的逻辑是，服装唯一的存在理由是服装的功能，也就是实用性。

对功能的强调引发了对什么才是“自然”的思考，它不可分割地被锁定在这场辩论之中。对工业革命的浪漫主义回应中，自然高于文化的信念被奉为神旨。珍妮特·雷德克里夫·理查兹（Janet Radcliffe Richards）是少数几位研究女权主义者穿衣态度的作家之一，她提出，潜在的女权主义者对时尚和化妆品的蔑视是对“自然的人才真实”的“混淆”。[2] 她认为，女权主义者的观点实际上是保守的：她们试图“充分利用自己”是在制造一种错误的印象，以某种方式欺骗世界。

1 Susan Brownmiller Femininity. 感谢 *Wendy Chapkis The Gender Divide:A Discussion of Femininity by Susan Brownmiller*（未公开发表）中介绍了 Susan Brownmiller 的这本书。

2 Janet Radcliffe Richards (1980), *The Sceptical Feminist*, London: Routledge and Kegan Paul.

然而，人类并不是自然的。他们并不主要靠本能生活，而是生活在社会建构的文化中。因此，像吉加教授提出的那样，诸如“我们应该尽可能穿得像羊一样好，只因为我们和羊一样是哺乳动物”的观点，对人类存在的认识犯了根本性的错误。

认为“自然”优于“人造”（仿佛人类文化的概念本身就不是人造的）的观点也是受到基督教某些不守成规的清教徒观念的影响。这一观点混淆了自然与简约，因此也混淆了纯粹。它和费边主义一样，影响了英国和美国的非马克思主义社会主义。自从当代女权主义受到社会主义传统的巨大冲击以来，至少在英国，女权主义者对服装的争论——以反解放的意识形态为标志——已经不怎么新鲜了。这场令人窒息的服装争论，其中一个方面只是19世纪特殊环境下服饰改革计划的重演：摆脱时尚。

这一观点的理性部分——全世界对服装工人的可怕剥削这一事实——是不可否认的。在我看来，女权主义者应该支持反对这一“现实”的阵营。例如在美国，由正规工会制作的服装上会有一个标签来表明工人被剥削的“现实”。最终，只有进步的经济政策才能终结这种剥削。从这个意义上说，我们所穿的衣服是一场更宏大的斗争的一部分，而这场斗争并不一定意味着对华丽服饰的排斥。而且某些风格的女装在发出性暗示的同时也引来了性骚扰，让女性成为弱势群体的同时也受到不适感的惩罚（例如，穿高跟鞋会令她们难以逃出强奸犯的魔爪，甚至没法去赶公交车）。

然而，这些论点没被合理地使用，反而本身被“合理化”了。电子行业的剥削并没有让女权主义者放弃使用录像机和打字机；农业的恐怖丝毫没有限制他们享受美食。[1] 尽管出国旅游给第三世界带来了剥削，那些能负担国外假期的依旧会去度假。为服装所特别保留的愤怒告诉我们，服装以一种特殊的方式诉说着非理性的无意识。

这也与一种对艺术的持续敌对态度有关，这种态度在进步思想的某些脉络中表现得很明显。对时尚的“激进”谴责可以延伸到对“资产阶级艺术”的普遍诋毁。于是,美学家就与堕落的上流社会画上等号,他们的关注点也就变得值得怀疑了。关心或了解传统艺术、古典音乐或“高雅文化”的人,通常会被打上自命不凡的标签,并被认为是在“破坏资产阶级文化规范”。这种态度的极端例子是激进女权主义者将丁托列托（Tintoretto）和鲁本斯（Rubens）的画作斥为“画的全是乳头和臀部”或“色情作品”[2]。

这种自以为是的态度随时都会冒出来，近几年已经发生过几次。其中一次，“严肃”的英国报纸刊登了有关女权主义和时尚的文章：一名男记者写信给《卫报》回应这篇文章：[3]

女权主义运动的力量在于，她们不需要依赖父权环境下的肤浅关系。相反，她们在父权环境中以女性身份生存，并获得姐妹情谊。

1 我不想在这里讨论素食主义。当然，围绕着食物有一系列的关注点，其中一些与健康有关，一些与动物被剥削有关，一些与发展中国家的情况有关。在我看来，“西方激进文化对食物或饮料的禁欲主义远不如对衣着的禁欲主义”这一点，似乎仍然是站得住脚的。

2 我自己也听说过女人们把伦敦国家美术馆里的所有裸体画都称为情色作品的事。贝尔·穆尼（Bel Mooney）在《星期日泰晤士报》（1984 年 3 月）上讲述了类似的轶事。显然，这是在轶事基础上的一个概括，并对这方面的批评持开放态度；但这样的观点确实给紧张的景况增添了火药味。

3 原文是Elizabeth Wilson所写：“如果你这么肯定自己是个女权主义者，为什么要看时尚版？”（If You’re so Sure You’re a Feminist, Why do you read the Fashion Page?）1982年7月26日刊登于《卫报》。这封信出现于1982年8月2日。

她们正在与社会的压迫作斗争——如果她们仍然觉得必须遵守社会强加给她们的风尚，这场战争就还没胜利。

一位女士回应说：

我在早上拿起的第一件衣服通常是T恤和裙子/裤子，天冷的时候再加上一件套头衫（带着妈妈编织的古老图案）。我绝不可能是唯一一个这样做的女人……我正穿着过去两年一直在穿的夏季连衣裙。它们还没穿破，不是吗？我完全不知道在遥远、荒谬的时尚世界里发生了什么。但奇怪的是，我自认并不是一个与世隔绝的人。

最近，同样的问题出现在女权主义杂志《肋骨》（*Spare Rib*）上。一位妇女写信说（《肋骨》139期，1983年11月）：

最近我一直是很多女性批评的对象……因为她们不喜欢我的穿着和发型（比如莫希干头、捆绑等等）。她们告诉我，我忽视了穿着和发型中隐藏的种族主义和性别歧视的暗示。她们觉得我这样做并不符合女权主义，并且认为我是在任由自己被时装市场利用……

你会因为你的姐妹们不穿连体裤和工装鞋而批评她们吗？女性是否会因为“选择”化妆和穿高跟鞋而丧失一部分自由？

女权主义的全部意义不就是帮助女性意识到她有权控制自己的生活，并为自己做决定吗？

如果是这样，为什么我们这些女权主义者要用一套新的规则压迫女性……有独立思考能力的人会把这称为解放吗？

其他读者纷纷写信表示赞同。

这封信表明，与清教主义的传统（这个词没有负面含义，仅仅是用来表明一个特定的历史传统）共存是一种完全不同的个人主义意识形态。女权主义者一方面谴责时尚的消费主义毒害，另一方面又赞扬服装使个人主义成为可能。“我认为女权主义理想的依据是个人喜好和选择，而不是遵循一系列的规则。”（《星期日泰晤士报》，1982 年 8 月 29 日）这是一位记者对阿德琳妮·布卢（Adrianne Blue）1982 年 8 月 22 日发表在《星期日泰晤士报》的一篇文章的回应。这篇文章尝试描述女权主义服装的风格，虽然没有故意引导人的穿衣倾向，但她似乎想要通过将女权主义者的着装方式加以分类，来坐实女权主义者的刻板印象。我对这篇文章持怀疑态度，因为它巧妙地削弱了“自由选择”的意识形态。

自由选择的思想对当代女权主义做出了重要贡献。按照这种观念，自由着装意味着“做自己的事”。也许女权主义者应该对此提出更多的质疑，不过女权主义者也可能不敢这么做，因为自由选择的观念在西方社会是如此强大。然而，“自由选择”实际上是虚无缥缈的。“自由选择”与所有女权主义者都至少在口头上相信的人类是“社会建构的”这一信念不符。社会建构的概念基于的观点是，刚出生的婴儿有潜力以各种方式发育，不过在某种程度上会被遗传基因加以限制；环境影响也很重要，甚至更加重要，环境塑造他的经验，并为他的成长提供

The Rebirth of VENUS (a seasonal round)
'S'truth!
Unhealthy!
Unaesthetic!
GROSS!
So, you hate your body, hate your fat...?
Do something about it....
Love yourself!
WINTER
My! You do look well!
I'm afraid we haven't anything in Madam's size...
Eat..drink... be happy...
Munch Munch
Feeling better?
SO BORING
Life's for living and enjoying....

——经 Posy Simmonds 许可使用

一个相对有利的或不利的土壤。这种发展的许多最重要的方面发生在儿童早期。因此，当我们长大成人时，我们自由选择的能力在很大程度上受到我们个性发展方式的限制。它也同样受到外部环境的限制，如阶级、财富、性别、年龄和圈子。

尽管女权主义者明显接受这种“社会建构”模式，却仍旧继续讨论道德选择，就好像全人类都是自由人一样。她们可能从未听说过一句平凡但明智的格言：“人们自己创造自己的历史，但是他们并不是随心所欲地创造。”在美学领域，“自由选择”的概念是不恰当的；服装风格并非简单地由经济学或性别歧视意识形态决定，而是如我所言，与当代艺术风格有着内在的联系。

到目前为止，虽然部分女权主义者的着装与其他女性不同，她们的着装风格仍然与当前流行的风格有着密切的关系。参与妇女运动的女性最初的“造型”是 20 世纪 60 年代末学生运动的反文化造型：在当时，迷你裙和埃及假发发型（就算在那个时期都已经有点过时了）与嬉皮士长袍和卷发共存。女权主义者穿着颜色发暗的拖地长裙，留着拉斐尔前派长发。不久，剪掉刘海又成了解放的象征，也很少有人化妆了——但自然主义在当时的主流思想中依旧时髦。

如果自由着装意味着随心所欲，那么没有人会觉得每个人都想做同样的事情有多么奇怪。在 70 年代早期，只有民族衬衫、粗棉布裙、比芭袖、罗兰爱思牌罩衣和乱蓬蓬的针织羊毛衫才算奇装异服（15 年后，审美标准变成了裤子要么极松要么极紧，黑、灰和大胆醒目的颜色取代了比芭的黄绿色，头发不再流行染成红棕色而是更闪亮的颜色）。

在开创旧货店风格和复古时尚的先河方面，女权主义者是创新而不反时尚的。赛马服和印花裙的搭配（1977 年）、软毡帽（1979 年）、老式手工毛衣都是女权主义者推崇的，并被大众效仿。

一些女权主义者确实鄙视裙子和高跟鞋，以致公众对女权主义者的刻板印象总是穿着工装裤或连身裤套装、脚踩马丁靴的健壮女性。也许是为了避免性骚扰，一些女权主义者确实这样穿。一些女同性恋者总是穿男孩子气的或男性化的衣服，女同女权主义者有时会自豪地穿这样的衣服来展示自己的性感。

即使是从不穿裙子或化妆的女权主义者，也会对 Kickers[1] 鞋着迷，也会穿漂亮的彩虹色手绘靴子，也会用戒指和由羽毛、珠子或金属制成的又长又亮的耳环等配饰——她们用这些东西和闪闪的头发来吸引注意，让自己与众不同。时装从服装中被驱逐出去，以不那么明显女性化或性感化的装饰形式偷偷复出。

工装裤和连体裤可以在任何情况下——并且已经——被重新定义为“时尚”和“性感”。然而这种想法又会让男性陷入焦虑、愤怒。1979 年春，后来成为全国矿工联合会主席的阿瑟·斯卡吉尔（Arthur Scargill）与一位女权主义记者安娜·库特（Anna Coote）在伦敦举行了一场辩论。此前，《晨星报》（*Morning Star*）刊登了一篇文章，抨击了全国矿工联合会最激进的报纸《约克郡矿工报》（*Yorkshire Miner*）中的“三版女郎”。被卷入这场辩论的莫里斯·琼斯（Maurice Jones）时任《约克郡矿工报》编辑，在辩论的某一瞬间突然对身穿工装裤的女性大发脾气（不过这场辩论没有多少信奉女权主义的观众）。

1 Kickers: 英国休闲鞋品牌，以生产搭配牛仔裤的鞋起家。——译者注这种非理性的愤怒只能表明一些根深蒂固的恐惧，大概是因为当“女权主义者”与“工装裤”联系在一起时，“工装裤”已成为拒绝男人的象征，成为女同性恋对男性最具威胁性的地方。[1]

诸如莫里斯·琼斯等男性的愤怒表明，女性应该挑战女装规范。即使随便穿你想穿的衣服与政治无关，人们也应该一有可能就会选择穿得不那么时尚（不过我觉得大概没这种可能）。然而，把所谓的“另类时尚”树立为一种道德上的更高理想是错误的。《卫报》（1983 年 10 月 25 日）的一系列通信对此有所讨论，一位来自伦敦的女士写道：

> 我受够了……无孔不入的宣传……工装裤本身并不具有革命性，这对我和其他数百万穿着鲜艳廉价衣服的女人来说，已经不是什么新闻了。重要的是要穿我们想穿的衣服，说我们想说的话。男人们可能喜欢高得吓人的高跟鞋——但我们想走路、跑步，我们不想让我们的脊柱变形——让我们来看看是谁在经营时尚产业，想想他们为什么还存在着。

另一位来自约克郡的人则哀叹英格兰北部缺乏另类时尚：

> 街头时尚是年轻女性的终极时尚目标。束腰、蝙蝠袖和中筒靴比任何另类时尚都更受欢迎。
>
> 为什么……尽管收入不断下降，工作岗位也越来越少……人们

1 有关此事件的说明，见 Elizabeth Wilson (1982), *What is to be Done about Violence towards Women?*, Harmondsworth: Penguin。

却更喜欢墨守成规的时尚，而不是更便宜、更具想象力和实验性的服装？只有在成熟的亚文化背景下，另类时尚才能存在吗？抑或是人们更喜欢在主流社会中展示成就和地位的徽章，不管他们自己的地位有多不稳定？

尽管存在一些质疑，但作者们似乎毫不怀疑他们自己的穿衣方式是自由选择、高度理性的。因此，他们一起设法瓦解了自由选择和功利主义间的传统对立。这并没有解决矛盾，而只是用一种虚假的说法来掩盖它，这种说法是，存在某种形式的“另类服装”，既能被自由选择，又体现功利主义。

如果女权主义风格确实存在，那么它应该被看作一般时尚体系的一个副主题。连体裤和工装裤毕竟是时装，打着“休闲时尚”的标签，而不仅仅是女权主义者的制服。而更衣间内的扭动，以及在寒冷的天气里为图方便而不得不完全脱掉衣服所带来的不适，都应该最终证明，穿这种形式的衣服不是为了宣传理性的服装，而是为了在公共场合散布穿着者的女权主义思想。在城市社会，衣服是行为的宣告。在前工业时代，衣服是等级、职位或行业的象征。随着阶级的碎片化，我们回到了一种不太正式地用衣服定义人的状态。女权主义，在上述种种风格中发展出一种妥协而不破坏、屈服而不越界的风格——这在任何情况下都是不可能做到的。

女权主义风格涉及更广泛的社会结构。它是知识分子和有一定地位的白领所采用的着装风格，这种风格有时被称为“理工装”（“理工”与“女权主义”不表贬义）。安妮塔·布鲁克纳（Anita Brookner）再次将这种着装方式错误地理解为一种自由表达：

> 我对我住的社区进行了五分钟的调查，这里到处都是穿蓝色牛仔裤、工装裤、套头衫、网球鞋、靴子、披肩、古怪马甲、长裙、格子衬衫的人……可以肯定的是，学术聚会并不以优雅著称，而是……有几点我想说明……
>
> 首先，所有资历级别在对“返老还童”的渴望中荡然无存。第二，这些老顽固，尽管是来工作的……却穿得像要演戏一样……不顾任何规则……他们似乎丝毫没意识到穿衣的目的，毫不伪装，全无自我意识——当然也没有羞愧感。(《伦敦书评》(*London Review of Books*)，1982 年 4 月 15 日至 5 月 5 日)

然而，在这篇文章所描述的环境中，这种着装形式实际上是必须的，而且确实符合一套潜规则，其中之一就是 20 世纪 60 年代自由主义教育观中的伪民主：废除教师与被教育者之间的等级差别。事实上，自学潮以来，社会地位和权力的差异几乎没有改变，只是老师们的便服表明他们对其他理念更温和了而已。安吉拉·卡特的说法更接近事实：“自从 68 届毕业班学生自然地穿着牛仔裤走进高中公共休息室以来，牛仔裤已经不再那么时髦了。”它们现在……只是暴躁中年人的标志。(《新社会》(*New Society*) 1983 年 1 月 13 日)

安妮塔·布鲁克纳 (Anita Brookner) 描述的休闲装绝非自由精神的灵感，而是现代版的费边主义风格，是现代版的被乔治·鲍威尔称作“粗暴女同性恋”“穿凉鞋的”“喝橙汁的”“娘娘腔”和其他“不幸”

被社会主义所吸引的、古里古怪的、穿凉鞋和毛灯笼裤的素食主义者和社会主义者的风格。奥威尔的讽刺固然刻薄，这些“怪人”却更具有创造力。以爱德华·卡彭特为例，他靠穿露趾凉鞋解放了大众的思想。随后他又打破了一个禁忌——现在没人不允许穿休闲装了。我们认为休闲装必须随便穿，并且一定会更好，只是因为我们混淆了 20 世纪 60 年代的另一种意识：礼仪总是压抑的。我们把反对压制性仪式和反对所有仪式混为一谈了。

在服装方面，一些女权主义者（主要是美国人）试图将时尚列为传统女性技能之一。

她们认为，女性在装扮艺术方面的创造力同其他大部分女性技能一样被埋没了。洛伊斯·班纳（Lois Banner）的观点略有不同，她认为“对美及其伴随的特征——时尚和装扮的追求，是构成女性独特人生体验的关键因素，它比任何其他因素都更能将不同阶层、地区和种族的女性联系在一起”。[1] 她的观点没有任何证据支撑，人们也很容易反驳她，说服饰、美貌和时尚更容易让女性产生嫉妒心和攀比心。

我认为女权主义者对装扮更典型的论述是倾向于建立一种无法解决的三段论。它试图阐明并解决人们对时尚普遍存在的矛盾心理。然而，这些论述不可避免地延续了这种矛盾心理。

我认为，把所有“不舒服”、不适用、不自然的服装仅仅理解为对女性的压迫，将问题过分简化了。我反对那些将时尚视为资本主义文化中“消费主义”的一种形式的人，这些批评者没有理解，女人和男

1 Lois Banner(1983), *American Beauty*, New York: Alfred Knopf.

人都可能会利用资本主义文化中“最不值钱”的东西来批评和超越这种文化。叛逆者用奇装异服来蔑视消费主义，并用漫画嘲讽社会最珍视的传统。但是，穿着更时髦或更具古典美的人，并不一定会被视为消费主义的奴隶而遭到抛弃。我们的行为可能是由社会决定的，但我们一直在寻找文化中自由之门的缝隙。正因为时尚在某种程度上是一场游戏（当然它不仅仅是一场游戏），人们才可以玩得开心。

这种对时尚的看法与那些强烈反对“消费主义”的激进分子截然相反。许多激进分子主张物品应回归其“使用价值”。他们认为，世人应该更加尊重、爱惜手工艺品。他们同时认为陶器、织物和家具——当然还有服装——的美在于它们的质朴和实用。这些批评家把这种强烈的“实用”文化与我们崇尚“消费”，或者说“消耗”的现代文化进行了对比。于是，消费主义就被赋予了破坏性、贪婪的含义。西奥多·阿多诺和其他法兰克福学派的文化评论家对消费文化有非常悲观的看法，认为消费文化的多样性、享乐主义和创造性都是隐蔽的统一性的形式——正如我之前讨论的那样。但这其中的政治含义是“压抑性包容”，消费文化方方面面都在哄骗和迷惑大众，是一种“虚假意识”的形式。这些批评家运用精神分析学——一种潜意识的理论，试图解释这种虚假意识是如何控制个人的。消费主义成为一种强迫性的行为形式，以至于我们对这种行为几乎没有有意识的控制。按照这种清教徒式的观点，我们被夹在市场的需求和潜意识的冲动之间，潜意识的欲望被我们所生活的文化扭曲和否定。时尚的着装和我们对它的喜爱成为非真实性大规模爆发的一个例子。

而我的观点恰恰相反。我认为时尚是审美创造的多种形式之一，它使探索搭配的不同选项成为可能。毕竟，时尚不仅仅是一场游戏，它是一种艺术形式，是一种象征性的社会体系：

> 一旦识字能力和丰富的表达视觉、听觉和戏剧化的词汇存在，那么社会就有了永久可用的资源，在这一资源中，人类所有禁忌的、奇妙的、可能的和不可能的梦想都可以在蓝图中探索。[1]

这是一种比激进分子的精英主义思想更民主化的观点，不管这些激进分子是信奉法兰克福学派的，还是诸如克里斯托弗·拉什、艾文夫妇（Stuart and Elizabeth Ewen）之流，抑或是一些认为消费文化不过是“虚假意识”的女权主义者。不管怎样，许多学生被贯彻精英主义思想的现代教育体系所淘汰，而这些年轻人之间却也孕育出一种极度会意、老练的视觉品位，并能用意象和装束来表达对当代社会的复杂情感——这种情感有时被认为是偏激、虚无的。

凡勃伦所痛恨的时尚的“无用”恰恰是它的价值所在。正是在这毫不起眼的领域，不但产生了一种新的美学，甚至还产生了一种新的文化秩序。就像城市人行道的裂缝里长出了野草，野草又开始侵蚀建筑。

因此，在我们可以利用和玩转时尚的意义上，我们应该抵制女权主义的矛盾心理，即认为这是一种虽然可以理解但却不恰当的回应。然而，在另一种意义上，时尚引发了一种矛盾的反应，这与一种更深层次的矛盾心理有关，而这种矛盾心理更紧密地嵌入了时尚本身。

---

1 Bernice Martin (1981), *A Sociology of Contemporary Cultural Change*, Oxford: Basil Blackwell, p. 51.

时尚是幻想的载体。无论是左派还是右派，乌托邦都暗示着幻想在未来完美世界的终结，然而，幻想将永远存在于人类世界里。所有的艺术都是基于潜意识里的幻想，而时尚是幻想通向现实生活的道路。因此时尚的强迫性使我们自身产生矛盾心理，并使得巨大的精神上的（和物质上的）劳动进入社会生产当中，而在那些生产中，服装是不可或缺的一部分。

从这种意义上说，产生矛盾心理是对装扮的一种恰当反应；“现代主义”是比“对真实的崇拜”更为恰当的反应，因为后者不允许有任何矛盾心理：

> 以在大众媒体中出现的对身体和性的探索——裸体为例，它声称裸体是理性的、进步的：要重新发现身体的真相，超越服装、禁忌和时尚，超越它的自然理性。事实上，它太理性了。它绕过了身体……直达矛盾的欲望、爱和死亡。[1]

这种矛盾心理是一种对立的、不可调和的欲望，而这种欲望通过“社会建构”铭刻在人类的心灵中，“社会建构”又为人类自我划定了如此漫长的文化发展时期。时尚，一种行为艺术，是这种矛盾心理的载体：时尚的勇敢既表达了欲望，也表达了恐惧；光鲜亮丽之下，总是隐藏着伤口。

如同所有现代艺术一样，时尚也反映了有缺陷的现代性文化的矛

1 Jean Baudrillard (1981), *For a Critique of the Political Economy of the Sign*, St Louis, Mo.: Telos Press, p. 97.

盾性。时尚的困境是所有现代艺术的困境：它的目的是什么？在机械复制时代的世界里，如何利用它？对于某些艺术形式来说，高雅艺术与流行文化的差异越来越大，但在服装领域，情况却恰恰相反。时尚与某些艺术形式的不同之处就在于，高级时装在某种程度上已经变得大众化了，所有的时尚现在都是低俗时尚。

同所有的艺术一样，时尚与道德的关系也很糟糕。时尚经常被批判为不道德，越接近真理越“不道德”。实用主义服装与传统意义上“好”的服装和学院派艺术一样，表达了保守主义。而时尚不是要寻找某种审美上令人愉悦的实用主义服装形式——这等于背离了时尚；相反，时尚应该用衣着来表达和探索我们更大胆的抱负，同时尊重那些用时尚来掩盖个人不足之处（真实的或想象的），或依靠时尚来寻找自信自尊的人。

艺术总是在寻找新的方式来诠释我们的困境。即使装扮因为与身体、日常生活和行为的联系而玷污了时尚这种艺术，时尚本身也有这样的作用。时尚是矛盾的——当我们穿上衣服时，我们的身体上就刻有艺术、个人心理和社会秩序的模糊关系。这就是为什么我们总是被时尚所困扰——我们被它所吸引，却对它所掩盖的事物感到恐惧。

12 Changing Times / Altered States

时代在变 / 现状已变

不言自明，当我们换衣服时，我们也在改变着自己。正如本书所展示的那样，服装在人生舞台上发挥着极其重要的作用。然而今天，服装所扮演的文化角色和我们购得服装的方式都发生了巨大的变化——无一种文化例外。在现代社会，“穿衣打扮”是一种即兴组合的艺术，把通常非自制的衣服和配饰混在一起，组成完整的“外表”。每一个人都是行走的拼贴画，一个由“能找到的东西”组成的艺术品——或者更接近于一个当代装置，随它与观众的互动而改变。

资产阶级的兴起以及随之而来的消费社会为时尚的壮大提供了动力。贝弗利·莱米（Beverly Lemire）和内格利·B. 哈特（Negley B. Harte）[1] 已经证明，成衣贸易在 17 世纪晚期就已十分繁荣。这促成了第一批时尚杂志的出版，旨在为时尚新手科普。19 世纪，时装新闻业与它探讨的主题并行发展，从那时起，时尚写作和时尚形象呈指数级增长，以至于今天的报纸、时尚杂志、电视节目和互联网都在提供关于服装和容貌的信息和建议，目之所及皆充斥着时尚的形象。“时尚”是我们可以在百货商店或商业街的精品店里可触可感的满架子衣服，同时也是一种虚拟的景观，一种影像的体制，为不断的变化庆祝、狂欢。

我们不能简单认为风格随着时间的推移而改变，也不能说这些风格的改变只存在于表面。当然，衣服的制作方式、制作衣服的材料会变；服装的价值也因此而变；以前人们很珍惜丝袜，但现在连裤袜比一张公交车票都便宜。服装的社会意义也发生了变化；服装的社会阶层、年龄甚至性别划分已经没有以前那么严格了，变得更加微妙，但它们仍然存在，值得解读。

说到时尚的变化，我们首先想到的是风格。1985 年本书（指英文原著，以下同）出版时，男女都穿着“成功的服装”。伦敦金融区或华尔街的雅皮士（yuppies，也作“雅痞”）是那个时代的典型人物，他

1 Beverly Lemire (1997), *Dress, Culture and Commerce: The English Clothing Trade Before the Factory, 1660–1800*, Basingstoke: Macmillan; Negley B. Harte, (1991), ‘The Economics of Clothing in the Late Seventeenth Century’, 节选自 Negley B. Harte, (ed.), *Fabrics and Fashions*, London.

们通常穿粗犷的大剪裁西装，打亮色领带，飘逸的鲻鱼头，浅色的廓形夹克，袖口随意地卷着，向电影《迈阿密风云》(*Miami Vice*) 中的风格靠拢。在城市的街道上，黑色随处可见：它已经统治了我们一百多年，[1] 但现在我们对它更加敏感。朋克已经匪夷所思地转变成一种适合撒切尔主义的风格——凌厉的口红、利落的发型、高高的鞋跟——这个权力至上的时代，爆炸头、垫肩和呼应电视剧《朱门恩怨》(*Dallas*) 和《豪门恩怨》(*Dynasty*) 的着装风格，与里根 / 撒切尔政府的右翼政治联系在一起。然而，一些小报警告"埃塞克斯女孩"[2] 不要穿白色高跟鞋和格子迷你裙，因为富裕的 80 年代喜欢它们，又不肯承认它们俗气。

到 1990 年，这种情绪已经改变了。这十年从将 T 台刷成白色开始，号称对生态和地球的尊重。这很快就被"垃圾摇滚风格"取代，它同样意味着倡导节俭、回收，拒绝炫耀性消费。10 年前出现了一种"倒退风格"，来自革命性的日本设计师，比如川久保玲，她使用黑布和复杂的形状来遮盖身体，而不是勾勒身体线条。现在，作为对 90 年代早期经济衰退的恰如其分的回应，垃圾摇滚出现了。垃圾摇滚起源于西雅图西海岸的乐队，如涅槃乐队，很快被一群在纽约工作的英国时尚记者所接受。玛丽昂·休姆（Marion Hume）在伦敦的《星期日独立报》上写到过，1993 年任《小姐》(*Mademoiselle*) 杂志时尚编辑的安娜·考

1 John Harvey (1995), *Men in Black*, London: Reaktion Books.

2 埃塞克斯女孩（或男孩）是英国人对低俗，无礼，流氓的委婉说法。它指的是新富裕的伦敦人向东搬到埃塞克斯（Essex）等卫星城，例如巴西尔登（Basildon），他们炫耀自己的"loadsa money"[即喜剧演员哈里 · 恩菲尔德（Harry Enfield）发明的讽刺刻板印象的口号]。

克伯恩(Anna Cockburn)“看上去就像在野地里睡过一样。”[1] 休姆报道，前卫的时尚人士穿着廉价衣服、运动鞋和缩水的毛衣——但值得注意的是，这些服装与比利时“解构主义”新锐设计师安·德穆莱梅斯特（Ann Demeulemeester）和马丁·马吉拉（Martin Margiela）设计的服装混搭在一起，因此，这种打扮只是想象起来很糟糕，实际倒未必。此外，垃圾摇滚背后的推动力是部分回归嬉皮士的节俭、双性风格和即兴组合，与解构主义时尚（有时被称为破坏模式）不同。解构主义是一种更理智的方法，字面来看是拆解时尚，暴露出它的运作方式、它与身体的关系，以及它与时尚结构和话语的关系。[2]

到 20 世纪 90 年代中期，垃圾摇滚已经演变成“波西米亚风格”，也可以说是衰落了。伦敦商店 Voyage 在此过程中功不可没，这家商店用回收材料和异域风材料设计奢侈服装。世纪末的波西米亚风格重构了嬉皮士风格，花了很大工夫创造出一种古怪、混搭的外观，一种符合艺术家的心情或在《仲夏夜之梦》中扮演“豌豆花”的小演员的外观。在一次聚会上，我注意到一位客人穿着黑色和银色蕾丝的紧身胸衣和蕾丝裙，裙摆不平整，前面短，后长过膝，里面套着紧身的脚踏车裤。另一位女士穿着绿色的丝绸衣服，上面绣着粉红色和银色的花边，还罩着破网。这一套衣服还搭配着故意弄乱的发型和奇怪的花朵。在女盥洗室里，我无意中听到有人在悲叹被 Voyage 拒绝入内：这家

1　引自 Marion Hume (1993) , “*The New Mood*”，1993 年 5 月 16 日发表于《星期日独立报》p14。

2　参见 Alison Gill (1998), “Deconstruction Fashion: The Making of Unfinished, Decomposing and Re-assembled Clothes”，1998 年 3 月发表于《时尚理论》(*Fashion Theory*) 杂志 Vol 2, issue 1, March, pp. 25–49。

商店此时已变得如此之大，以至于有一段时间，他们实行了会员制。[莫妮卡·莱温斯基（Monica Lewinsky）也参加了这个派对，她采用了一种同样极端但完全不同的风格，穿着一件无肩带的黑色薄纱芭蕾舞裙，披着猩红色绸缎披肩，仿佛是直接从 20 世纪 50 年代走出来的。]

“波西米亚”时尚的另一种选择是去买二手的。数百年来，二手服装市场蓬勃发展，但大规模的工业生产出现后，它正逐渐消失。20 世纪 60 年代末，嬉皮士们复兴了复古风。70 年代，《纽约客》（*the New Yorker*）的时尚记者弗雷泽（Kennedy Fraser）曾说，复古风“代表了寻找时尚的愿望，但不直接……它在穿着者和他们衣服的时尚性之间拉开了一个啼笑皆非的距离……有一种表达强烈但只可意会的气质”。[1] 换句话说，复古是一种否定，是一种既追随又不追随的时尚方式。十年后，女权主义学者卡娅·西尔弗曼（Kaja Silverman）的想法更为激进，“（复古风）是一种服装策略，旨在破坏穿着者的镜面一致性，这从根本上与时尚不可调和。”[2]

这种对复古风的看法过于乐观了，因为到 2000 年，复古风已经被商业化了，以前价值 1 英镑的古着“连衣裙”现在价值数千英镑。茱莉亚·罗伯茨（Julia Roberts）在 2001 年的奥斯卡颁奖典礼上穿了一件华伦天奴的复古礼服，而据《伦敦标准晚报》报道，“时尚咖总是超前的。他们不想要 60 或 70 年代的设计师品牌。相反，他们扑向

1 Kennedy Fraser (1985), *The Fashionable Mind: Reflections on Fashion, 1970–1982*, Boston: David R Godine, p. 125.

2 Kaja Silverman (1986), “Fragments of a Fashionable Discourse”，节选自 Tania Modleski, *Studies in Entertainment: Critical Approaches to Mass Culture*, Bloomington and Indianapolis: Indiana University Press, p. 150。

80 年代的高街风时装——那些圈内人所称的‘高级时装’。”[1] 很快，这一潮流也从默默无闻的古着商店和慈善商店转移到了当代的商业街，英国 Top Shop 牛津广场分店通过开设自己的古董部而引领了潮流。

垃圾摇滚和波西米亚风格为 20 世纪末流行的更加休闲的服装风格铺平了道路。娜奥米・塔兰特（Naomi Tarrant）在 1994 年的一篇文章中指出，许多年轻人甚至连一套正式的西装都没有[2]（尽管这可能更多地与年龄有关，而不是永久性的变化）。美国的“星期五便装日”(dress down Friday）习俗逐渐扩展为办公室的一般休闲风格。上班穿什么仍是一个问题，但到了 20 世纪 90 年代末，对于女性来说，解决办法更可能是穿一件随意的开襟羊毛衫和抽绳短裙或长裤，而不是 80 年代那种“板正”的套装。

戴维・布鲁克斯（David Brooks）风趣地描述了这种休闲风格在硅谷的起源，以及它在美国各地“拿铁小镇”（Latte Towns）的传播。据他解释，拿铁小镇通常是与大学相联系的社区，在那里以前的波西米亚生活方式与资产阶级的财富观、职业道德和抱负融为一体，成为资产阶级波西米亚生活方式，并延伸到着装上：“当地的商人每天早上都聚在一起吃早餐，他们穿着无领衬衫和牛仔裤，工装鞋，不穿袜子。一位留着飘逸灰发(扎着马尾)的高管在与另一位留着杰里加西亚(Jerry Garcia）式胡须的高管亲切交谈，他们的手机塞在黑色帆布公文包里。街角的勃肯（Birkenstock）鞋店会在橱窗里挂一个牌子，上面写着他

1 Namalee Bolle, ‘Anyone for Seconds?’，2001 年 5 月 1 日发表于《标准晚报》。

2 Naomi Tarrant (1994), *The Development of Costume*, Edinburgh: National Muséums of Scotland in conjunction with Routledge.

们的产品是不错的公司礼品。”[1] 同类的女性打扮是金框眼镜和乡村风。

布鲁克斯说，根据这套新的规定和节约守则，“花几百美元买一双最好的登山靴是可以接受的，但买一双最好的黑漆皮鞋来搭配正装就太庸俗了。”20 世纪 80 年代的雅皮士喜欢“光滑的表面——哑光黑色家具、抛光漆地板和光滑的仿大理石墙壁”，而今天受过教育的精英们“更喜欢营造自然无序的环境……”粗糙意味着真实和美德。这条规则也适用于服装，所以波波人（“布尔乔亚波西米亚人”的简称）必须穿法兰绒衬衫而非真丝衬衫、衣领要宽松而非浆得硬挺，选择亚麻宽松裤、大理石纹罩衫、秘鲁民族编织衫、麻制棒球帽……还有西沙尔（sisal）内衣，也就是“不赶时髦”。[2]

“隐性财富”是另一种形式的“资产阶级波西米亚式”着装，吉利斯·利波韦茨基（Gilles Lipovetsky）称之为“隐性消费”。[3]1998 年 9 月，凡妮莎·弗里德曼（Vanessa Friedman）在寿命不长的英国时尚杂志《弗兰克》（*Frank*）中就这一潮流发表了评论。在描述一对伦敦金融城的时髦夫妇时，她估计他们穿戴的衣服和珠宝共值 6000 多英镑，但乍一看没有人会猜到：“迪克穿着基本款棕色布洛克皮鞋，一套标准的蓝色双扣西装，配一块实用的钢质手表；简穿着一件不起眼的旧衬衫，灰色裤子，凉鞋，脖子上戴着一条绿珠吊坠的项链。”然而，这颗绿珠是镶嵌在一根金丝上的祖母绿，这款手表则是 TAG-Heuer 6000 精密

1　David Brooks (2000), *Bobos in Paradise: The New Upper Class and How They Got There*, New York: Simon and Schuster, p. 204.

2　同上，p85。

3　Gilles Lipovetsky (1994), *The Empire of Fashion: Dressing Modern Democracy*,Princeton: Princeton University Press, trans. C. Porter.

计时表，单就这块表就价值近 2000 英镑；这套女装来自川久保玲的同名品牌，男士西装则是定制的，奢华的材料与极简主义的设计相结合，创造出独一无二的气质。设计师马克·雅可布（Marc Jacobs）总结道："我决定以我自己的方式展现身份，也就是说，隐身。"[1]

2000 年，报纸的时尚版充斥着关于新休闲装的文章，如何穿好便装的建议铺天盖地。2002 年 3 月，英国首相托尼·布莱尔（Tony Blair）曾宣称自己更喜欢牛仔裤而不是正装，在出席英联邦领导人的烧烤聚会时又强调了一遍，当时他穿了尼科尔·法希（Nicole Farhi）休闲毛衣。但"休闲职业装"似乎充满了陷阱。在逐渐放弃正装的过程中，华尔街似乎给员工带来了困惑，但很快制定了一套新的规则。新的便装并不意味着肮脏的运动鞋和宽松的卡其裤，到 2001 年，《伦敦观察家》（*The London Observer*）报道称，"便装星期五完全消失不见了"；他们引用的一项调查显示，便装不仅意味着人们要花更多时间思考该穿什么，而且还会导致办公室里出现怠工行为。结果是调情、八卦和普遍的懒惰，无论如何，谁会想成为"乏味的一代"，整天只穿卡其裤和 T 恤这种新式的、不那么性感的制服。

2002 年，伦敦百货公司塞尔弗里奇的一位男装销售员创制了正装的"休闲"或"休闲优雅"穿法，衬衫开一点领口，不打领带（虽然新闻节目主持人仍打着领带[2]，但现在一些英国电视台记者在现场也喜欢这样穿）。安妮·霍兰德（Anne Hollander）认为，从本质上讲，经

1　Vanessa Friedman 'Stealth Wealth'，1998 年发表于 *Frank* 9 月号。

2　自 2002 年初伊丽莎白女王的母亲去世后，英国广播公司（BBC）节目主持人彼得·西森斯（Peter Sissons）因戴酒红色领带而非黑色领带成为媒体追逐的焦点，这是休闲的另一项标准。

典西装仍然是男人的服装，她赞赏经典的现代风格，因为它能让男性拥有一种被巧妙压制的权威感："它暗示着外交、妥协、文明和身体上的自律"。她还让人们注意到这套服装不太为人注意的方面：男性性欲的投射。[1]

现在男女都穿的西装，是90年代越来越中性化的服装形式之一，但休闲装也同样中性化了。90年代末的一个夏日，我在伦敦牛津街等公交车，看着过往的人群，我想：这已经是21世纪了。我刚刚从伦敦时装学院（London College of Fashion）的一场展览中走出来，展览的主题是科纳夫人（一位伦敦银行家的妻子）50年代和60年代的服装。她的服装和我四周看到的多么不同啊，我身边尽是仿佛从《神经漫游者》小说[2]里走出来的青年男女。他们种族混杂，穿着牛仔裤或军裤，棉T恤、休闲羊毛衫或带拉链的棉质上衣。比较惊人的是他们装扮的其他部分——疯狂的粉色和紫色头发、巴洛克运动鞋、艳丽的妆容、文身——性别差异仍然通过低领T恤和女性的肚脐（通常打了孔）来体现。迷你唱机，手机和笨拙的背包把人变成驼背的骆驼，这些年轻男女似乎是赛博世界的先驱，手机预示着大脑或牙齿里的芯片，背包成为变异的身体的一部分，可能会很快发展出自己的口袋。

当代时尚的另一个特点是混搭成风。正如安妮·霍兰德所说：

> 一个后现代的人，无论男女，都……认识到不同风格的衣服不

1 Anne Hollander (1994), *Sex and Suits: The Evolution of Modern Dress*, New York: Alfred Knopf, p. 113.

2 William Gibson (1989), *Neuromancer*, Harmondsworth: Penguin.

仅可以同时出现在一个人的衣橱里……甚至可以混着穿……旧牛仔、闪闪的亮片或雪白的雪纺，以及黑色的军靴，不仅一件接一件地穿，而且搭配在一起穿。在过去的25年里，这种新的时尚自由不仅是创造新款式的机会，还惊人地多少融合了难以撼动的旧事物……和博采众长的潮流。[1]

这样做的问题是，当一切都被允许的时候，实际上就再也没什么惊人的东西了，大街上“自由旋转、重叠”的风格与双性风再混合，创造出一种奇怪的造型，看起来可能会相当乏味。

双性化仍然多少局限于较年轻的年龄层。无论如何，时尚话语仍然忽视了年长男性和女性的穿着，但在三十年后，今天的新新人类可能会像他们的父母一样穿着西装和百褶裙。老年人也可能不这样：“休闲”已经侵入了老年人的生活。如今，六七十岁的男性和女性就像他们的孙辈一样，都喜欢穿牛仔裤、运动鞋、运动服和羊毛制品，但运动服需要年轻、健康的身体来展示自己的优势；运动服会让老年人“返老还童”，让他们穿上超大号的“婴儿装”，迎来第二个童年。另一方面，四五十岁的妇女曾经把时尚抛在脑后，甚至把自己裹在黑色的衣服里（即使没有守寡），但现在时尚对所有年龄层的人都适用，而且人们不再反对“老黄瓜刷绿漆”。[2]

---

1 Anne Hollander (1994) *Sex and Suits: The Evolution of Modern Dress*, New York: Alfred Knopf, p. 113.

2 但是，当我在时装课上提到这一观念已经消失时，一个学生大声疾呼，坚持认为打扮年轻的老年妇女仍然被年轻人鄙视。调查这一说法的真实性将会很有趣。此处英文原文直译是“羊肉装羊羔”mutton dressed as lamb。——译者注在 20 世纪 90 年代，双性化的流行是一个具有讽刺意味的现象，当时女权主义正在退潮。有一种普遍而肤浅的假设，认为女性已经达到了女权主义的目标。与 20 世纪 20 年代不同，年轻女性在闲暇时间表现得更加自由，但在工作和家庭中的不平等几乎没有改变。自 20 世纪 70 年代以来，家庭暴力率一直保持不变；女性在各个层面的薪酬都低于男性；女性仍然承担了大部分家务和照顾孩子的工作。为了更好的生活，“拥有一切”意味着承担所有的工作；与此同时，贫穷的妇女一如既往地把低收入的工作和家务杂活结合在一起。与 20 世纪 70 年代的不同之处在于仆人阶层的回归：有钱无闲的女性雇用新一代的女佣打扫房间和照顾孩子，这些新佣人可能是来自东欧的学生，也可能是当地的工人阶级。

女权主义由于惰性和自满而衰落，但它也更明显地受到另一个科学领域的攻击。科学家和理论家提倡用社会生物学和进化心理学的知识论证性别的基因差异，这些观点被总结成建议妇女放弃对平等的追求，遑论她们的孩子和丈夫。如果她们放弃追求平等，学会享受差异，她们会更幸福、更富裕。进化心理学削弱了公众对女性平等的持续声援，从而表达了西方（更不用说其他地方）对女性真正平等的矛盾心理。一个显而易见的问题很少被提出：不管男女之间的基因和荷尔蒙差异是否像一些理论家所坚持的那么重要，社会应该做的是将它强化还是最小化？

尽管不如 30 年前那么强烈，社会地位、性别差异和不平等还是会通过着装规则表现出来。1999 年，一名英国女学生因学校不允许女生穿裤子，把她所在的男女混合学校举报到了平等机会委员会（EOC）。

校长意识到 EOC 会支持这名学生，于是做出了让步，但他为了掩盖自己的失败，荒谬地暗示，他所在学校的男生将来可能也会穿裙子。2000 年 1 月，英国职业高尔夫协会（British Professional Golf Association）的一名女员工因穿裤子而被遣送回家，后来她在针对该协会的歧视案中胜诉。这些激烈的争议表明，即便是在今天，女性自治仍受到很大程度的抵制；也体现了女性对着装表现出的平等诉求有多么强烈，以及由此引发的不满也同样强烈。

就像给中性日常服装补上中立感，时尚通过粉丝对名人的狂热崇拜来保持其魅力。白天，女人可能穿得像个男孩，但 T 台走秀、首演之夜和好莱坞奥斯卡颁奖典礼是展示高级时装与名望的好机会。2002 年的奥斯卡礼服不像往年那么暴露，那些年朱利安·麦克唐纳出格得与其说是穿了衣服，不如说是只化了妆。2000 年，时尚记者莉莎·阿姆斯特朗（Lisa Armstrong）被要求提名巴思时装博物馆（Bath Costume Museum）的"年度礼服"，她选择了多纳泰拉·范思哲（Donatella Versace）的绿色竹子印花雪纺绸外衣，格里·哈里维尔（Geri Halliwell）、模特克里斯蒂·特林汉姆（Christy Turlingham）、詹妮弗·洛佩兹（Jennifer Lopez）和安布尔·瓦莱塔（Amber Valetta）都穿过这件衣服。这件透明的衣服从脖子到下摆都是敞开的，只在胯部别了一枚大胸针。阿姆斯特朗认为，它完美地象征了名人与时尚产业的共生关系，她将其描述为"沉迷名人代言"。[1]

好莱坞的奥斯卡颁奖典礼是这种关系最紧张的时刻。这项一年一

1 Lisa Armstrong (2000), 'Frock'n'roll hall of fame', the London *Times*, section 2, Monday 24 July, p. 15.

度的赛事可以被称为“价值大赛”。有一些描述大洋洲著名仪式的人类学术语，阿琼·阿帕杜莱（Arjun Appadurai）用来描述诸如艺术品拍卖之类的西方事件。阿琼认为这些事件是：

> “复杂的周期性事件，以某种文化上定义良好的方式从经济生活的常规中移除。参与其中可能既是当权者的特权，也是他们之间地位竞争的工具。这类比赛的流行也可能因人们充分理解的文化（惯例）而有所不同……竞争所系……不仅仅是地位、等级、名声或名誉……而是社会中主要的价值标志的配置问题。”[1]

一年一度的好莱坞奥斯卡颁奖典礼就是这样一场“比赛”。明星们以一种审美的形式表现出力量和财富。他们穿着的华丽的高级时装，与他们经过修饰、锻炼、手术改造的健美身躯一起组成一幅如芭比娃娃般的完美形象。不仅是明星们，以明星为主，甚至获奖电影的设计师和导演，重要代理商、制片人和其他幕后“款爷”也是如此。

对一些人来说，（女性）演员的半裸体[2]可能显得庸俗、浮华。“裸体是最新流行”的说法遭到了强烈反对。记者萨拉·瓦因（Sarah Vine）指出，明星们的近乎赤裸与性无关，与炫耀一个不可能达到的苗条身材也毫无关系。[3]而在同一天，佐伊·威廉姆斯（Zoe Williams）

---

1 Arjun Appadurai (1986), *The Social Life of Things: Commodities in Cultural Perspective*, Cambridge: Cambridge University Press, p. 21.

2 Joanne Eicher (2001), ‘Dress, Gender and the Public Display of Skin’, in Entwistle, Jo and Wilson, Elizabeth (eds.), *Body Dressing*, Oxford: Berg, pp. 233–252.

3 Sarah Vine (2001), ‘Naked Ambition’, *the London Times*, section 2, Wednesday, February 28, p. 5.

又一次地对流行音乐颁奖典礼上由比基尼和歌手卡普里斯戴的网纱组成的“礼服”表示遗憾。他还说，这位明星嘉宾的打扮让“裸女郎”看起来像妓女。[1]

当服装和时尚被普遍认为如此琐碎和肤浅时，这是自相矛盾的——这种忽视本身就是一种否认。时装行业在经济上并非无足轻重。服装的大规模生产是引发工业革命的部分原因。贝弗利·莱米尔（Beverley Lemire）追溯了该行业从 1660 年到 1800 年的增长，认为该行业“是在军事扩张的推动下转变的”。在 17 世纪晚期和 18 世纪的战争中，不断扩大的军队和海军需要大量的工业生产服装。殖民主义进一步促进了贸易。此外，慈善学校、济贫院、弃婴医院和孤儿院等机构为节约成本总是需要廉价服装，后来监狱也一样。因此，除了定制裁缝、裁缝师和女帽匠这类为高端客户制作时装的手工贵族之外，还有一种“看不见的”贸易，主要由女性组成：“以女性为主的城市劳动力为该行业的增长和持续扩张提供了生产动力；她们的劳动产品带来了新的商品……消费者。”[2] 时尚是最前沿的：“流行的消费主义在近代早期席卷整个英格兰，首先集中在服装上。多样的面料和时装越来越成为远远低于社会中位数的阶层的首选商品。[3] 从那时到现在，低薪妇女的血汗劳动都支撑着这种贸易。从那以后，服装业也以不同的方式继续发展，劳动力分散，一些地区技术落后。艾伦·利奥波德(Ellen Leopold)认为，

1 Zoe Williams (2001), ‘Do My Nipples Look Big In This?’, *London Evening Standard*, Wednesday 28 February, p. 31.

2 Beverly Lemire, *Dress, Culture and Commerce: The English Clothing Trade Before the Factory.*

3 同上。

自从缝纫机问世以来，就没有重大的技术创新，福特主义的装配线也从未完全建立起来。[1] 如今，这些条件已经全球化，“自由市场”资本主义继续为利润扩张寻找最有利的条件，换句话说，他们在寻找全球范围内的廉价弱势劳动力（通常是妇女和儿童），因此，正如乔·恩特威斯尔（Jo Entwistle）所说，“这个行业在这方面是可耻的”。[2] 时尚还有另一面：它也是一个文化产业。如今，许多文化中介机构在定义时装方面起着至关重要的作用——时装设计师、记者和杂志编辑、时装买家和零售商……在一个充满图像的世界里，一个时装公司或品牌的形象必须在大量的经济与文化渠道（广告、市场营销、杂志、商店设计以及复杂的交互）中精心制作。[3]

高级时装和时装设计师在创造时尚形象方面发挥着核心作用，甚至在 20 世纪 80 年代以来的短时间内，高级时装也在不断演变。如今，巴黎知名时装设计品牌的所有权掌握在几个大型集团手中：LVMH 集团（Louis Vuitton Moet Hennessy）完全拥有迪奥、纪梵希、克里斯汀·拉克鲁瓦（Christian Lacroix）、芬迪（Fendi），并持有古驰（Gucci）20% 的股份；PPR 集团（Pinault Printemps-Redoute，2013 年更名为 Kering）拥有古驰其余股份和圣·珞朗（Yves Saint Laurent）。这两个集团及其各自的首席执行官伯纳德·阿尔诺（Bernard Arnault）

1 Ellen Leopold (1992), '*The Manufacture of the Fashion System*', *in Ash, Juliet and wilson, Elizabeth(eds.), pp.101-117*.

2 Jo Entwistle (2000), *The Fashioned Body: Fashion, Dress and Modern Social Theory*, Cambridge: Polity Press, p. 208.See also Ellen Leopold, Ben Fine (1993) *The World of Consumption*, London: Routledge.

3 Jo Entwistle (2000), *The Fashioned Body: Fashion, Dress and Modern Social Theory*, Cambridge: Polity Press, p. 208. See also Ellen Leopold, Ben Fine (1993) *The World of Consumption*, London: Routledge.

和弗朗西斯·皮诺（Francois Pinault）长期以来一直是激烈的竞争对手，2000 年，当纪梵希（Givenchy）设计师亚历山大 · 麦昆（Alexander McQueen）投奔古驰时，竞争达到了顶点。

如此庞大的国际企业集团拥有这些过去曾为私人客户制作衣服的公司的所有权，但如今，其影响力主要通过发布成衣系列，以及通过其所传达的外在设计形象而传播的——这本身就是一种双重策略——彻底改变了高级时装的角色。在某种意义上，这些公司的作用被削弱了，被大众文化（音乐、电影、反文化）的影响冲淡了，因此风格的发展来自多种来源的融合，而不是靠“创意天才”来实现的。有人认为，创新来自“街头”的可能性和来自巴黎的可能性一样大。成功的流行时尚连锁店，例如在英国的 Top Shop，顶级设计师可能和其他设计师一样从同一来源、在同一时间汲取灵感。绿洲（Oasis）连锁店设计总监纳迪娅 · 琼斯（Nadia Jones）说 :“星期五，我会去（伦敦诺丁山）的波多贝罗市场。古驰设计团队、法国设计师约翰 · 加利亚诺（John Galliano）都在这儿。”[1] 所有这些设计师都从同一个面料展、色彩和时尚预测师那里寻求灵感，当然，她们也看同样的电影，听同样的音乐，到同样的地方旅行。[2]

同时，还有其他有抱负的前卫设计师，他们仍然在几乎纯手工的条件下工作，有时甚至在自己的厨房或客厅工作。安吉拉 · 麦克罗比（Angela McRobbie）曾谈到著名的中央圣马丁时装学院 [加利亚诺

1 James Sherwood, *Great Minds Think Alike*，2000 年发表于《星期日独立报》。

2 Jo Entwistle, *The Fashioned Body: Fashion, Dress and Modern Social Theory*, See also Ellen Leopold, Ben Fine, *The World of Consumption*.

（Galliano）、亚历山大·麦昆（Alexander McQueen）、侯赛因·查拉扬（Hussein Chalayan）和安东尼奥·贝拉迪（Antonio Berardi）等人的母校] 的应届毕业生面临的困难。为了在没有英国政府支持的情况下勉强维持生计，他们可能被迫到国外工作，为一家大型大众市场公司设计不那么时髦的服装，或者干脆破产。[1] 卡罗琳·埃文斯（Caroline Evans）描述了设计师雪莱·福克斯（Shelley Fox）的作品，她成功地继续创作前卫的设计并巩固了自己的业务。这是一个详细的案例研究，说明一名妇女在成功管理手工技艺、艺术和应对财务紧张方面取得了成功。[2]

这种个性化的做法仍然存在便说明了时装业的多样性。如今，时装的生产、营销和消费模式都打破了传统的行业样态，即高端时装是金字塔形的，而新款时装则一点一点地滑向金字塔的底部，即大批量生产。格奥尔格·西梅尔对这一模型提出了影响深远的理论，[3] 但它还是过于简单化。新的消费模式在 17 世纪已经形成，时尚的革新者不一定是宫廷和贵族。贝弗利·莱米尔（Beverly Lemire）写道，“时尚从来都不是一种单极现象，它起源于宫廷和伦敦西区的沙龙，当它掠过下层社会时，已转换成不那么激进的艺术形式。它的影响是动态的，在社会边界的两个方向上移动。”她引用了 18 世纪 30 年代英国年轻贵族的简化着装。评论家们失望至极，认为这种衣服是用劳工服装改造

1 Angela McRobbie, *British Fashion Design: Rag Trade or Image Industry*? London: Routledge.

2 Evans, Caroline(2002), '*Fashion Stranger than Fiction: Shelley Fox*'，节选自 Christopher reward，Becky Conekin，Caroline Cox 编纂 *The Englishness of English Dress*。

3 Simmel, Georg (1971), 'Fashion', in Levine, D. (ed.), *On Individuality and Social Forms*, Chicago: University of Chicago Press, (1904).

而来的，然而到本世纪末，这已成为常态。[1]

因此，在某种程度上，如今的高级定制时装不再像过去那样占据主导地位。精心制作的成衣广告，以及所有化妆品、香水和配饰的特许经营权都体现了高端时装业的亏损。成衣系列发布会每年举行两次，是另一场"价值竞赛"，更接近于表演艺术，而不是仅仅展示最新的设计。

然而，随着高级定制时装在时尚界领导地位的衰落，它开始向艺术世界靠拢。20 世纪 80 年代，美国 *Vogue* 和 *Harper's Bazaar* 杂志的前主编戴安娜 · 弗里兰（Diana Vreeland）在纽约大都会艺术博物馆（Metropolitan Museum of Art）的一系列时装展览中为时装找到了新的角色。第一次是在 1980 年举办的中国传统服饰展，后来又举办了一次伊夫 · 圣 · 珞朗（Yves Saint Laurent）和拉尔夫 · 劳伦（Ralph Lauren）的作品展。一些人对这种发展持批评态度，认为这些展览反映了里根时代炫耀性消费最糟糕的一面。例如，最初的中国展览对中国古代文化的了解很少。画廊里弥漫着"鸦片"的气味和东方主义气息。事实上，这些珍贵的衣服原本不是用来公开展示的，而是供私人赏玩的。戴安娜 · 弗里兰（Diana Vreeland）的衣服不分青红皂白地混搭了中国服装元素。中国皇帝的妻子或交际花绝不会穿戴安娜 · 弗里兰（Diana Vreeland）设计的那种"服装"……这些人体模特展示的是 20 世纪 70 年代时装设计师的"层次感"，而不是中国任何一个历史时期的风格。[2]

然而，不管这些展览有什么缺点，它们都宣称时装是一种艺术，

---

1 Lemire, Beverley, 同 32 页注释 1, pp. 122–123。

2 Silverman, Debra (1986), *Selling Culture: Bloomingdates, Diana Vreeland and the New Aristocracy of Taste in Reagan's America*, New York: Pantheon Books, p. 35, quoting Rita Rief.

是一种严肃的审美媒介，值得在博物馆里展出，也值得人们对当代服装和历史服装进行批判性的关注。自 20 世纪 80 年代以来，伦敦的维多利亚与阿尔伯特博物馆（Victoria and Albert Museum）和纽约的古根海姆博物馆（Guggenheim Museum）等博物馆举办了许多成功的展览，但总有一些评论家拒绝接受时尚应该进入博物馆和美术馆的观点。迈克尔·埃里森（Michael Ellison）在伦敦《卫报》写道，一位评论家对 2000 年古根海姆·乔治·阿玛尼（Guggenheim Giorgio Armani）画展的反应相当负面："古根海姆（Guggenheim）的大画廊曾是 20 世纪绘画的发源地，现在倒成了乔治·阿玛尼的最新连锁店。"他还引用了《纽约时报》的艺术评论家希尔顿·克雷默（Hilton Kramer）的话："'古根海姆，'克雷默怒吼道，'没有美学底线，没有美学章程。它已经完全卖给了大众市场心态，觉得博物馆自己的艺术收藏是一项资产，可以用于商业目的。'"然而，对埃里森来说，糟心的似乎不仅是阿玛尼被指向艺廊捐赠了 1500 万美元，还有那些衣服本身的简陋，以及它们都属于电影明星，并曾在电影中穿过的事实。"当你看到一套正装，你就什么都明白了。"他抱怨并反对一篇写服装的散文，这篇散文被公认自命不凡，写的是理查德·基尔（Richard Gere）在《美国舞曲》（*American Gigolo*）中所穿的一套衣服。他说："'反英雄服装的优雅诱惑成为传奇'，这些词居然被用来解释皱巴巴的夹克的意义。"[1]

建筑评论家德扬·萨迪奇（Deyan Sudjic）在 2001 年维多利亚与阿尔伯特博物馆举办的"激进时尚"（Radical fashion）展览上，也

1 Ellison, Michael (2000), 'Giorgio's New Emporium', London *Guardian*, Saturday 16 December.

对时尚的自命之词嗤之以鼻："时尚是寄生的。它的形象和身份依赖于其他艺术形式。它在这方面如此成功，以至于开始取代它们……对于我们这个时代注意力极度有限的人来说，时尚是完美的文化形式，它正在扩大，以填补人们对旧艺术形式兴趣萎靡所留下的真空。时尚适合我们有限的品味。"[1] 他还对普拉达委托建筑师雷姆·库哈斯（Rem Koolhaas）和雅克·赫尔佐格（Jacques Herzog）在纽约和日本设计新店的举动表示遗憾，而弗兰克·盖里（Frank Gehry）则在纽约翠贝卡区（Tribeca）为三宅一生（Issey Miyake）设计了一家精品店。

卡罗琳·埃文斯对高级定制时装持一种非常不同的观点，她分析了一些设计师的激进实验［这些设计师的作品曾在维多利亚与阿尔伯特时装秀（Victoria and Albert show）上亮相］，并更广泛地研究了时装与艺术之间的长期关系。她描述了埃尔莎·夏帕瑞丽如何在20世纪30年代利用时尚来质疑女性在当时社会中的地位，并利用镜子、化装舞会和错视画 (trompe l' oeil) 来质疑服装与身体、女性身份和表演的关系。[2] 在第二篇文章中，她为亚历山大·麦昆（Alexander McQueen）备受争议的时尚眼镜进行了辩护。例如，1995年3月，他的第五场秀《高地强奸》（*Highland Rape*），"军装夹克混合麦昆格子呢和莫斯羊毛，定制夹克与野蛮蹂躏的蕾丝连衣裙和撕裂的裙子形成强烈对比。在一条混有帚石楠和蕨菜的T台上，麦昆那令人瞠目结舌且鲜血斑斑的模特显得狂野而烦躁，她们的胸部和臀部暴露在破烂

1 Sudjic, Deyan (2001), 'Is the Future of Art in Their Hands?', London *Observer*, review section, Sunday 14 October, p. 1.

2 Evans, Caroline (1999), 'Masks Mirrors and Mannequins: Elsa Schiaparelli and the Decentred Subject', *Fashion Theory*, Vol 3, issue 1, March, pp. 3–32.

的鞋带和撕破的绒面革下，缺了袖子的夹克、紧身的橡胶裤在臀部处剪得如此之低的裙子，让人感觉它们似乎不受重力的影响。”[1] 麦昆经常被指责为厌女症患者，但埃文斯接受了他的解释，《高地强奸》与 18 世纪英格兰人对苏格兰人的种族灭绝有关，并与当时卢旺达的种族灭绝和波斯尼亚的暴行产生了共鸣。他的节目非但没有利用对妇女的暴力，反而提出了这个问题。“麦昆对女性形象的描绘中蕴含的残忍并非全部，这只是他对世界残酷这一更广阔视角的一部分，尽管他的观点无疑是悲观的，但我认为他并非……厌恶女人。”[2]

埃文斯在 1996 年 3 月麦昆的系列作品《但丁》（*Dante*）中探索了他借鉴 19 世纪蛇蝎美人的方式。他使用了一种“丧礼色调”，模特们有着血红的嘴唇和吸血鬼般的白色面孔。“19 世纪的蛇蝎美人……是一种可怕的表现……认为女性的性欲是反常的，甚至是致命的”。《世纪末》（*The Fin De Siecle*）杂志刊登了一些用于宣扬性行为有害的女性照片，这一主题在 20 世纪 80 年代再度流行起来，当时性和死亡通过艾滋病再次联系在一起。麦昆的设计让迷人但骇人的模特们产生了“一种既欲又惧的形象”。这些妇女的外貌是那么吓人，简直成了她们的挡箭牌。她们非但没显得脆弱，反而使性显得恐怖。[3]

埃文斯思考了一个悖论，即萨德（de Sade）、让·热内（Jean Genet）和乔治·巴塔耶（Georges Bataille）的激进思想在 20 世纪末

---

1 Evans, Caroline (2001), ‘*Desire and Dread: Alexander McQueen and the Contemporary Femme Fatale*’, in Entwistle, Jo and Wilson, Elizabeth (eds.), p. 202.

2 同上 p. 204。

3 同 348 页注释 2 pp. 204–207。

应该在时装设计中得到表达。对她来说，在文化创伤的时刻，麦昆的作品成了一个严肃的政治观点。她没有屈服于对时尚的痴迷必然等同于琐碎这一肤浅的假设，而是更深刻地指出，在一个沉迷于形象、风格和表象的时代，这些手段可以被颠覆，以表达激进的政治观点，并对它们同时创造的短暂性进行批判。[1]

马丁·马吉拉（Martin Margiela）在 1997 年举办的一场展览让时尚与艺术更近了一步。马吉拉以在他的许多设计中使用回收服装而闻名。在这次展览中，他从以前的服装系列中提取了一系列服装，并用真菌、霉菌或细菌来处理它们。在展览的过程中，这些菌类肆意生长，从而改变了服装的外观。例如，在一个设计中，他曾把两件 20 世纪 40 年代的茶会礼服剪开，用每件旧衣服的一半做出一件“新”礼服。在这个展览上它们又出现了，“它们本来就不协调的玫瑰图案，与一层黄色细菌覆盖的纱布和纱网并列在一起，那是五十年前的连衣裙用霉菌处理几天后形成的假古铜色。”[2] 埃文斯认为，马吉拉这样对待这些衣服，是为了指明二手服装市场的整个历史，19 世纪的拾荒者和衣服上布满记忆，这些记忆充满了过去的气息，但居住着随着时间的推移而改变的身体——甚至是身份。[3]

这种艺术与时尚之间界限的模糊，为我们提供了一个方便的切入

1　Rebecca Arnold has touched on similar themes in *Fashion Desire and Anxiety: Image and Morality in the Twentieth Century*, London: I.B.Tauris, 2001.

2　Evans, Caroline (1998), ‘The Golden Dustman: a Critical Evaluation of the Work of Martin Margiela and a Review of *Martin Margiela: Exhibition: (9/4/1615)*’, *Fashion Theory*, Vol 2, issue 1, March, p. 77.

3　See also Evans, Caroline (2003), *Fashion at the Edge: Spectacle, Modernity and Deathliness*, London: Yale, for a reworking of some of these ideas.

点，让我们转而讨论自20世纪80年代以来时尚理论和时尚研究的一些发展。[1] 萨迪奇（Sudjic）和他的同行们的轻蔑评论反映了一种传统的观点：时尚的定义是它不是艺术，因为它处理表面和自我装饰，是肤浅和虚荣的直接表现。本书和所有关于时尚的严肃书籍似乎总是需要回归第一原则，重新论证服装的重要性，然而，尽管人类学家总能认识到其他社会的服装（包括实际的服装和服装规则）为一种文化提供了不可或缺的元素，在西方（尽管西方国家之间有着不同的定义），严肃的人们无论是过去还是现在都很难承认衣服有“难以言喻的意义”。

卢·泰勒（Lou Taylor）认为，由于服装和时尚本身遭到轻视，服装史也总是被边缘化。经验主义服装史的强大传统发源于英国，最初是艺术史的一个分支。这种方法把实际的服装和布料放在核心位置，而这一方法很可能是源自博物馆和大学。然而，历史博物馆的经营者大多是对欧洲时装的收藏和展览抱有敌意的人。在英语国家和地区，这种情况直到20世纪50年代才开始慢慢改变，因当时开始出现职业女性策展人。因此，对时装的偏见是高度性别化的：

> 以对象为基础的研究必然集中在对服装和织物细节的检查上。这一过程依赖于一系列耐心获得的专业技能……被许多经济、社会和文化历史学家低估的技能。策展人和文物保管员在衣物的清洁、修补、洗涤、熨烫、储存和展示等方面都是专家。这些技能在整个

1　有关这个问题的讨论详见 Kim, Sun Bok (1998), ‘Is Fashion Art?’, *Fashion Theory*, Vol 2, issue 1, March, pp. 51–72; and Martin, Richard (1999), ‘A Note: Art and Fashion, Viktor and Rolf’, *Fashion Theory*, Vol 3, issue 1, March, pp. 109–121。

社会仍然被认为是非常女性化的家务劳动——几乎……就像洗衣服一样。[1]

正如上述所指出的，在过去的15年里，由于文化研究、社会经济史和文化理论等领域学者的进入，这一领域已经发生了变化，本书就是一个早期的例子。把衣物作为客体的研究方法从对纺织品、剪裁、出处等的仔细考据开始，对某些人来说，这种方法似乎被其自身的书面化程序化所限，但正是由于其对细节的关注，给解释重要结论的原因提供了可能性，比如说时尚变化。卢·泰勒在一篇文章中生动地描述了这一过程，她在文章中指出，对纺织品和档案材料的仔细检查不仅可以证明变化的发生，而且可以用社会文化的术语来解释这一变化，这挑战了以前被广泛接受的解释：

"1865年至1885年期间，富裕女性对更实用的定制服装的消费需求，导致了男用羊毛布料女性化。这表明，1883年至1900年期间在英国达到顶峰的服饰改革运动，是在已经确立的定制风格的成功基础上进行的，而不是像之前认为的那样（凭空产生）。因此，运动中的服装激进主义不在于使用更重的羊毛布料（因为这种布料已经被修改过了），而在于追求剪裁风格更加理性主义。"[2]

1998年，曼彻斯特的一次会议讨论了研究方法问题，卢·泰勒认

1 Taylor, Lou (1998), 'Doing the Laundry? A Reassessment of Object-based Dress History', *Fashion Theory*, Methodology Special Issue, Vol 2 issue 4, December, pp. 347–348.

2 Taylor, Lou (1999), 'Wool cloth and gender: The Use of Woollen Cloth in Women's Dress in Britain, 1865–1885', in de la Haye, Amy and Wilson, Elizabeth (eds.), *Defining Dress: Dress as Object, Meaning and Identity*, Manchester: Manchester University Press, p. 44.

为，20 世纪 80 年代文化研究方法对服装的最初影响是“分裂的”，但近年来，一种新的、创造性的跨学科方法发展起来。1985 年，我在本书的第三章中指出，文化理论家几乎只对男性亚文化风格感兴趣，而女权主义者对时尚几乎没有什么可说的——更别说是积极的了。此后，随着女权主义在文化研究中的地位变得强势，以及大众文化的重要性得到更多承认，情况发生了很大变化。与此同时，新一代的研究者们也粉碎了时尚界“去男性化时期”的神话[1]，并将其简单地暴露为一种大规模的“男性否认”。[2]

克里斯 · 布里沃德（Chris Breward）也在曼彻斯特发表了演讲。他同意卢 · 泰勒的观点，即文化研究和服装史可以相互提供很多东西，并为所谓的“文化研究方法”辩护。然而，他提醒他的听众，文化研究领域本身并不是统一的，尽管“任何文化研究方法整体定义的核心，都是作为文本的图像或产品的解构”。[3]

文化理论家对时尚的研究确实倾向于关注时尚形象及其象征和传播力。亚历山德拉 · 沃里克（Alexandra Warwick）和达尼 · 卡瓦拉罗（Dani Cavallaro）的作品就是一个例子。这两位文学理论家在 *Fashioning the Frame* 中关注的是衣服在身体边界上的划分。对他们来

1 Breward, Christopher (1999), *The Hidden Consumer: Masculinities, Fashion and City Life*, 1860–1914, Manchester: Manchester University Press.

2 Craik, Jennifer (1994), *The Face of Fashion: Cultural Studies in Fashion*, London: Routledge.

3 Breward, Christopher (1998), ‘Cultures, Identities, Histories: Fashioning a Cultural Approach to Dress’, *Fashion Theory*, Metho- dological special issue, Vol 2, no 4, December, p. 306. 同时参见 Breward, Christopher (1994), *The Culture of Fashion: A New History of Fashionable Dress*, Manchester: Manchester University Press, 以获取有关这些问题的全面讨论。可同时参阅 Palmer, Alexandra (1997), ‘New Directions: Fashion History Studies and Research in North America and England’, *Fashion Theory*, Vol 1, issue 3, September, pp. 297–312. 以回顾基于对象的着装历史的最新发展。

说，“穿着突出了建立身体界限的难度”并“构成了一个不确定的框架”。在其论述中，纪律、管制战略和颠覆潜力三者的共存进一步强调了穿着的矛盾心理……服装通过强调身体在物理和抽象、文字和隐喻之间的不稳定的位置，将身体表现为一种根本上的阈限现象。[1] 他们运用米歇尔·福柯（Michel Foucault）、精神分析学家雅克·拉康（Jacques Lacan）和茱莉亚·克里斯特娃（Julia Kristeva）的理论来探索他们发现的矛盾心理，他们相信心理分析可以解释时装体系的“任意性”。心理分析驳斥了早先把时尚视为资本主义和父权制的功能的观点，以及将时尚追随者视作剥削制度的洗脑受害者的粗糙解释，它指出资本主义或父权制实际上可以在其运作中选择心理的方式，并分析了为什么时尚的诱惑如此难以抵抗。追随时尚就是参与一个复杂的自决过程。服装作为一种物件，它承载着完成这一过程的渴望，它是缩小我们与完成之间距离的必要一环；但由于它们天生注定要失败，主体的愿望转向了另一件，改由另一个新的客体来实现这一愿望。[2]

朱莉娅·克里斯特娃比较了“象征性的”和“符号学的”，前者在自我和他人之间有明确的界限，后者“对不可侵犯的界限是有害的”。在诗歌话语中，符号学成为“一种新的语言”。其定义与传统语言的定义相反[3]。这是一种本能的语言，依赖于节奏而不是逻辑。对于沃里克和卡瓦拉罗（Warwick and Cavallaro）来说，服装的语言就像克利斯

1 Warwick, Alexander and Cavallaro, Dani (1998), *Fashioning the Frame: Boundaries, Dress and the Body*, Oxford: Berg, pp. 3, 7.

2 同 353 页注释 2, p. 35。

3 同 353 页注释 2, p. 37, quoting Bové, Carol Mastrangelo (1984), ‘The Politics of Desire in Julia Kristeva’, Boundary 2: *A Journal of Postmodern Literature*, Part 12, p. 219。

特娃的诗意语言。他们的文学和哲学论证阐明了服装的许多含糊不清之处，并让我们深入了解到，在追求理想的、时尚的“外表”（其本身就是一个能唤起回忆和暗示的词）的欲望中，往往伴随着忧郁的不满。

《服装史研究》（*The Study of Dress History*）中，卢·泰勒生动地表达了那种当发现失去了欲望的对象时的激动：“每一个礼服馆长或收集者都有胜败，他们都在寻找特殊的服装，例如罕见的 1920 年代里昂艺术装饰风格的流行面料，可能是迈松·都查内（Maison Ducharne）的作品，在东萨塞克斯郡米德赫斯特一家旧物商店的 50 便士围巾箱中找到[1]。她继续描述了一些重要的服装收藏的“发现”，以及许多无价的衣服因为被认为不值得保存而被随意丢失的故事——这是服装被低估的另一个例子。

虽然“作为客体的服装”和“文化研究”的方法是互补的，但它们的目标不一定相同。沃里克和卡瓦拉罗对图像和符号的专注是对意义的挖掘，通常是当代的，而以对象为基础的方法通常是对过去的挖掘。这本身就是一个重要的区别，可能加剧了一些一直困扰该领域的误解。

泰勒的方法优点之一是以重建过去的用法为目的：消费者如何获得、制造、修改和日常穿着他们的衣服，然而她可能对任何工作都过于挑剔，而这些工作至少不包括一些关于将衣服看作客体的讨论。例如，她假设马尔科姆·巴纳德（Malcolm Barnard）在其有用的调查报告《作为交流的时尚》（*Fashion as Communication*）[2] 中，出于对该方法的“敌

1 Taylor, Lou (2002), *The Study of Dress History*, Manchester: Manchester University Press, p. 4.

2 Barnard, Malcolm (1996), *Fashion as Communication*, London: Routledge.

意”而忽略了任何此类讨论，但没有证据表明巴纳德不喜欢或拒绝将服装作为对象。在他看来，这可能与他的具体目标无关。诚然，非基于对象的研究可能会导致作者泛化，甚至引入“关于实体服装的错误”。[1] 娜奥米·塔兰特（Naomi Tarrant）尖锐地指出，“对服装的研究被扭曲成符合某些理论，却对服装的特性和结构没有基本了解。对编织和制衣的一点点了解可能都会使这些作品中的研究与服装更相关。[2] 另一方面，很难看出对任何特定服装及其制作的讨论会从根本上改变沃里克和卡瓦拉罗的思想，因为他们不是真的关心衣服在我们身上的感觉，而是关心精神和心理上的位置。当然，前面提到的科纳夫人的服装搭配与今天的运动服——或者说为运动而创的服装——构造了一个不同的身体，而这些服装的制作对穿着体验至关重要，但是沃里克和卡瓦拉罗探索了一个更为模糊的无意识欲望领域。

因此，重要的是，新的跨学科服装史应该认识到，方法上的差异在一定程度上代表了所提问题上的差异，并且应该在一个成果丰富的交叉领域内观察这些差异并尊重它们。似乎其中一个差异是，服装历史学家认为文化理论家“在文字上投入了大量的精力”，因此“过去的感官方面并不总是值得关注”。[3] 这种说法歪曲了文化研究，但是，由于这一领域的研究人员关注的是当代而不是过去，因此，如果他们关

1　引自 Palmer, Alexandra, ‘New Directions: Fashion History Studies and Research in North America and England’, *Fashion Theory*, Vol 1, issue 3, September, p. 300. 例如，和许多其他人一样，我在1985 年对非西方服装（例如日本传统服装）随着时间的推移而发生的变化缺乏足够的认识，尽管我仍然会捍卫完全发展的时尚周期的定义，认为它本质上是一种欧洲现象，其基础是新兴资本主义及其相关的消费制度。

2　Tarrant, Naomi, 同 323 页注释 2, p. 1。

3　Taylor, Lou, 同 354 页注释 3, p. 85, 引自 Rexford, Nancy (1998), ‘Studying Garments for Their Own Sake: Mapping the World of Costume Scholarship’, *Dress* 14, p. 74。

注的是图像的美感而不是对象，也就不足为奇了，因为当今世界充满了图像。

将服装历史学家和文化评论家聚集在一起的领域，实际上并不是一个单独的领域；或者更确切地说，它是由重叠的研究领域组成的。[1] 随着时间的推移，服装的生产和消费发生了巨大的变化，这种变化在20世纪下半叶加速了。相对而言，虽然我们所看到的新产品并不是大规模生产的服装，但单个服装项目的成本已经越来越低。研究18世纪欧洲宫廷服饰的服装史学家，不仅在当时从事着具有重大价值的物品的研究——作为经济支出的主要物品，同时也承担着重要的美学和社会文化价值——而且还从事着不可替代的古董物品的研究，并且在研究过程中，生活在一个重要的“社会传记”中。[2] 相比之下，今天去任何一家“几乎全新”的精品店都会发现，即使是设计师的服装也会在相当短的时间内被他们的第一批消费者抛弃，而时尚评论员或文化理论家则主要对当代服装感兴趣，比如那些在我女儿卧室地板上乱扔的服装——在街市上购买的背心、街头牛仔裤、H&M 裙子和皮夹克——它们的生命是如此短暂，以至于它们根本无法获得任何形式的“社会传记”。就像只活一天的蝴蝶一样，它们从衣架到大甩卖的短暂旅程，使它们很难被当作珍贵的历史文物来做细致恰当的研究。

1 如艾琳·里贝罗（Aileen Ribeiro）的大作，他广泛地研究了服装与历史绘画和其他图像的关系。可参见 Ribeiro, Aileen (1988) *Fashion in the French Revolution*, New York: Holmes & Meier, and (1995) *The Art of Dress: Fashion in England and France 1750–1820*, New Haven, CN: Yale University Press。

2 Kopytoff, Igor (1986), ‘The Cultural Biography of Things: Commodisation and Process’, in Appadurai, Arjun (ed.), *The Social Life of Things: Commodities in Cultural Perspective*, Cambridge: Cambridge University Press, pp. 64–91.

然而，这两种方法并不是相互排斥的，卢·泰勒对未来持乐观态度："服装史或服装研究正被跨领域的高水平优秀实践推进到新的未来，这些实践来自伟大的服装史分水岭的两边。"[1]

"愚者仓促，智者小心"。当我编写本书的时候，我承认我幸运地没有意识到这个"巨大的鸿沟"。在一个学术和智力迅速变化的时期，随着新学科的出现和跨学科性的增强，边界和领土争端必然会发生。更重要的是，由于与传统学科相比，对新学科的偏见仍然存在，因此，对服装研究本身的辩护更为重要。

一本关于时尚的书在结论中提出了一个问题，因为这是最有可能被问到的问题：接下来会发生什么？现在该怎么办？没有什么事情比一些新手记者打来电话，让他们立即分析最新流行时尚的"含义"更让人恼火的了，仿佛人们可以从裤子宽度或下摆长度的每一次调整中读出一种预示着重大社会信息的意思。正因为如此，我们很难给一本时尚书籍画上句号：下一种风格总是在它的翅膀上徘徊，而对下一种最新式的独断猜想——引用但否认似是而非的解释——会让读者失去终结感。

最近，一位著名的服装史学家抱怨服装学者引用瓦尔特·本雅明作品中的时尚，但我忍不住要提到他的作品。他的《拱廊街计划》(*Arcades Project*)由数千条注释和警句组成，只是最近才被翻译成英文，因此现在有更广泛的受众。众所周知，格言是积极的引语，因为它们的简洁会产生一定的歧义，有时还会用华丽的辞藻来代替成熟的

1 Taylor, Lou, 同 354 页注释 3, p. 85。

思想。此外，正是它们的模糊性引发了无休止的批判解构。

这种格言似乎特别适合讨论时尚，事实上，每一个逝去的时尚本身就是一句材料形式的格言（因此，也许记者们在寻找即时意义时是正确的）。《拱廊街计划》中的“时尚”部分充满了模棱两可的思想和语录，而本雅明始终牢记这一实物的重要性，他写道：“永恒……更像衣服上的褶皱，而不是什么想法。”[1] 娜奥米·塔兰特（Naomi Tarrant）对此很满意，尽管本雅明长期以来一直是文化理论家的宠儿。

本雅明对物体，特别是被遗忘和忽视的物体的迷恋，使他在超现实主义者中找到了一种相似的精神：超现实主义者们感知到在第一批钢结构建筑、第一批工厂建筑、最早的照片、开始灭绝的物体、宏伟的钢琴、五年前的服装等此类“过时”物品中有着颠覆性的能量。[2]

他相信，“对正义模式的思考”有可能把我们从当下赶走，并有可能诱发超现实主义者的“世俗启示”。[3] 它扰乱了线性的历史，并且能够揭示过去与现在的关联。在循环风格中，时尚以美学的方式重写历史，但不仅如此，因为它开辟了道路，并从视觉上阐明了“辩证的历史哲学的可能性，这种哲学追求思想和概念，而不是事件的时间顺序”。[4]

因此，在所有艺术中最被边缘化的时尚其实生活在历史的中心。作为沉默而卑微的物质对象，它将自己转变为最震撼、最颠覆性的思

---

1 Benjamin, Walter (1999), *The Arcades Project*, Cambridge, MA: Harvard University Press, trans. Howard Eiland and Kevin McLaughlin, p. 69.

2 Benjamin, Walter (1979), ‘Surrealism: The Last Snapshot of the European Intelligentsia’, in *One Way Street*, London: Verso, p. 229.

3 本雅明还认为它有能力诱发“颠覆性的虚无主义”，但我不支持这种主张。

4 Lehmann, Ulrich (1999), ‘Tigersprung’, *Fashion Theory*, Vol 3, no 3, September, p. 301. See also Lehmann, Ulrich (2000), *Tigersprung: Fashion in Modernity*, Cambridge, MA: MIT Press.

想的化身。此外，那些鄙视它的人也会谴责弗洛伊德对“现象世界的拒绝”——梦、笑话和口误——的审慎关注。因为衣服，就像日常生活的碎屑，非但没有掩盖或分散我们对生活中重要事情的注意力，反而在短暂的时间里揭示了永恒，揭示了社会最宝贵的信仰。维多利亚时代的丧服表达了社会与死亡的关系；范思哲的“垃圾美学”揭示了我们与消费和名人的关系。因此，轻视时尚是最轻浮的姿态。

Bibliography

参考文献

Ackroyd, Peter (1979), *Dressing Up: Transvestism and Drag: The History of an Obsession*, London: Thames and Hudson.

Adburgham, Alison (1961), *A Punch History of Manners and Modes*, London: Hutchinson.

______ (1981), *Shops and Shopping **1800–1914***, London: Allen and Unwin. Adorno, Theodor (1967), *Prisms*, Cambridge MA: MIT Press.

Alexander, Sally (1976), 'Women's Work in Nineteenth Century London: A Study of the Years 1820–1850', in Mitchell, Juliet and Oakley, Ann, (eds.).

Altman, Denis (1982), *The Homosexualisation of America*, Boston: Beacon Press.

Anderson, Jervis (1982), *Harlem: The Great Black Way* 1900–1950, London: Orbis.

Anderson, Perry (1984), 'Modernity and Revolution', *New Left Review*, no 144.

Anscombe, Isabelle (1984), *A Woman's Touch: Women in Design from 1860 to the Present Day*, London: Virago.

Angeloglou, Maggie (1970), *A History of Makeup*, London: Studio Vista.

Appadurai, Arjun (ed.) (1986), *The Social Life of Things: Commodities in Cultural Perspective*, Cambridge: Cambridge University Press.

Armstrong, Lisa (2000), 'Frock'n'roll Hall of Fame', London *Times*, section 2, 24 July.

Arnold, Rebecca (2001), *Fashion Desire and Anxiety: Image and Morality in the Twentieth Century*, London: I.B.Tauris.

Arthur, Linda B. (ed.) (2000), *Undressing Religion: Commitment and Conversion from a Cross-Cultural Perspective*, Oxford: Berg.

Ash, Juliet and Wilson, Elizabeth (eds.) (1992), *Chic Thrills: A Fashion Reader*, Berkeley: University of California Press.

Bailey, Margaret (1981), *Those Glorious Glamour Years*, Secaucus, NJ: Citadel Press.

Baldwin, Frances Elizabeth (1926), *Sumptuary Legislation and Personal Regulation in England*, Baltimore: John Hopkins Press.

Ballin, Ada (1885), *The Science of Dress in Theory and Practice*, London: Sampson and Low.

Balzac, Honoréde (1971), *Lost Illusions*, Harmondsworth: Penguin.

Banner, Lois (1983), *American Beauty*, New York: Alfred Knopf.

Barlee, Ellen (1863), *A Visit to Lancashire in December 1862*, London: Seeley and Co.

Barthes, Roland (1967), *Système de la Mode*, Paris: Éditions de Seuil.

Baudelaire, Charles (1859), 'Le dandy', *Écrits sur l'art*, tome 2, Paris: Livre de Poche.

Baudrillard, Jean (1981), *For a Critique of the Political Economy of the Sign*, St Louis, MO: Telos Press.

Beaton, Cecil (1954), *The Glass of Fashion*, London: Weidenfeld and Nicolson.

______ (1982), *Self Portrait with Friends: The Selected Diaries of Cecil Beaton 1926–1974*, Harmondsworth: Penguin.

Beauvoir, Simone de (1953), *The Second Sex*, London: Jonathan Cape.

______ (1963), *The Prime of Life*, Harmondsworth: Penguin.

______ (1965), *Force of Circumstance*, Harmondsworth: Penguin.

Bell, Quentin (1947), *Of Human Finery*, London: Hogarth Press.

Benjamin, Walter (1973a), *Charles Baudelaire: A Lyric Poet in the Era of High Capitalism*, London: Verso.

______ (1973b), *Illuminations*, London: Fontana.

______ (1979), *One Way Street*, London: Verso.

______ (1999), *The Arcades Project*, Cambridge, MA: Harvard University Press, trans. Howard Eiland and Kevin McLaughlin.

Benthall, Jeremy (1976), *The Body Electric: Patterns of Western Industrial Culture*,

London: Thames and Hudson.

Bergler, Edmund (1953), *Fashion and the Unconscious*, New York: Robert Brunner.

Berman, Marshall (1983), *All That Is Solid Melts Into Air*, London: Verso.

Bernal, J. D. (1929), *The World the Flesh and the Devil: An Enquiry into the Three Enemies of the Rational Soul*, London: Kegan Paul.

Bertin, Célia (1956), *Parisàla Mode: A Voyage of Discovery*, London: Victor Gollancz.

Black, Clementina (1983), *Married Women's Work: Being the Report of an Enquiry Undertaken by the Women's Industrial Council*, London: Virago. Orig. publ. 1915.

Bloch, Ivan (1958), *Sexual Life in England*, London: Corgi Books.

Boehn, Max Von (1932), *Modes and Manners Vol. I: From the Decline of the Ancient World to the Renaissance*, London: Harrap.

Bolle, Namalee (2001), 'Anyone for Seconds?' London *Evening Standard*, 1 May.

Boswell, James (1966), *Boswell's London Journal 1762–1763*, Harmondsworth: Penguin.

Braudel, Fernand (1981), *Civilisation and Capitalism from the Fifteenth to the Eighteenth Century Vol 1: the Structures of Everyday Life: The Limits of the Possible*, London: Collins.

Bray, Alan (1983), *Homosexuality in Renaissance England*, London: Gay Men's Press.

Breward, Christopher (1994), *The Culture of Fashion: A New History of Fashionable Dress*, Manchester: Manchester University Press.

______ (1998), 'Cultures, Identities, Histories: Fashioning a Cultural Approach to Dress', *Fashion Theory*, Methodology Special Issue, Vol 2, no 4, December, pp. 301–314.

______ (1999), *The Hidden Consumer: Masculinities, Fashion and City Life 1860–1914*, Manchester: Manchester University Press.

______ Conekin, Becky and Coz, Caroline (ed.) (2002), *The Englishness of English Dress*, Oxford: Berg.

Briscoe, Lyndon (1971), *The Textile and Clothing Industries of the United Kingdom*, Manchester: Manchester University Press.

Brooks, David (2000), *Bobos in Paradise: The New Upper Class and How They Got There*, New York: Simon and Schuster.

Brown, Malcolm (2001), 'Multiple Meanings of the "*Hijab*" in Contemporary France', in Keenan, William J. F. (ed.).

Brownmiller, Susan (1984), *Femininity*, New York: Simon and Schuster.

Burckhardt, Jacob (1955), *The Civilization of the Renaissance in Italy*, London: Phaidon Press. Orig. publ.1860.

Butler, Josephine (ed.) (1869), *Woman's Work and Woman's Culture*.

Byron, George Gordon, Lord (1982), *Selected Prose*, Harmondsworth: Penguin.

Campbell, Beatrix (1979), 'Lining their Pockets', *Time Out*, 13–19 July.

Carlyle, Thomas (1831), *Sartor Resartus*, London: Curwen Press.

Carter, Angela (1982), *Nothing Sacred*, London: Virago.

Chalmers, Martin (1983), 'Politics of Crisis', *City Limits*, 19–25 August.

Chapkis, Wendy and Enloe, Cynthia (1983), *Of Common Cloth Women in the Global Textile Industry*, Amsterdam: Transnational Institute.

Charles-Roux, Edmonde (1975), *Chanel*, London: Jonathan Cape.

Chase, Edna Woolman (1954), *Always in Vogue*, London: Victor Gollancz.

Chisholm, Anne (1981), *Nancy Cunard*, Harmondsworth: Penguin.

Cobbe, Frances Power (1869), 'The Final Cause of Women', in Butler, Josephine (ed.).

Cowley, Malcolm (1951), *Exile's Return*, New York: Viking.

Coyle, Angela (1982), 'Sex and Skill in the Organization of the Clothing Industry', in West, Jackie (ed.).

Culler, Jonathan (1975), *Structuralist Poetics*, London: Routledge and Kegan Paul.

Cunnington, Cecil Willett (1941), *Why Women Wear Clothes*, London: Faber and Faber.

______ (1950), *Women*, 'Pleasures of Life' Series, London: Burke.

______ and Cunnington, Phillis (1951), *The History of Underclothes*, London: Michael Joseph.

Cunnington, Phillis and Lucas, Catherine (1967), *Occupational Costume in*

England from the Eleventh Century to 1914, London: Adam & Charles Black.

Daly, M. Catherine (2000), 'The Afghan Woman's "Chaadaree": An Evocative Religious Expression?', in Arthur, Linda B. (ed.).

Darwin, Charles (1845), *The Voyage of the Beagle*, London: J M Dent and Charles Black.

Delbourg-Delphis, Marylène (1981), *Le Chic et Le Look: Histoire de la Mode Féminine et des Moeurs de 1850 à Nos Jours*, Paris: Hachette.

Dickens, Charles (1970), *Dombey and Son*, Harmondsworth: Penguin. Orig publ. 1848.

______ (1976), 'Meditations in Monmouth Street', in *Selected Short Fiction*, Harmondsworth: Penguin. Orig. publ.1836.

Dior, Christian (1957), *Dior by Dior*, London: Weidenfeld and Nicolson.

Disher, M. L. (1947), *American Factory Production of Women's Clothing*, London: Deveraux Publications.

Dobbs, J. L. (1928), *The Clothing Workers of Great Britain*, London: Routledge and Kegan Paul.

Dooley, William H. (1934), *Economics of Clothing and Textiles*, Boston: D. C. Heath.

Douglas, Mary (1966), *Purity and Danger: An Analysis of Concepts of Pollution and Taboo*, Harmondsworth: Penguin.

Duff Gordon, Lucy, Lady (1932), *Discretions and Indiscretions*, London: Jarrolds.

Eckert, Charles (1978), 'The Carole Lombard in Macy's Window' *Quarterly Review of Film Studies*, Winter.

Eicher, Joanne (2001), 'Dress, Gender and the Public Display of Skin', in Entwistle, Jo and Wilson, Elizabeth (eds.) pp. 233–252.

El Guindi, Fadwa (1999), *Veil: Modesty, Privacy and Resistance*, Oxford: Berg.

Elias, Norbert (1978), *The Civilizing Process: The History of Manners*, Oxford: Basil Blackwell. Trans. Edmund Jephcott.

Ellison, Michael (2000), 'Giorgio's New Emporium', London Guardian, 16 December.

Elson, Diane and Pearson, Ruth (1981), '"Nimble Fingers Make Cheap Workers": An Analysis of Women's Employment in Third World Export Manufacturing',

Feminist Review, no. 7, Spring.

Engels, Friedrich (1844), *The Condition of the Working Class in England*, Moscow: Progress Publishers.

Entwistle, Jo (2000), *The Fashioned Body: Fashion, Dress and Modern Social Theory*, Cambridge: Polity Press.

______ and Wilson, Elizabeth (eds.) (2001), *Body Dressing*, Oxford: Berg. Etherington Smith, Meredith (1983), *Patou*, London: Hutchinson.

Evans, Caroline (1998), 'The Golden Dustman: A Critical Evaluation of the Work of Martin Margiela and a Review of *Martin Margiela: Exhibition (9/4/1615)*, *Fashion Theory*, Vol 2, issue 1, March, pp. 73–94.

______ (1999), 'Masks, Mirrors and Mannequins: Elsa Schiaparelli and the Decentred Subject', *Fashion Theory*, Vol 3, issue 1, March, pp. 3–32.

______ (2001), 'Desire and Dread: Alexander McQueen and the Contemporary Femme Fatale', in Entwistle, Jo and Wilson, Elizabeth (eds.), pp. 201–214.

______ (2002), 'Fashion Stranger than Fiction: Shelley Fox', in Breward, Christopher, Conekin, Becky and Cox, Caroline (eds.), pp. 189–212.

______ (2003), *Fashion at the Edge: Spectacle, Modernity and Deathliness*, London: Yale University Press.

Ewen, Stuart and Ewen, Elizabeth (1982), *Channels of Desire: Mass Images of the Shaping of the American Consciousness*, New York: McGraw Hill.

Ewing, Elizabeth (1974), *History of Twentieth Century Fashion*, London: Batsford.

______ (1978), *Dress and Undress: a History of Women's Underwear*, London: Batsford.

Faust, Beatrice (1981), *Women, Sex and Pornography*, Harmondsworth: Penguin.

Ferry, John (1960), *A History of the Department Store*, New York: Macmillan.

Field, Andrew (1983), *The Formidable Miss Barnes: The Life of Djuna Barnes*, London: Secker and Warburg.

Fiedorek, Mary B. (1983), *Executive Style: Looking it, Living it*, Piscataway, NJ: New Century Publishers.

Fine, Ben and Leopold, Ellen (1993), *The World of Consumption*, London: Routledge.

Fitzgerald, Scott (1934), *Tender is the Night*, Harmondsworth: Penguin.

Flaubert, Gustave (1857), *Madame Bovary*, Paris: Livre de Poche.

Flügel, J. C. (1930), *The Psychology of Clothes*, London: Hogarth Press.

Foster, John (1974), *Class Struggle and the Industrial Revolution*, London: Methuen.

Foucault, Michel (1979), *The History of Sexuality:* Vol I: *An Introduction*, Harmondsworth: Penguin.

Frascina, Francis and Harrison, Charles (eds.) (1982), *Modern Art and Modernism: A Critical Anthology*, London: Harper Row.

Fraser, Grace Lovat (1948), *Textiles by Britain*, London: George Allen & Unwin.

Fraser, Kennedy (1985), *The Fashionable Mind: Reflections on Fashion 1970–1982*, Boston: David R. Godine.

Freud, Sigmund (1977), *On Sexuality: Three Essays on the Theory of Sexuality and Other Works*, Harmondsworth: Penguin. Orig. publ. 1905. Trans. Angela Richards.

______ (1973), 'Femininity', in *New Introductory Lectures on Psychoanalysis*, Harmondsworth: Penguin. Orig. publ. 1933.

Friedman, Vanessa (1998), 'Stealth Wealth', *Frank*, September.

Fyvel, T. R. (1961), *The Insecure Offenders*, London: Chatto and Windus.

George, M. Dorothy (1925), *London Life in the Eighteenth Century*, Harmondsworth: Penguin.

Gibbon, Edward (1952), *The Portable Gibbon: The Decline and Fall of the Roman Empire*, Harmondsworth: Penguin.

Gibson, William (1989), *Neuromancer*, Harmondsworth: Penguin.

Gill, Alison (1998), 'Deconstruction Fashion: The Making of Unfinished, Decomposing and Reassembled Clothes', *Fashion Theory*, Vol 2, issue 1, March, pp. 25–49.

Gilman, Charlotte Perkins (1979), *Herland*, London: The Women's Press. Orig. publ. 1915.

Goffman, Erving (1969), *The Presentation of Self in Everyday Life*, London: Allen Lane.

Goldman, A. (1974), *Ladies and Gentlemen, Lenny Bruce*, London: Panther.

Greenberg, Clement (1982), 'Modernist Painting', in Frascina, Francis &

Harrison, Charles (eds.).

Gross, John (1969), *The Rise and Fall of the Man of Letters: Aspects of English Literary Life Since 1800*, London: Weidenfeld and Nicolson.

Gustafson, Robert (1982), 'The Power of the Screen: The Influence of Edith Head's Film Designs on the Retail Fashion Market', *The Velvet Light Trap: Review of Cinema*, no 19.

Hamilton, Mary Agnes (1936), 'Changes in Social Life', in Strachey, Ray (ed.).

Hamilton, M. (1941), *Women at Work*, London: Routledge and Kegan Paul.

Harte, Negley B. (ed.) (1991), *Fabrics and Fashions: Studies in the Economic and Social History of Dress*, London: Pasold Research Fund.

Harvey, John (1995), *Men in Black*, London: Reaktion Books.

Haweis, Mary Eliza (1878), *The Art of Beauty*, London: Chatto and Windus.

Haye, Amy de la and Wilson, Elizabeth (eds.) (1999), *Defining Dress: Dress as Object, Meaning and Identity*, Manchester: Manchester University Press.

Haynes, Alan (1983), 'Murderous Millinery: The Struggle for the Plumage Act 1921', *History Today*, July.

Heard, Gerald (1924), *Narcissus: An Anatomy of Clothes*, London: Kegan Paul.

Hebdige, Dick (1979), *Subculture: The Meaning of Style*, London: Methuen.

Hertzog, Charlotte & Gaines, Jane (1983), 'Hollywood, costumes and the Fashion Industry', *Triangle Cinema Programme*, Birmingham, May.

Hiler, Hilaire (1929), *From Nudity to Raiment*, London: Foyles.

Hollander, Anne (1975), *Seeing Through Clothes*, New York: Avon Books.

______ (1994) *Sex and Suits: The Evolution of Modern Dress*, New York: Alfred Knopf.

Horkheimer, Max and Adorno, Theodor (1979), *The Dialectic of Englightenment*, London: Verso. Orig. publ. 1944.

Howe, Bea (1967), *Arbiter of Elegance*, London: Harvill Press.

Hower, Ralph M. (1946), *History of Macy's of New York: 1858–1919*, Cambridge, MA: Harvard University Press.

Hughes, Douglas (ed.) (1970), *Perspectives on Pornography*, New York: Macmillan.

Hume, Marion (1993), 'The New Mood', *Independent on Sunday*, Magazine Section, 16 May.

Ironside, Janey (1973), *Janey: An Autobiography*, London: Michael Joseph.

Jameson, Fredric (1981), *The Political Unconscious: Narrative as Social Symbolic Act*, London: Methuen.

______ (1984), 'Postmodernism, or the Cultural Logic of Latge Capitalism', *New Left Review*, no 146, July/August.

Jenkyns, Richard (1980), *The Victorians and Ancient Greece*, Oxford: Basil Blackwell.

Kandiyoti, Deniz and Saktanber, Ayse (eds.) (2001), *Fragments of Culture: The Everyday of Modern Turkey*, London: I.B.Tauris.

Keenan, Brigid (1977), *The Women We Wanted to Look Like*, New York: St Martins Press.

Keenan, William J. F. (ed.) (2001), *Dressed to Impress: Looking the Part*, Oxford: Berg.

Khan, Naseem (1992), 'Asian Women's Dress: From Burqah to Bloggs-Changing Clothes for Changing Times', in Ash, Juliet and Wilson, Elizabeth (eds.).

Kim, Sun Bok (1998), 'Is Fashion Art?', *Fashion Theory*, Vol 2, issue 1, March, pp. 51–72.

Kolbowski, Silvia (1984), '(Di)vested Interests: The Calvin Klein Ads', *ZG*, no 10, Spring.

König, René (1973), *The Restless Image*, London: Allen and Unwin.

Kunzle, David (1982), *Fashion and Fetishism*, Totowa, NJ: Rowman and Littlefield.

Lang, Kurt and Lang, Gladys (1961), 'Fashion: Identification and Differentiation in the Mass Society', in Roach, Mary Ellen and Eicher, Jane Bubolz (eds.).

Lasch, Christopher (1979), *The Culture of Narcissism*, New York: Warner Books.

Laver, James (1968), *Dandies*, London: Weidenfeld and Nicolson.

______ (1969a), *A Concise History of Costume*, London: Thames and Hudson.

______ (1969b), *Modesty in Dress: An Inquiry into the Fundamentals of Fashion*, London: Heinemann.

Lee, Sarah Tomalin (1975), *American Fashion*, London: André Deutsch.

Lehmann, Ulrich (1999), 'Tigersprung', *Fashion Theory*, Vol 3, issue 3, September, pp. 297–322.

______ (2000), *Tigersprung: Fashion in Modernity*, Cambridge, MA: MIT Press.

Lemire, Beverly (1997) *Dress, Culture and Commerce: The English Clothing Trade Before the Factory, 1660–1800*, Basingstoke: Macmillan.

Leopold, Ellen (1992), 'The Manufacture of the Fashion System', in Ash, Juliet and Wilson, Elizabeth (eds.).

Lewis, Alfred and Woodworth, Constance (1973), *Miss Elizabeth Arden*, London: W. H. Allen.

Lipovetsky, Gilles (1994), *The Empire of Fashion: Dressing Modern Democracy*, Princeton: Princeton University Press. Trans. C. Porter.

Lurie, Alison (1981), *The Language of Clothes*, London: Heinemann.

MacInnes, Colin (1959), *Absolute Beginners*, London: Allison and Busby.

McRobbie, Angela (1998), *British Fashion Design: Rag Trade or Image Industry*?, London: Routledge.

Malcolm X (1965), *The Autobiography of Malcolm X*, Harmondsworth: Penguin.

Mallarmé, Stéphane (1933), *La Dernière Mode*, New York: Publications of the Institute of French Studies.

Martin, Bernice (1981), *A Sociology of Contemporary Cultural Change*, Oxford: Basil Blackwell.

Martin, Richard (1999), 'A Note: Art and Fashion, Viktor and Rolf', *Fashion Theory*, Vol 3, issue 1, March, pp. 109–121.

Marx, Karl (1970), *Capital*, Vol I, London: Lawrence and Wishart. Trans. Orig. publ. 1886.

Melly, George (1972), *Revolt into Style: The Pop Arts in Britain*, Harmonds worth: Penguin.

Michelson, Peter (1970), 'An Apology for Porn', in Hughes, Douglas (ed.).

Miller, Michael (1981), *The Bon Marché: Bourgeois Culture and the Department Store 1869–1920*, London: Allen & Unwin.

Mitchell, Juliet & Oakley, Ann (eds.) (1976), *The Rights and Wrongs of Women*, Harmondsworth: Penguin.

Mitford, Nancy (1974), *The Best Novels of Nancy Mitford*, London: Hamish

Hamilton.

Modleski, Tania (ed.) (1986), *Studies in Entertainment: Critical Approaches to Mass Culture*, Bloomington and Indiana: Indiana University Press.

Moers, Ellen (1960), *The Dandy: Brummell to Beerbohm*, London: Secker & Warburg.

Molloy, John T. (1977), *The Women's Dress for Success Book*, Chicago: Follet.

Moore, Doris Langley (1949), *The Woman in Fashion*, London: Batsford.

______ (1967), *E. Nesbit: A Biography*, London: Ernest Benn.

Moretti, Franco (1983), *Signs Taken for Wonders*, London: Verso.

Morgan, Robin (ed.) (1970), *Sisterhood is Powerful: An Anthology of Writings from the Women's Liberation Movement*, New York: Random House.

Morris, Ivan (1964), *The World of the Shining Prince*, Harmondsworth: Penguin.

Morton, A. L. (1952), *The English Utopia*, London: Lawrence and Wishart.

Mukerji, Chandra (1983), *From Graven Images: Patterns of Modern Materialism*, New York: Columbia University Press.

Navaro-Yashin, Yael (2001), 'The Market for Identities: Secularism, Islamism, Commodities, in Kandiyoti & Saktanber (eds.).

Nesbit, E. (1901), *The Story of the Amulet*, Harmondsworth: Penguin.

Newton, Judith, Ryan, Mary P. & Walkowitz, Judith (1983), *Sex and Class in Women's History*, London: Routledge & Kegan Paul.

Newton, Stella Mary (1974), *Health Art and Reason: Dress Reformers of the Nineteenth Century*, London: John Murray.

______ (1975), 'Fashion in Fashion History', *Times Literary Supplement*, 21 March.

______ (1976), 'Couture and Society', *Times Literary Supplement*, 12 November.

Nystrom, Paul (1928), *Economics of Fashion*, New York: Ronald Press.

Osborne, John (1982), *A Better Class of Person: An Autobiography 1929–1956*, Harmondsworth: Penguin.

O'Sullivan, Sue (1982), 'Passionate Beginnings: Ideological Politics 1969–1982', *Feminist Review*, no 11.

Palmer, Alexandra (1997), 'New Directions: Fashion History Studies in North

America and England', *Fashion Theory*, Vol 1, issue 3, September, pp. 297–312.

Parry, Alfred (1960), *Garrets and Pretenders: A History of Bohemianism in America*, New York: Dover Publications. Orig. publ. 1933.

Phillips, Pearson (1963), 'The New Look', in Sissons, Michael & Philip French (eds.).

Pinchbeck, Ivy (1981), *Women Workers and the Industrial Revolution 1750–1850*, London: Virago. Orig. publ. 1930.

Poiret, Paul (1931), *My First Fifty Years*, London: Victor Gollancz.

Polhemus, Ted (ed.) (1978), *Social Aspects of the Human Body*, Harmonds worth: Penguin.

Proust, Marcel (1981), *Remembrance of Things Past*, Vols I, II and III, London: Chatto and Windus. Orig. publ. 1908–1925.

Quant, Mary (1966), *Quant by Quant*, London: Cassell.

Radcliffe Richards, Janet (1980), *The Sceptical Feminist*, London: Routledge and Kegan Paul.

Réage, Pauline (1954), *The Story of O*, Paris: Olympia Press.

Rees, Goronwy (1969), *St Michael: A History of Marks and Spencer*, London: Weidenfeld and Nicolson.

Rhondda, Margaret Haig, Viscountess (1933), *This Was My World*, London: Macmillan.

Ribeiro, Aileen (1988), *Fashion in the French Revolution*, New York: Holmes & Meier.

______ (1995), *The Art of Dress: Fashion in England and France 1750–1820*, New Haven, CN: Yale University Press.

Roach, Mary Ellen & Eicher, Jane Bubolz (1965). *Dress, Adornment and the Social Order*, New York: John Wiley.

Roberts, Hélène (1977). 'The Exquisite Slave: The Role of Clothes in the Making of the Victorian Woman', *Signs*, Vol 2, no 3, Spring.

Roberts, Michèle (1983). *The Visitation*, London: The Women's Press.

Rowbotham, Sheila and Weeks, Jeffrey (1977). *Socialism and the New Life: The Personal and Sexual Politics of Edward Carpenter and Havelock Ellis*,

London: Pluto Press.

Rubinstein, Helena (1930). *The Art of Feminine Beauty*, London: Victor Gollancz.

Runciman, Steven (1975), *Byzantine Style and Civilisation*, Harmondsworth: Penguin.

Sampson, Kevin & Rimmer, David (1983), 'The Ins and Outs of High Street Fashion', *The Face*, July.

Sartre, Jean-Paul (1968), *Being and Nothingness*, London: Methuen.

Saunders, Edith (1954), *The Age of Worth*, London: Longmans.

Sennett, Richard (1974), *The Fall of Public Man*, Cambridge: Cambridge University Press.

Sévigné, Madame de (1982), *Selected Letters*, Harmondsworth: Penguin.

Sherwood, James (2000), 'Great Minds Think Alike', *Independent on Sunday*, Reality Magazine Section.

Shirazi, Fagheh (2000), 'Islamic Religion and Women's Dress Code', in Arthur, Linda B. (ed.), pp.113–130.

Shulman, Nicola (2002), 'In Excess of Amorous Intentions', *Times Literary Supplement*, 24 May.

Silverman, Debra (1986), *Selling Culture: Bloomingdales, Diana Vreeland and the New Aristocracy of Taste in Reagan's America*, New York: Pantheon Books.

Silverman, Kaja (1986), 'Fragments of a Fashionable Discourse', in Modleskia, Tania (ed.), pp. 139–152.

Simmel, Georg (1971), *On Individuality and Social Forms*, Chicago: Chicago University Press. Orig. publ. 1904.

Sissons, Michael & French, Philip (ed.) (1963), *The Age of Austerity, 1945–1951*, Harmondsworth: Penguin.

Snitow, Ann, Stansell, Christine & Thompson, Sharon (eds.) (1984) *Desire: The Politics of Sexuality*, London: Virago.

Sontag, Susan (1979), *On Photography*, Harmondsworth: Penguin.

Spalding, Frances (1983), *Vanessa Bell*, London: Weidenfeld and Nicolson.

Squire, Geoffrey (1974), *Dress, Art and Society 1560–1970*, London: Studio Vista.

Stanley, Liz (ed.) (1984), *The Diaries of Hannah Cullwick*, London: Virago.

Stead, Christina (1974), *A Little Tea, A Little Chat*, London: Virago. Orig. publ. 1945.

Stewart, Margaret & Hunter, Leslie (1964), *The Needle is Threaded: The History of an Industry*, London: Heinemann.

Stimpfl, Joseph (2000), 'Veiling and Unveiling: Reconstructing Malay Female Identity in Singapore', in Arthur, Linda B. (ed.), pp. 169–182.

Strachey, Ray (ed.) (1936), *Our Freedom and its Results*, London: Hogarth Press.

Sudjic, Deyan (2001), 'Is the Future of Art in their Hands?', London *Observer*, review section, 14 October.

Tanner, Tony (1979), *Adultery and the Novel*, Baltimore: John Hopkins Press.

Tarrant, Naomi (1994), *The Development of Costume*, Edinburgh: National Museums of Scotland in conjunction with Routledge.

Taylor, Barbara (1983a), '"The Men are as Bad as their Masters" ... Socialism, Feminism and Sexual Antagonism in the London Tailoring Trade of the 1830s', in Newton, Ryan and Walkowitz (eds.).

______ (1983b), *Eve and the New Jerusalem*, London: Virago.

Taylor, Lou (1983), *Mourning Dress: A Costume and Social History*, London: Allen & Unwin.

______ (1998), 'Doing the Laundry? A Reassessment of Object-based Dress History', *Fashion Theory*, Methodology Special Issue, Vol 2, issue 4, December, pp. 337–358.

______ (1999), 'Wool, Cloth and Gender: The Use of Woollen Cloth in Women's Dress in Britain, 1865–1885', in Haye, Amy de la and Wilson, Elizabeth (eds.), pp 30–47.

______ (2002), *The Study of Dress History*, Manchester: Manchester University Press.

Thompson, E. P. (1968), *The Making of the English Working Class*, Harmondsworth: Penguin.

Tinling, Teddy (1983), *Sixty Years in Tennis*, London: Sidgwick and Jackson.

Turim, Maureen (1983), 'Fashion Shapes: Film, the Fashion Industry and the Image of Women', *Socialist Review*, no. 71 (Vol 13, no 5).

Turner, Bryan (1982), 'The Discourse of Diet', *Theory, Culture and Society*, Vol 1, no 1, Spring.

Veblen, Thorstein (1957), *The Theory of the Leisure Class*, London: Allen and Unwin. Orig. publ. 1899.

Vine, Sarah (2001), 'Naked Ambition', London *Evening Standard*, 28 February.

Walter, Aubrey (ed.) (1982), *Come Together: The Years of Gay Liberation 1970–1973*, London: Gay Men's Press.

Warhol, Andy & Hackett, Pat (1980), *POPism: The Warhol '60s*, New York: Harcourt Brace Jovanovich.

Warwick, Alexandra & Cavallaro, Dani (1998), *Fashioning the Frame: Boundaries, Dress and the Body*, Oxford: Berg.

Waugh, Evelyn (1928), *Decline and Fall*, Harmondsworth: Penguin.

Weeks, Jeffrey (1977), *Coming Out*, London: Quartet.

Werskey, Gary (1978), *The Visible College: A collective Biography of British Scientists of the 1930s*, London: Allen Lane.

West, Jackie (ed.) (1982), *Work, Women and the Labour Market*, London: Routledge and Kegan Paul.

Wharton, Edith (1952), *The House of Mirth*, Oxford: Oxford University Press. Orig. publ. 1905.

White, Doris (1980), *D for Doris, V for Victory*, Milton Keynes: Oaklead Books.

Williams, Zoe (2001), 'Do My Nipples Look Big in This?', London *Evening Standard*, 28 February.

Wilson, Elizabeth (1982), 'If You're So Sure You're a Feminist, Why Do You Read the Fashion Page?' London *Guardian*, 26 July.

Wood, Neal (1959), *Communism and British Intellectuals*, London: Victor Gollancz.

Wortley Montagu, Lady Mary (1997), *Selected Letters*, Harmondsworth: Penguin.

Zeldin, Theodor (1977), *France 1848–1945: Taste and Corruption*, Oxford: Oxford University Press.

图书在版编目（CIP）数据

梦想的装扮：时尚与现代性 / (英) 伊丽莎白·威尔逊 (Elizabeth Wilson) 著；孟雅，刘锐，唐浩然译. -- 重庆：重庆大学出版社，2021.1（2021.10重印）
（万花筒）
书名原文：Adorned in Dreams：Fashion and Modernity
ISBN 978-7-5689-2399-6
Ⅰ.①梦… Ⅱ.①伊… ②孟… ③刘… ④唐… Ⅲ.①服饰文化 - 研究 Ⅳ.①TS941.12
中国版本图书馆CIP数据核字（2020）第152936号

梦想的装扮：时尚与现代性
MENGXIANG DE ZHUANGBAN: SHISHANG YU XIANDAIXING
[英] 伊丽莎白·威尔逊（Elizabeth Wilson）——著
孟 雅 刘 锐 唐浩然——译

责任编辑：张 维
责任校对：姜 凤
装帧设计：崔晓晋
责任印制：张 策

重庆大学出版社出版发行
出版人：饶帮华
社址：（401331）重庆市沙坪坝区大学城西路 21 号
网址：http://www.cqup.com.cn
印刷：北京盛通印刷股份有限公司

开本：880mm × 1230mm 1/32 印张：11.75 字数：273 千
2021 年 1 月第 1 版 2021 年 10 月第 2 次印刷
ISBN 978-7-5689-2399-6 定价：99.00 元

New English edition published in 2003 and reprinted in 2005, 2007, 2010, 2011
First published in 1985 by Virago Press Ltd

Published by arrangement with I.B. Tauris & Co Ltd, London
The original English edition of this book entitiled ‘Adorned in Dreams Fashion and Modernity’ and Published by I.B. Tauris & Co Ltd

版权登记号：(2019) 第 081 号

万花筒——身体、服饰与文化系列

《巴黎时尚界的日本浪潮》
《时尚的艺术与批评》
《时尚都市：快时尚的代价与服装业的未来》
《梦想的装扮：时尚与现代性》
《男装革命：当代男性时尚的转变》
《时尚的启迪：关键理论家导读》
《前沿时尚：景观、现代性与死亡》（即将出版）